“十三五”职业教育规划教材
省级精品课程配套教材

车削加工技术

张云龙　刘小兰　主　编
赵　玮　周彦云　陈淑英　副主编
王瑞清　主　审

化学工业出版社
·北京·

本书内容包括CA6140A型车床的基本操作、简单台阶轴的车削加工、车槽与切断、套类零件的加工、圆锥面的加工、车成形面和滚花、螺纹的加工等，书中内容以典型的构件作为载体，以实际工作任务为导向，与技能鉴定相结合。

本书可作为高职高专院校、中等职业学校、机械类、机电类专业的教材，也可作为培训用书，并可供广大技术工人使用。

图书在版编目（CIP）数据

车削加工技术/张云龙，刘小兰主编. —北京：化学工业出版社，2016.2
“十三五”职业教育规划教材　省级精品课程配套教材
ISBN 978-7-122-25907-3

Ⅰ.①车…　Ⅱ.①张…②刘…　Ⅲ.①车削-高等职业教育-教材　Ⅳ.①TG51

中国版本图书馆CIP数据核字（2015）第307368号

责任编辑：韩庆利　　　装帧设计：刘丽华
责任校对：吴　静

出版发行：化学工业出版社（北京市东城区青年湖南街13号　邮政编码100011）
印　　装：高教社（天津）印务有限公司
787mm×1092mm　1/16　印张14½　字数387千字　2016年3月北京第1版第1次印刷

购书咨询：010-64518888（传真：010-64519686）　售后服务：010-64518899
网　　址：http://www.cip.com.cn
凡购买本书，如有缺损质量问题，本社销售中心负责调换。

定　　价：32.00元

前 言 FOREWORD

为了满足现代高等职业教育新形势下对技术技能型人才的培养要求，我们本着提高教学质量的原则，针对机械制造、机电一体化、数控技术等机械制造类专业的实践应用，在近几年基于情境化教学实践经验的基础上，总结了专业教师的实际经验，并结合学生的学情特点，坚持以提高学生全面素质为基础，以培养学生学习能力为重点，大胆尝试、勇于创新，组织专家和骨干教师编写了《车削加工技术》这本书。全书内容设置了七大教学情境。

学习情境一：CA6140A 型车床的基本操作

学习情境二：简单台阶轴的车削加工

学习情境三：车槽与切断

学习情境四：套类零件的加工

学习情境五：圆锥面的加工

学习情境六：车成形面和滚花

学习情境七：螺纹的加工

各教学情境又设置了若干的学习任务，通过情境导入、任务描述、知识链接、计划决策、任务实施、分析评价六步教学环节完成教学内容。将学习的知识点同本专业的培养目标和学生的就业岗位相联系，选取典型的构件作为教学载体，以实际的工作过程为导向，结合学生的认知规律展开教学。

本书由包头轻工职业技术学院的张云龙、刘小兰主编，赵玮、周彦云、陈淑英副主编，王瑞清教授担任主审。学习情境一、附录由刘小兰编写，学习情境二由陈淑英、周彦云编写，学习情境三由胡月霞编写，学习情境四由呼吉亚编写，学习情境五由王婕编写，学习情境六由赵玮编写，学习情境七由张云龙、刘小兰编写，张文瑞、周建刚、杨欣参与了部分任务制定和文字修订工作。在编写过程中参考了大量文献，在此向有关作者表示感谢，同时在编写过程中得到了包头轻工职业技术学院各级领导、同仁和企业专家的帮助与支持，在此表示衷心的感谢！

本书配套电子课件，可赠送给用书的院校和老师，如果需要，可登录 www.cipedu.com.cn 下载。

由于作者水平有限，书中难免存在不足之处，欢迎读者指正并提出宝贵意见。

编 者

目 录 CONTENTS

学习情境一　CA6140A型车床的基本操作

【学习目标】

知识目标：

- 了解车床的种类及车床的型号
- 了解安全文明生产的基本要求及安全操作规程
- 了解车床的润滑及日常保养
- 掌握CA6140A型车床的基本结构及组成
- 掌握车床的基本操作方法

能力目标：

- 具备车床启动的基本操作技能
- 具备车床空运转的操作技能
- 具备车床日常润滑和维护保养的能力

素质目标：

- 培养学生对车削加工的兴趣
- 培养学生良好的职业行为规范
- 培养学生严格执行工作规范和安全文明操作规程的职业素养

情境导入

车床型号：CA6140A型卧式车床
出厂时间：2013年3月
车床操作：车床启停操作、车床主轴变速操作、溜板箱进给操作、尾座操作等

任务一　认识CA6140A型车床

任务描述

本任务带领大家参观车削实训车间，体验车间生产氛围，认识机械制造业中应用最广泛的设备——车床，了解车削的内容及应用范围，比较车削与其他切削加工方法的异同，了解生产车间的安全文明生产操作规程。

知识链接

一、车削加工概述

在机械制造业中，需要铸、锻、车、铣、刨、磨、钳等多工种的协同配合。而车工工种则是其中最重要、最普遍、最大量的工种。从机械制造厂的工种配置中可以清楚地看出这一点。通常情况下，机械零件中以回转体零件占绝大多数，车削承担着金属切削加工任务总量的60%～80%，车床占机床总数的30%～50%。因此，车削在机械制造业中占有举足轻重的地位。随着科技的不断进步和发展，车削技术已经发展到高效率、高精度的数控车削，这为车削加工提供了更为广阔的前景。车削加工现场如图1-1所示。

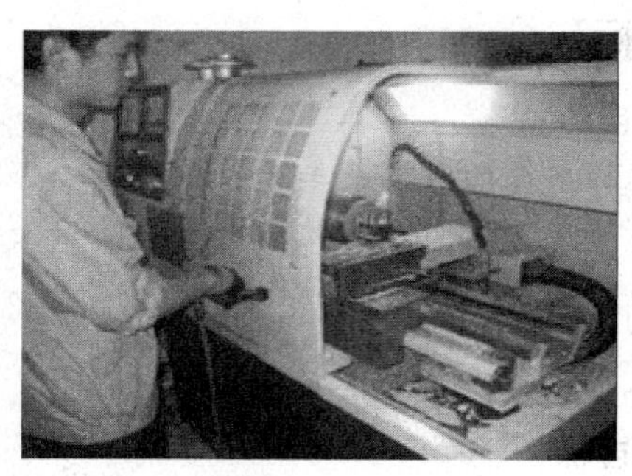

图1-1　车削加工现场

1. 车削加工的基本内容

车削加工基本上是金属切削加工中的第一道工序，主要用于加工各种回转体的表面和回转体的端面以及螺旋面。车削能进行多种表面的加工，如端面、内外圆柱面、内外圆锥面、内外槽、成形面、螺纹、钻孔、扩孔、车孔、铰孔以及滚花等，所以普通车床在机械制造业中占有很大的比重，加工范围非常广泛，其具体加工内容如表1-1所示。

表1-1　车削的基本内容

车外圆	车端面

车槽和切断	钻孔

车孔	铰孔
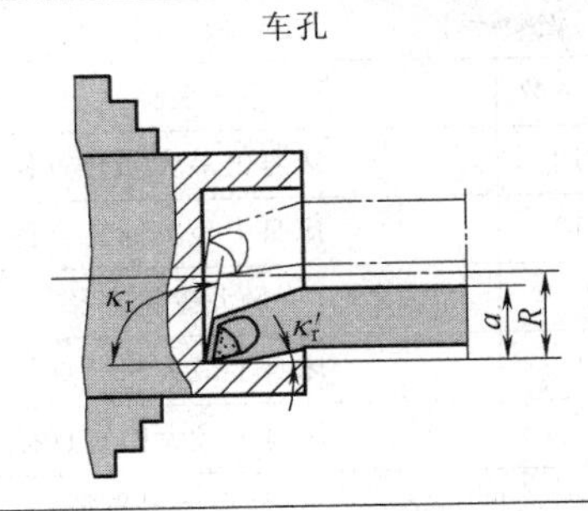	
车成形面	滚花

车螺纹	车细长轴

2. 车削加工的特点

车削加工在机械制造业中与钻削、铣削、磨削等加工方法相比，具有以下特点：

(1) 适应性强、应用广泛，适用于加工不同材料、不同精度要求的工件。

(2) 车削刀具结构简单，制造刃磨和装卡都比较方便。

(3) 车削时一般是等截面连续性进行的，车削过程平稳，生产效率高。

(4) 车削可以加工出尺寸精度和表面质量要求较高的工件。

二、认识车床

1. 车床的种类

车床种类很多，有普通卧式车床、立式车床、转塔车床、自动和半自动车床、仪表车床、数控车床等。车床的种类及组成系划分见表 1-2。

表 1-2 车床的种类及组系划分（CB/T 15375—2008）

组		系		主参数	
代号	名称	代号	名称	折算系数	名称
0	仪表车床	0	仪表台式精整车床	1/10	床身上最大回转直径
		3	仪表转塔车床	1	最大棒料直径
		4	仪表卡盘车床	1/10	床身上最大回转直径

续表

组		系		主参数	
代号	名称	代号	名称	折算系数	名称
0	仪表车床	5	仪表精整车床	1/10	床身上最大回转直径
		6	仪表卧式车床	1/10	床身上最大回转直径
		7	仪表棒料车床	1	最大棒料直径
		8	仪表轴车床	1/10	床身上最大回转直径
		9	仪表卡盘精整车床	1/10	床身上最大回转直径
1	单轴自动车床	0	主轴箱固定型自动车床	1	最大棒料直径
		1	单轴纵切自动车床	1	最大棒料直径
		2	单轴横切自动车床	1	最大棒料直径
		3	单轴转塔自动车床	1	最大棒料直径
		4	单轴卡盘自动车床	1/10	床身上最大回转直径
		6	正面操作自动车床	1	最大棒料直径
2	多轴自动、半自动车床	0	多轴平行作业棒料自动车床	1	最大棒料直径
		1	多轴棒料自动车床	1	最大棒料直径
		2	多轴卡盘自动车床	1/10	卡盘直径
		4	多轴可调棒料自动车床	1	最大棒料直径
		5	多轴可调卡盘自动车床	1/10	卡盘直径
		6	立式多轴半自动车床	1/10	最大车削直径
		7	立式多轴平行作业半自动车床	1/10	最大车削直径
3	回轮、转塔车床	0	回轮车床	1	最大棒料直径
		1	滑鞍转塔车床	1/10	卡盘直径
		2	棒料滑枕转塔车床	1	最大棒料直径
		3	滑枕转塔车床	1/10	卡盘直径
		4	组合式转塔车床	1/10	最大车削直径
		5	横移转塔车床	1/10	最大车削直径
		6	立式双轴转塔车床	1/10	最大车削直径
		7	立式转塔车床	1/10	最大车削直径
		8	立式卡盘车床	1/10	卡盘直径
4	曲轴及凸轮轴车床	0	旋风切削曲轴车床	1/100	转盘内孔直径
		1	曲轴车床	1/10	最大工件回转直径
		2	曲轴主轴颈车床	1/10	最大工件回转直径
		3	曲轴连杆轴颈车床	1/10	最大工件回转直径
		5	多刀凸轮轴车床	1/10	最大工件回转直径
		6	凸轮轴车床	1/10	最大工件回转直径
		7	凸轮轴中轴颈车床	1/10	最大工件回转直径
		8	凸轮轴端轴颈车床	1/10	最大工件回转直径
		9	凸轮轴凸轮车床	1/10	最大工件回转直径

续表

组		系		主参数	
代号	名称	代号	名称	折算系数	名称
5	立式车床	1	单柱立式车床	1/100	最大车削直径
		2	双柱立式车床	1/100	最大车削直径
		3	单柱移动立式车床	1/100	最大车削直径
		4	双柱移动立式车床	1/100	最大车削直径
		5	工作台移动单柱立式车床	1/100	最大车削直径
		7	定梁单柱立式车床	1/100	最大车削直径
		8	定梁双柱立式车床	1/100	最大车削直径
6	落地及卧式车床	0	落地车床	1/100	最大工件回转直径
		1	卧式车床	1/10	床身上最大回转直径
		2	马鞍车床	1/10	床身上最大回转直径
		3	轴车床	1/10	床身上最大回转直径
		4	卡盘车床	1/10	床身上最大回转直径
		5	球面车床	1/10	床身上最大回转直径
7	仿形及多刀车床	0	转塔仿形车床	1/10	刀架上最大车削直径
		1	仿形车床	1/10	刀架上最大车削直径
		2	卡盘仿形车床	1/10	刀架上最大车削直径
		3	立式仿形车床	1/10	最大车削直径
		4	转塔卡盘多刀车床	1/10	刀架上最大车削直径
		5	多刀车床	1/10	刀架上最大车削直径
		6	卡盘多刀车床	1/10	刀架上最大车削直径
		7	立式多刀车床	1/10	刀架上最大车削直径
		8	异形仿形车床	1/10	刀架上最大车削直径
8	轮、轴、辊、锭及铲齿车床	0	车轮车床	1/100	最大工件直径
		1	车轴车床	1/10	最大工件直径
		2	动轮曲拐销车床	1/100	最大工件直径
		3	轴颈车床	1/100	最大工件直径
		4	轧辊车床	1/10	最大工件直径
		5	钢锭车床	1/10	最大工件直径
		7	立式车轮车床	1/100	最大工件直径
		9	铲齿车床	1/10	最大工件直径
9	其他车床	0	落地镗车床	1/10	最大工件回转直径
		2	单能半自动车床	1/10	刀架上最大车削直径
		3	气缸套镗车床	1/10	床身上最大回转直径
		5	活塞车床	1/10	最大车削直径
		6	轴承车床	1/10	最大车削直径
		7	活塞环车床	1/10	最大车削直径
		8	钢锭模车床	1/10	最大车削直径

2. 车床的型号

机床型号应完整地表示出机床的名称、主要技术参数与性能。

目前我国机床型号是按 GB/T 15375—2008 金属切削机床型号编制方法编制的。型号由基本部分和辅助部分组成。

车床型号按照国家标准规定，由汉语拼音和阿拉伯数字组成。例如：

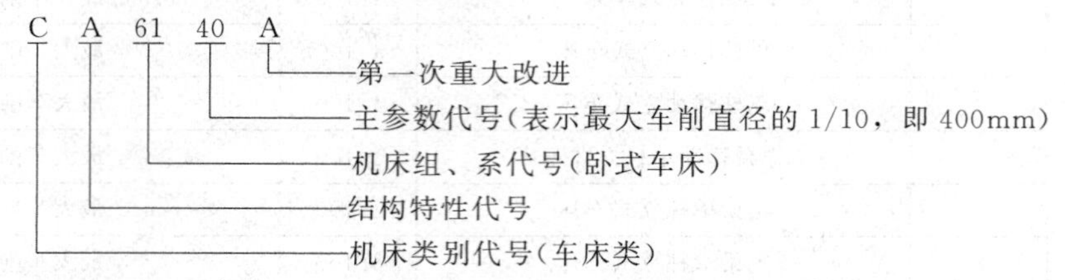

(1) 机床类代号　用大写的汉语拼音字母表示。必要时，每类可分为若干分类。机床类代号见表 1-3。

表 1-3　机床类代号

类别	车床	钻床	镗床	磨床	齿轮加工机床	螺纹加工机床	铣床	刨插床	拉床	锯床	其他机床
代号	C	Z	T	M	Y	S	X	B	L	G	Q

(2) 机床的特性代号　机床特性分为通用特性和结构特性。

① 通用特性代号　用大写的汉语拼音字母表示，位于类代号之后。例如 CK6140 型车床。K 表示该车床具有程序控制特性，写在类别代号 C 之后。通用特性代号有固定的含义，见表 1-4。

表 1-4　机床通用特性代号

通用特性	高精度	精密	自动	半自动	数控	加工中心	仿形	轻型	加重型	简式和经济型	柔性加工单元	数显	高速
代号	G	M	Z	B	K	H	F	Q	C	J	R	X	S
读音	高	密	自	半	控	换	仿	轻	重	简	柔	显	速

② 结构特性代号　它只在同类机床中起区分机床结构、性能不同的作用。

当型号中有通用特性代号时，结构特性代号排在通用特性代号之后，否则结构特性代号直接排在类代号之后。

例如，CA6140 型卧式车床型号中的“A”是结构特性代号，以与 C6140 型卧式车床区分。它们主参数相同，但结构不同。

(3) 机床的组、系代号　每类机床划分为十个组，每个组又划分为十个系（系列），分别用一位阿拉伯数字表示，位于类代号或特性代号之后。系代号位于组代号之后，详见表 1-2。

(4) 机床的主参数代号　机床主参数在机床型号中用折算值表示，位于组、系代号之后。主参数等于主参数代号（折算值）除以折算系数。

例如卧式车床的主参数折算系数为 1/10，所以 CA6140A 型卧式车床的主参数为 400mm。

常见机床的主参数名称及折算系数见表 1-2。

(5) 机床的重大改进顺序号　当机床的结构、性能有更高的要求，并需按新产品重新设计、试制和鉴定时，按改进的先后顺序选用 A、B、C、…汉语拼音字母（但“I、O”两个字母不得选用），加在型号基本部分的尾部，以区别原机床型号。

例如，M1432A 表示经第一次重大改进后的万能外圆磨床。

3. CA6140A 型车床的结构组成

常用卧式车床——CA6140A 型车床的基本结构如图 1-2 所示。

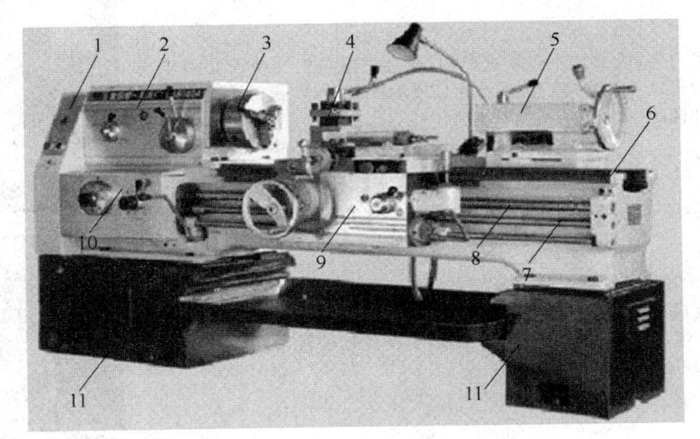

图 1-2　CA6140A 型车床基本结构

1—挂轮箱；2—主轴箱；3—三抓卡盘；4—刀架；5—尾座；6—床身导轨；7—光杠；8—丝杠；9—溜板箱；10—进给箱；11—床脚

普通卧式车床的组成基本相同，都是由床身、主轴箱、挂轮箱、进给箱、溜板箱、滑板、刀架、尾座等几部分组成，各部分的功用详见表 1-5。

表 1-5　CA6140A 型车床的基本结构及作用

名称	功　用	图　示
床身	车床的大型基础部件，是用来支承车床的基础部分，并连接各主要部件。床身上面有两条互相平行的矩形导轨和 V 形导轨，以确定刀架和尾座的移动方向。床身由床脚支承并固定在地基上	
主轴箱	又称床头箱，内装主轴和主轴变速机构；它用于支承主轴并使之得到不同的转速，主轴的前端安装卡盘或其他装夹工件的夹具，以带动工件做旋转运动实现车削加工，主轴箱还把运动传给进给箱，以便使刀具实现进给运动	
挂轮箱	把主轴箱的转动传递给进给箱，更换箱内齿轮，配合进给箱内的变速机构，可车削各种螺距的螺纹，同时能满足车削时对纵向和横向的不同进给量需求	

续表

名称	功　用	图　示
进给箱	又称走刀箱，内部是一套变速机构，通过进给箱把交换齿轮箱传递过来的运动经过变速后传递给光杠或丝杠输出，以获得不同的进给速度和螺距	
溜板箱	又称拖板箱，内装有进给运动的分向机构。用来将光杠输入的转动变成刀架的纵向或横向进给运动输出，将丝杠的转动变成刀架的纵向运动	
滑板与刀架部分	在溜板箱上面有大、中、小三层滑板，小滑板上方是刀架。大滑板又称床鞍，直接放在床身导轨上，在溜板箱的带动下各滑板和刀架沿导轨做纵向移动。中滑板可以完成横向进给运动，小滑板可以做纵向短距离移动。刀架用于装夹和转换刀具	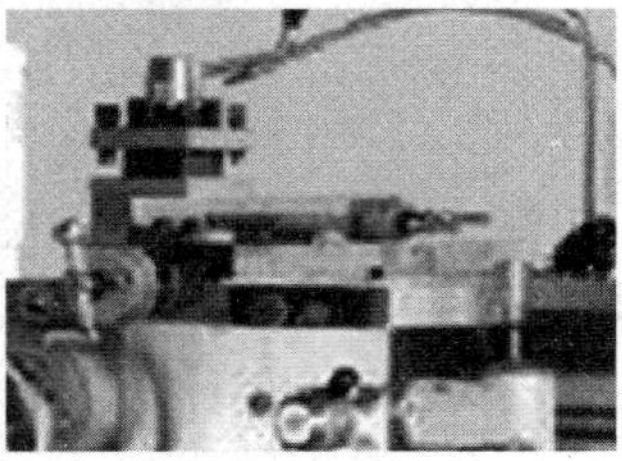
尾座	它的位置可以沿床身导轨调节。尾座莫氏锥度套筒内可以安装顶尖、中心钻、麻花钻、扩孔钻和铰刀，分别用于支承长工件、钻中心孔、钻圆柱孔、扩孔和铰孔	
照明冷却装置	照明灯使用安全电流，为操作者提供充足的光线，保证操作环境明亮清晰。切削液被冷却泵加压后，通过冷却管喷射到切削区域，以降低切削区域的温度	

4. CA6140A 型车床的传动系统

为了把电动机输出的旋转运动转化为工件和车刀的运动，而通过的一系列复杂传动机构称为车床的传动路线。CA6140A 卧式车床有两条传动路线：从电动机经变速箱、带轮和主轴箱使主轴旋转，称为主运动传动系统；从主轴箱经挂轮到进给箱，再经光杠或丝杠到溜板箱使刀架移动，称为进给运动传动系统。CA6140A 卧式车床的传动系统如图 1-3 所示。

（1）主运动传动系统　CA6140A 卧式车床主轴共有 24 种转速。

（2）进给运动传动系统　车床作一般进给时，刀架由光杠经过溜板箱中的传动机构来带

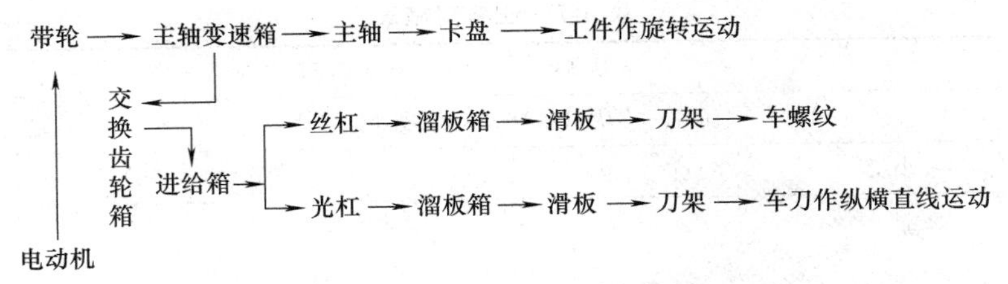

图 1-3 CA6140A 卧式车床的传动系统

动。对于每一组配换齿轮，进给箱可变化 20 种不同的进给量。

加工螺纹时，车刀的纵向进给运动由丝杠带动溜板箱上的对开螺母，拖动刀架来实现。

计划决策

表 1-6 计划和决策表

情境	学习情境一 CA6140A 型车床的基本操作					
学习任务	任务一 认识 CA6140A 型车床				完成时间	
任务完成人	学习小组		组长		成员	
需要学习的知识和技能	知识：1. 通过参观现场认识车床的铭牌标记含义 2. 认识常见车床各部分的名称及作用 技能：熟悉车床的基本结构及传动路线					
小组任务分配	小组任务	任务实施准备工作	任务实施过程管理	学习纪律及出勤	卫生管理	
	个人职责	设备、工具、量具、刀具等前期工作准备	记录每个小组成员的任务实施过程和结果	记录考勤并管理小组成员学习纪律	组织值日并管理卫生	
	小组成员					
安全要求及注意事项	1. 进入车间要求听指挥，不得擅自行动 2. 不得擅自触摸转动机床设备和正在加工的工件 3. 不得在车间内大声喧哗、嬉戏打闹					
完成工作任务的方案						

任务实施

组织学生进行一次参观活动，带领学生参观生产现场、产品零件等。

（1）参观前的安全准备工作：查阅资料，了解由于不遵守安全操作规程所引发的事故，以引起学生的注意，做到文明参观。

（2）参观时统一听从老师指挥，在加工现场，站在安全区域内仔细观察。对各种机床不得随意触摸，在车间里不得大声喧哗和嬉戏打闹。

（3）在教师的指导下，对车床进行观察，了解其结构组成，熟悉车床各部分的功用，并通过网络查找相关类型车床的资料。

任务实施表见表 1-7。

表 1-7 任务实施表

情境	学习情境一 CA6140A 型车床的基本操作						
学习任务	任务一 认识 CA6140A 型车床					完成时间	
任务完成人	学习小组		组长		成员		
任务实施步骤及具体内容							

分析评价

填写参观过程中看到的车床型号及其主要部件的名称及功能。现场参观记录表见表 1-8。

表 1-8 现场参观记录表

参观单位		参观时间	
车床名称		车床型号	
部件名称	功能及结构特点		
主轴箱			
交换齿轮箱			
进给箱			
溜板箱			
刀架部分			
尾座部分			
教师评价			

任务二　操作CA6140A型车床

任务描述

本任务将带领学生了解车床各操作机构并掌握其操作方法，熟练完成车床主轴变速、进给变速操作，手动控制溜板箱、中滑板、小滑板在各个方向的准确移动和各个方向的机动进给，从而加深对车床的认识。

知识链接

一、车削加工安全文明操作规程

1. 车削时的安全操作规程

安全为了生产，生产必须安全。在进行车削加工技能操作训练以前必须牢固树立安全意识，掌握安全操作规程，才能杜绝安全隐患，防止人身事故发生，确保安全生产。

（1）工作时应穿工作服、戴套袖，不要系领带，如图1-4所示。

（2）工作时，头不能离工件太近，必须戴防护眼镜。

（3）佩戴降噪耳塞等听力保护装置，并应尽量避免制造噪声，降噪耳塞如图1-5所示。

图1-4　工作服“三紧”

图1-5　降噪耳塞

（4）工作时，必须集中精力，注意手、身体和衣服不能靠近正在旋转的机件。

（5）工件和车刀必须装夹牢固，以防飞出伤人，卡盘必须装有保险装置。工件装夹好后，卡盘扳手必须随即从卡盘上取下。

（6）车床运转时，不得用手去抚摸工件表面。

（7）装卸工件、更换刀具、测量工件尺寸及变换速度时，必须先停机。

（8）应用专用铁钩清除切屑，绝不允许用手直接清除。

（9）棒料毛坯从主轴孔尾端伸出不能太长，并应使用料架或挡板，防止甩弯后伤人。

（10）不要随意拆装电气设备，以免发生触电事故。

（11）切削液对人的皮肤有刺激作用，应尽量少接触这些液体，如果无法避免，接触后要尽快洗手。

（12）工作中若发现机构、电气设备有故障，应立即关闭电源并及时申报，由专业人员检修，未修复不得使用。

2. 文明生产要求

文明生产是工厂管理的一项十分重要的内容，它直接影响产品质量的好坏，影响设备和工具、量具、夹具的使用寿命，影响操作工人的技能发挥。因此在学习车削加工基本操作技能时，就要重视培养学生文明生产的良好习惯。

（1）启动车床前应做的准备工作：

① 检查车床各部分机构及防护设备是否完好。

② 检查各手柄是否灵活，其空挡或原始位置是否正确。

③ 检查各注油孔，并进行润滑。

④ 使主轴低速空转 2～3min，使润滑油散布到各需要之处，待车床运转正常后才能工作。

(2) 主轴变速必须先停机，变换进给箱手柄应在低速或停机状态进行。

(3) 工具、夹具及量具等工艺装备的放置要稳妥、整齐、合理，有固定的位置，便于操作时取用，用后应放回原处。主轴箱盖上不应放置任何物品。

(4) 正确使用和爱护量具。工具箱应分类摆放物件，精度高的工具应放置稳妥，重物放下层，轻物放上层。不可随意乱放，以免工具损坏和丢失。

(5) 不允许在卡盘及床身导轨上敲击或校直工件，床面上不准放置工具或工件。装夹、找正较重工件时，应用木板保护床面。下班时若工件不卸下，应用千斤顶支承。

(6) 车削铸铁、气割下料的工件，导轨上的润滑油要擦去，工件上的型砂杂质应清除干净，以免磨坏床面导轨。

(7) 车刀磨损后，应及时刃磨。用磨钝的车刀继续切削会增加车床的负荷，甚至损坏车床。

(8) 批量生产的零件，首件应送检。确认合格后，继续加工。精车完的工件要注意防锈处理。

(9) 毛坯、半成品和成品应分开放置。

(10) 图样、工艺卡片应放置在便于阅读的位置，并注意保持其清洁和完整。

(11) 使用切削液前，应在床身导轨上涂润滑油。切削液应定期更换。

(12) 工作场地周围应保持清洁整齐，避免堆放杂物，防止绊倒。

(13) 结束操作前应做的工作：

① 将所用过的物件擦净归位。

② 清理机床，刷去切屑，擦净机床各部位的油污；按规定加注润滑油。

③ 将床鞍摇至床尾一端，各转动手柄放到空挡位置。

④ 把工作场地打扫干净。

⑤ 关闭电源。

3. 车削工艺守则

(1) 车削加工前准备工作

① 操作者接到加工任务后，首先要检查加工所需要的产品图样、工艺规程和有关技术资料是否齐全。

② 要看懂、看清工艺规程、产品图样及其技术要求，有疑问之处应找有关人员问清后再进行加工。

③ 按产品图样或（和）工艺规程复核工件毛坯或半成品是否符合要求，发现问题应及时向有关人员反映，待问题解决后才能进行加工。

④ 按工艺规程要求准备好加工所需的全部工艺装备，发现问题及时处理，对新夹具、模具等，要先熟悉使用要求和操作方法。

⑤ 加工所用的工艺装备应放在规定的位置，不得乱放，更不能放在机床的导轨上。

⑥ 工艺装备不得随意拆卸和更改。

⑦ 检查加工所用的机床设备，准备好所需的各种附件，加工前机床要按规定进行润滑和空运转。

(2) 刀具及工件的装夹

① 在装夹各种刀具前，一定要把刀柄、刀杆、刀套等擦拭干净。刀具装夹后，应用对刀装置或试切等检查其正确性。

② 车刀刀柄伸出刀架不宜太长，一般伸出长度不应超出刀柄高度的1～1.5倍。

③ 在机床工作台上安装夹具时，首先要擦净其定位基面，并要找正其与刀具的相对位置。

④ 工件装夹前应将其定位面、夹紧面、垫铁和夹具的定位面、夹紧面擦拭干净，并不得有毛刺。

⑤ 按工艺规程中规定的定位基准装夹，若工艺规程中未规定装夹方式，操作者可以自行选择定位基准和装夹方法。

⑥ 夹紧工件时，夹紧力的作用点应通过支承点或支承面，对刚性较差的（或加工时有悬空部分的）工件，应在适当的位置增加辅助支承，以增强其刚性。

⑦ 夹持精加工面和软材质工件时，应垫以软垫，如紫铜皮等。

⑧ 用压板压紧工件时，压板支承点应略高于被压工件表面，并且压紧螺栓应尽量靠近工件，以保证压紧力。

（3）车削加工要求

① 为了保证加工质量和提高生产率，应根据工件材料、精度要求和机床、刀具、夹具等情况，合理选择切削用量，加工铸件时，为了避免表面夹砂、硬化层等破坏刀具，在许可的条件下，切削深度应大于夹砂或硬化层深度。

② 对有公差要求的尺寸，在加工时，应尽量按中间公差加工。

③ 工艺规程中未规定表面粗糙度要求的粗加工表面，加工后的表面粗糙度 Ra 值应不大于 25μm。

④ 铰孔前的表面粗糙度 Ra 值应不大于 12.5μm。

⑤ 精磨前的表面粗糙度 Ra 值应不大于 6.3μm，活塞杆抛磨前的精车表面粗糙度 Ra 值应不大于 5μm。

⑥ 粗加工时的倒角、倒圆、槽深等都应按精加工余量加大或加深，以保证精加工后达到设计要求。

⑦ 图样和工艺规程中未规定的倒角、倒圆尺寸和公差要求按ZBJ38001的规定。

⑧ 凡下道工序需进行表面淬火、超声波探伤或液压加工的工件表面，在本工序加工的表面粗糙度 Ra 值不得大于 6.3μm。

⑨ 在本工序后无去毛刺工序时，本工序加工产生的毛刺应在本工序去除。

⑩ 在大件的加工过程中应经常检查工件是否松动，以防因松动而影响加工质量或发生意外事故。

⑪ 当粗、精加工在同一台机床上加工时，粗加工后一般应松开工件，待其冷却后重新装夹。

⑫ 在切削过程中，若机床、刀具、工件发生不正常的声音或加工表面粗糙度突然变坏，应立即退刀停车检查。

⑬ 在批量生产中，必须进行首件检查，合格后方能继续加工。

⑭ 在加工过程中，操作者必须对工件进行自检。

⑮ 检查时应正确使用测量器具。使用量规、千分尺等必须轻轻用力推入或旋入，不得用力过猛，使用卡尺、千分尺、百分表、千分表等时，事先应调好零位。

（4）加工后的处理

① 工件在各工序加工后应做到无屑、无水、无脏物，并在规定的工位器具上摆放整齐，以免磕、碰、划伤等。

② 暂不进行下道工序加工的或精加工后的表面应进行防锈处理。

③ 用磁力夹具吸住进行加工的工件，加工后进行退磁。

④ 凡相关零件成组加工的，加工后需做标记（或编号）

⑤ 各工序加工完的工件经专职检验员检查合格后方能转入下道工序。

（5）其他要求

① 工艺装备用完后要擦拭干净（涂好防锈油），放到规定的位置或交还工具间。

② 产品图样、工艺规程和所使用的其他技术文件，要注意保持清洁，严禁涂改。

二、车床的润滑和保养

零件的加工质量与车床的精度有密切的关系，为保证零件的加工质量，使车床能正常运转和减少磨损，应在日常生产中对车床进行正确润滑和维护保养。

1. 车床的润滑方式

车床上常用的润滑方式有以下几种：

（1）浇油润滑　一般用油壶进行浇注，常用于外露的滑动表面，如床身导轨面和滑板导轨面。

（2）油绳导油润滑　一般用油壶对毛线和油池进行浇注，利用毛线既吸油又渗油的特性，通过毛线把油引到润滑点，间断地滴油润滑。常用于进给箱和溜板箱的油池中。如图1-6所示。

（3）弹子油杯润滑　定期用油壶端头的油嘴压下油杯的弹子将油注入。常用于尾座和中小滑板上的摇动手柄及丝杠、光杠、操纵杠支架的轴承处。如图1-7所示。

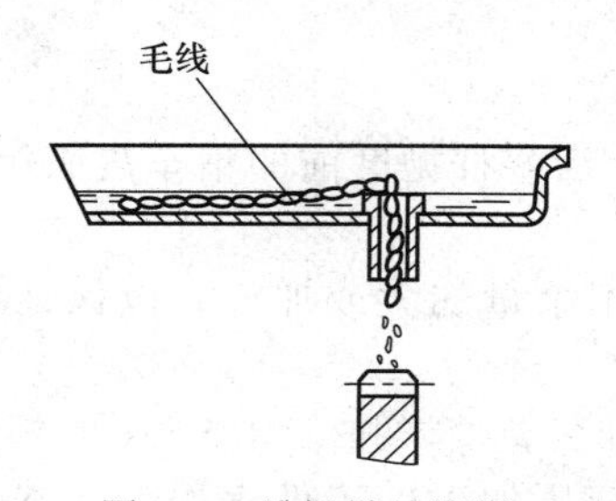

图1-6　油绳导油润滑

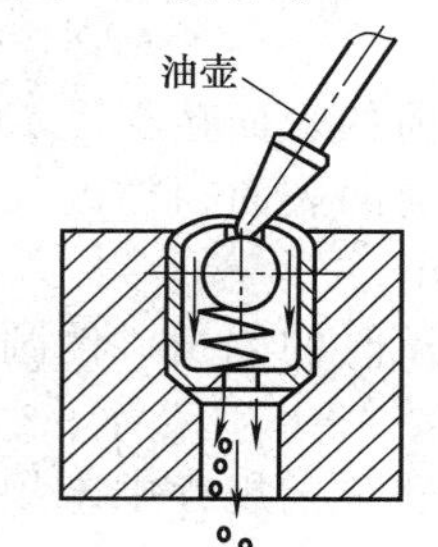

图1-7　弹子油杯润滑

（4）油脂杯润滑　要先用黄油枪在油脂杯中加满钙基润滑脂，需要润滑时，拧进油杯盖，则杯中的润滑脂就被挤压到润滑点中去。常用于交换齿轮箱挂轮架的中间轴或不便经常润滑处。如图1-8所示。

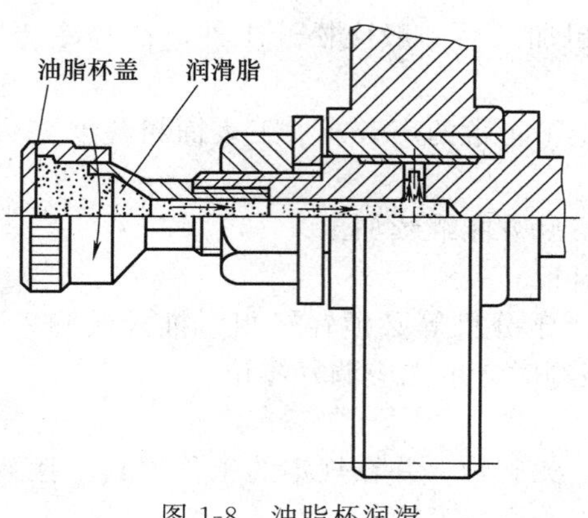

图1-8　油脂杯润滑

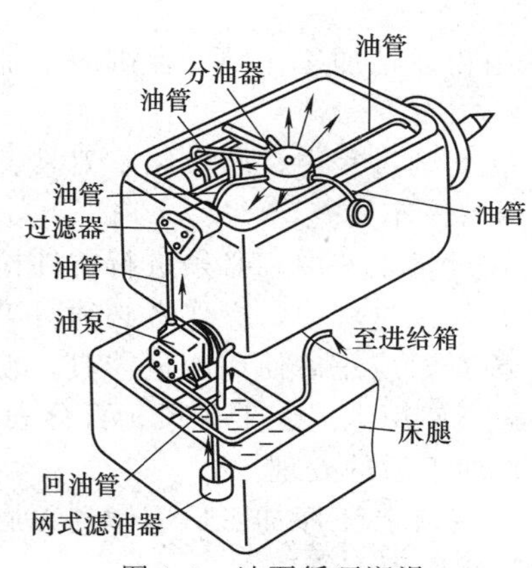

图1-9　油泵循环润滑

（5）溅油润滑　车床主轴箱等箱体中的转动齿轮将箱底的润滑油溅射到箱体上部的油槽中，然后经槽内油孔流到各润滑点进行润滑。常用于密闭的箱体中。

（6）油泵循环润滑　常用于转速高、需要大量润滑油连续强制润滑的场合。如主轴箱、进给箱内许多润滑点都采用这种方式。如图 1-9 所示。

2. 车床的润滑系统及要求

识读 CA6140A 型车床的润滑系统标牌，可以了解其润滑系统的各润滑部位、润滑周期、润滑要求和润滑剂的牌号，CA6140A 型车床润滑系统的润滑要求如表 1-9 所示。

表 1-9　CA6140A 型车床润滑系统的润滑要求

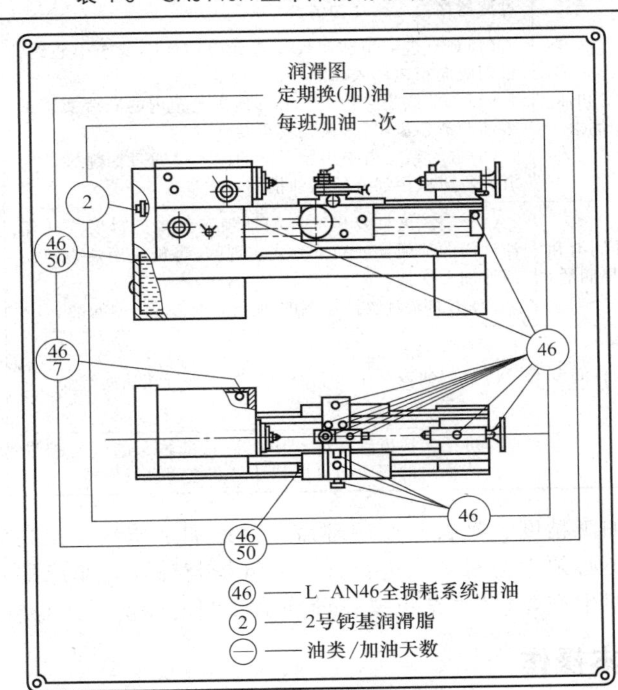

CA6140A 型卧式车床的润滑系统标牌

周期	数字	意义	符号	含义	润滑部位	数量
每班	整数形式	“○”中数字表示润滑油牌号，每班加油 1 次	②（圆圈内 2）	用 2 号钙基润滑脂进行脂润滑，每班拧动油杯盖 1 次	交换齿轮箱中的中间齿轮轴	1 处
			㊻（圆圈内 46）	使用牌号为 L-AN46 的润滑油（相当于旧牌号的 30 号机械油），每班加油 1 次	多处	14 处
经常性	分数形式	“分子/分母”中分子表示润滑油牌号，分母表示两班制工作时换（添）油间隔的天数（每班工作时间为 8h）	46/7（圆圈内）	分子“46”表示使用牌号为 L-AN46 的润滑油，分母“7”表示加油间隔为 7 天	主轴箱后面的电器箱内的床身立轴套	1 处
			46/50（圆圈内）	分子“46”表示使用牌号为 L-AN46 的润滑油，分母“50”表示换油间隔为 50～60 天	左床脚内的油箱和溜板箱	2 处

3. 车床的日常润滑保养

CA6140A 型车床日常润滑内容见表 1-10。

表 1-10 CA6140A 型车床日常润滑内容

部位	方式	润滑步骤	润滑油
主轴箱	油泵循环润滑和溅油润滑	(1)启动电动机，观察主轴箱油窗内已经有油渗出 (2)点击空转 1min 后在主轴箱内形成油雾，油泵循环润滑系统使各润滑点得到润滑主轴方可启动 (3)如果油窗内没有油输出，说明润滑系统有故障应立即检查断油原因。一般原因是主轴箱后端的三角形过滤器堵塞应用煤油清洗	牌号：L—AN46 的全损耗系统用油
进给箱和溜板箱	溅油润滑和油绳导油润滑	(1)观察进给箱和溜板箱游标内油面不低于中心线；否则应向箱内注入新润滑油 (2)主轴低速空转 1～2min 使进给箱内的润滑油通过溅油润滑各齿轮，冬天尤其重要 (3)进给箱还需要用箱上部的储油槽通过油绳导油润滑。每班应用油壶给储油槽加一次油	牌号：L—AN46 的全损耗系统用油
丝杠、光杠及操纵杆的轴颈	油绳导油润滑和弹子油杯润滑	(1)丝杠、光杠及操纵杆的轴颈润滑是通过后托架储油池内的油绳导油润滑方式实现的，每班应用油壶给储油池加一次油 (2)用油壶对丝杠左端的弹子油杯进行注油润滑	牌号：L—AN46 的全损耗系统用油
尾座	弹子油杯润滑	每班用油壶对尾座上的弹子油杯进行注油润滑	牌号：L—AN46 的全损耗系统用油
交换齿轮箱中间齿轮箱	油脂润滑	每班把交换齿轮箱中的中间齿轮轴轴头的螺塞拧进一次使轴内的润滑脂供应到轴与套之间进行润滑	2 号钙基润滑脂

为了保证车床的加工精度、延长其使用寿命、保证加工质量、提高生产效率，车工除了能熟练操作机床外，还必须学会对车床进行合理的维护与保养，车床的日常保养内容，可参见前面“车削时的文明生产要点”。结束操作前和加注润滑油前需用棉纱擦净车床各表面。

三、车床的基本操作

1. 车削运动与车削表面

车削时为了切除多余的材料，必须使工件和车刀产生相对的车削运动。按照运动的作用可以将车削运动分为主运动和进给运动两种。

(1) 主运动　切除工件上多余金属，形成工件新表面必不可少的基本运动。其特征是速度最高，消耗功率最多。车削时工件的旋转为主运动，切削加工时主运动只能有一个。

(2) 进给运动　使切削层间断或连续投入切削的一种附加运动。其特征是速度小，消耗功率少。车削时刀具的纵、横向移动为进给运动。切削加工时进给运动可能不只是一个。

在车削外圆过程中，工件上存在着三个不断变化着的表面：待加工表面、已加工表面和过渡表面，如图 1-10 所示。

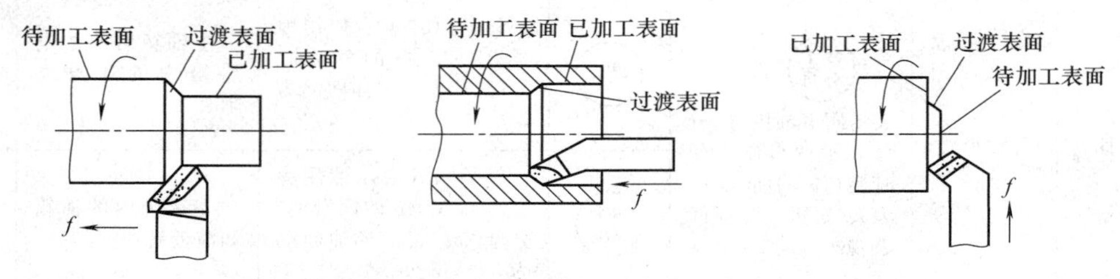

图 1-10　车削时工件上形成的三个表面

(1) 已加工表面——工件上经车刀车削后产生的新表面。

(2) 过渡表面——工件上由切削刃正在切削的那部分表面。

(3) 待加工表面——工件上有待切除的表面。

2. 认识 CA6140A 型车床的操作手柄及手轮

在进行车削加工操作前，首先必须要熟悉车床各手柄及手轮的位置和作用，然后进行基本操作练习，这样才能保证操作的熟练性和安全性。CA6140A 型车床的各手柄、手轮的位置及作用如表 1-11 所示。

表 1-11 CA6140A 型车床各手柄、手轮的位置及功用

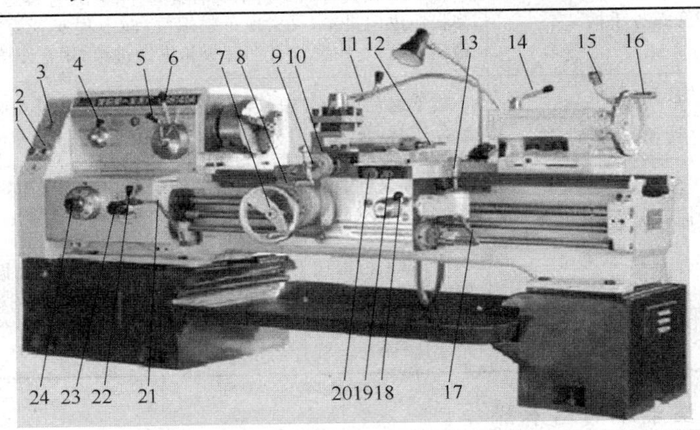

编号	名称	功用说明
1	电源开关锁	有 1 和 0 两个位置，开关面板上的电源开关锁旋至"0"位置，电源总开关是合不上的，车床不会得电
2	冷却泵总开关	按下冷却泵开关，车床冷却泵得电
3	电源总开关	有开和关两个位置，向上扳动电源总开关由"OFF"至"ON"位置，即电源由"断开"至"接通"状态，车床得电，同时，床鞍上的刻度盘照明灯亮
4	加大螺距及左右螺纹变换手柄	(1)加大螺距及左右螺纹变换手柄有 4 个挡位： 25 是右旋正常螺距(或导程)的位置 26 是左旋正常螺距(或导程)的位置 27 是左旋加大螺距(或导程)的位置 28 是右旋加大螺距(或导程)的位置 (2)纵向、横向进给车削时，一般放在右上挡位
5、6	主轴变速手柄	主轴变速手柄为两个叠套的长、短手柄。外面的短手柄在圆周上有 6 个挡位，每个挡位都有 4 种颜色标志的 4 级转速。里面的长手柄除了有两个空挡外，还有由 4 种颜色标志的 4 级转速
7	床鞍手轮	转动床鞍手轮可以使床鞍纵向移动，移动距离靠床鞍刻度盘控制，床鞍刻度盘整圈为 300 格，每格为 1mm
8	床鞍刻度盘	
9	中滑板手柄	转动中滑板手柄可以使中滑板横向移动，移动距离靠中滑板刻度盘控制，中滑板刻度盘整圈为 100 格，每格为 0.05mm
10	中滑板刻度盘	
11	刀架转位及固定手柄	逆时针扳动刀架转位及固定手柄 11，可实现车刀位置的更换，顺时针扳动刀架转位及固定手柄 11，使刀架位置固定
12	小滑板手柄及刻度盘	转动小滑板手柄可以使小滑板纵向小距离移动，移动距离靠小滑板刻度盘控制，小滑板刻度盘整圈为 100 格，每格为 0.05mm
13	机动进给手柄及快移按钮	(1)机动进给手柄有前、后、左、右四个方向，扳动机动进给手柄，溜板箱及床鞍将向相应的方向实现自动进给，手柄处于中间位置，进给停止 (2)在扳动自动进给手柄的同时按下快进按钮，溜板箱及床鞍沿手柄的扳动方向做纵、横向快速移动，松开快进按钮，快速移动停止

续表

编号	名称	功用说明
14	尾座套筒固定手柄	(1)扳动尾座套筒固定手柄14可松开尾座套筒,或使套筒固定在所需位置 (2)扳动尾座快速紧固手柄15可松开尾座或使尾座固定在所需位置
15	尾座快速紧固手柄	
16	尾座套筒移动手轮	
17、21	主轴正反转操纵手柄	将主轴正反转操纵手柄向上提起,实现车床主轴正转,向下扳动,就可以实现车床主轴反转,中间位置时处于停止位置
18	开合螺母手柄	在车削螺纹时向下扳动开合螺母手柄,开合螺母与丝杠啮合,丝杠带动溜板箱纵向进给,可实现车削螺纹;向上提起开合螺母手柄,丝杠与溜板箱运动断开,由光杠带动溜板箱纵向进给,用来车削加工
19	启动按钮(绿色)	按下绿色启动按钮,启动车床电动机,但此时车床主轴不转。按下红色急停按钮,车床电动机断电,主轴停止转动
20	急停按钮(红色)	
22	螺纹种类及丝杠、光杠变换手柄	(1)螺纹种类及丝杠、光杠变换手柄22有A、B、C、D共4个挡位 (2)进给量和螺距变换手柄23及手轮24分别有8个和4个(Ⅰ、Ⅱ、Ⅲ、Ⅳ)挡位 (3)应先根据加工要求确定进给量及螺距,再根据进给箱油池盖上的螺纹螺距和进给量铭牌,然后配合扳动手轮和手柄,使其达到正确位置 (4)当手柄21处于正上方第Ⅴ挡,此时交换齿轮箱的运动不经过进给箱变速,而与丝杠直接相连
23、24	进给量和螺距变换手柄和手轮	

3. CA6140A型车床的基本操作

(1) 车床启动前的准备　车床在启动前必须检查车床各变速手柄是否处于空挡位置、离合器是否处于正确位置、操纵杆是否处于停止状态等，在确定无误后，方可合上车床电源总开关，开始操作车床。

(2) 车床启动操作　转动电源开关锁至“1”的位置，将电源总开关向上拨起至“ON”状态，接通机床电源，按下面板上的照明灯按钮，使车床照明灯亮。

此时若按下车床床鞍上的绿色启动按钮19，电动机启动；按下车床床鞍上的红色停止按钮20，电动机停止运转。

(3) 主轴变速及转向操作　车床主轴变速是通过改变主轴箱正面右侧的两个叠套手柄5、6的位置来控制的，内侧手柄对应的圆点共有红、黑、黄、蓝4种颜色（另外还有两个空白圆点，表示空挡），外侧手柄对应不同颜色的数字，即主轴转速。例如要将主轴转速调至220r/min，找出要调整的车床主轴转速在圆周哪个挡位上，然后将短手柄拨到此位置上，并记住该数字的颜色，相应地将长手柄拨到与该数字颜色相同的挡位上即可。

调整好主轴转速后，按下床鞍上的绿色启动按钮，启动车床电动机，但此时车床主轴不转。向上扳动操纵杆手柄17或21，实现主轴正转；将操纵杆手柄扳回到中间位置，主轴停止转动；向下扳动操纵杆手柄，实现主轴反转。在操作过程中，不能由正转直接变反转，应该由正转经中间刹车位置稍停2s左右再扳至反转位置，这样有利于延长车床的使用寿命。

(4) 进给箱变速操作

① 进给量的调整操作　进给箱的进给量调整操作就是对进给箱进行变速操作，是将横向、纵向的进给量根据车床的进给箱铭牌中的位置，调整主轴箱及进给箱上的相应手柄和手轮的位置来实现的。CA6140A型车床的进给箱铭牌如图1-11所示。

例如要将纵向进给量调整为0.36mm/r，其手柄、手轮变换的具体步骤如下：

第一步：在进给箱铭牌表上查找纵向进给量为0.36mm/r的相应位置为A、1/1、Ⅲ、2挡位。

第二步：按铭牌上的要求将主轴箱正面左侧的左右螺纹及加大螺距变换手柄调整到右上

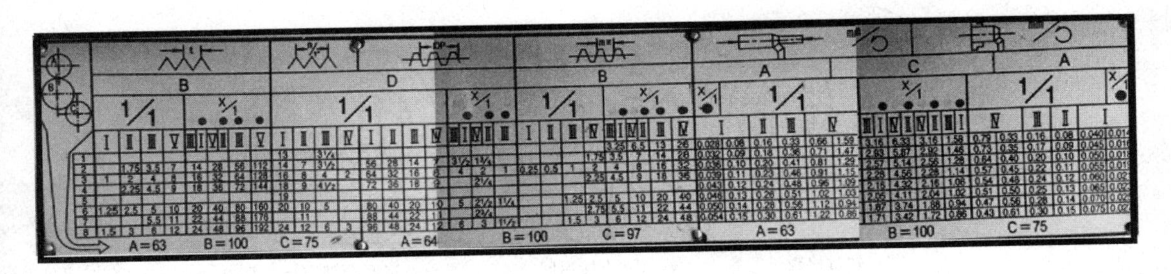

图 1-11　CA6140A 型车床进给箱铭牌

角 1/1 的位置。

第三步：按铭牌上的要求将进给箱正面右侧的丝杠、光杠变换手柄调整到右 A 挡位置，将进给量变换手轮旋转至Ⅲ挡位置。

第四步：按铭牌上的要求将进给箱正面左侧的进给量变换手轮旋转至 2 挡。

② 螺纹旋向及螺距的调整操作　例如要切削加大螺距 16mm 的米制三角形螺纹，其手柄、手轮变换的具体步骤如下：

第一步：在进给箱铭牌上查找加大螺距 16mm 的米制三角形螺纹的相应位置为 B、X/1、Ⅲ（或Ⅰ）、2 挡位。

第二步：按铭牌上的要求将主轴箱正面左侧的左右螺纹及加大螺距变换手柄调整到右下角 X/1 的位置。

第三步：按铭牌上的要求将进给箱正面右侧的丝杠、光杠变换手柄调整到右 B 挡位置，将螺距变换手轮旋转至Ⅲ挡（主轴转速为 40～125r/min）或Ⅰ挡（主轴转速为 10～32r/min）位置。

第四步：按铭牌上的要求将进给箱正面左侧的螺距变换手轮旋转至 2 挡位置。

（5）溜板箱的操作

① 手动操作　床鞍大手轮刻度盘整个圆周共有 300 格，每格为 1mm，即大手轮每转一格溜板箱纵向移动 1mm。床鞍大手轮顺时针转动，床鞍向右移动纵向退刀；床鞍大手轮逆时针转动，床鞍向左移动纵向进刀。

中滑板手柄上的刻度盘整个圆周共有 100 格，每一格为 0.05mm，即中滑板手柄每转一格中滑板横向移动 0.05mm。中滑板手柄顺时针转动，中滑板向前移动横向进刀；中滑板手柄逆时针转动，中滑板向后移动横向退刀。

小滑板手柄上的刻度盘整个圆周共有 100 格，每一格为 0.05mm，即小滑板手柄每转一格小滑板纵向移动 0.05mm。小滑板手柄顺时针转动，小滑板向左移动纵向进刀；小滑板手柄逆时针转动，小滑板向右移动纵向退刀。

转动床鞍、中滑板、小滑板手柄时，由于丝杠和螺母之间往往存在间隙，因此会产生空行程，即刻度盘已转动而滑板并未同步移动。所以在使用时必须慢慢地把刻度线转至所需格数。如果不小心多转了刻度格，绝不能直接简单退回几格，必须向相反方向退回全部空行程，再转至所需的格数处，如图 1-12 所示。

② 自动进给　溜板箱右侧自动进给手柄的方向位置如图 1-13 所示。分别向前、后、左、右扳动自动进给手柄，溜板箱及床鞍将向相应的方向实现自动进给，手柄处于中间位置，进给停止。

在扳动自动进给手柄的同时按下快进按钮，溜板箱及床鞍沿手柄的扳动方向做纵、横向快速移动，松开快进按钮，快速移动停止。

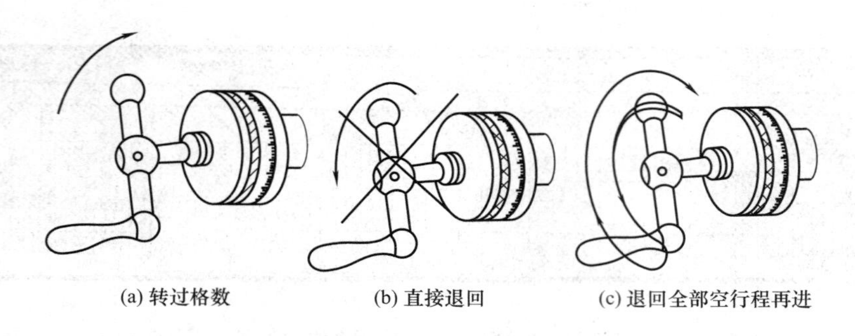

图 1-12　消除刻度盘空行程的方法

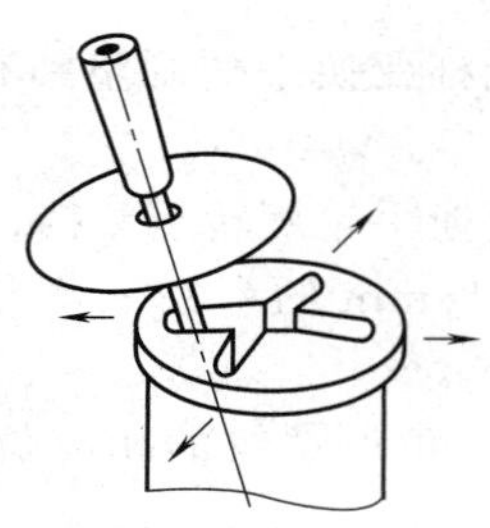

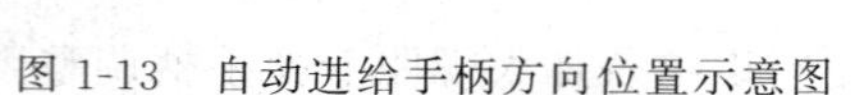

图 1-13　自动进给手柄方向位置示意图

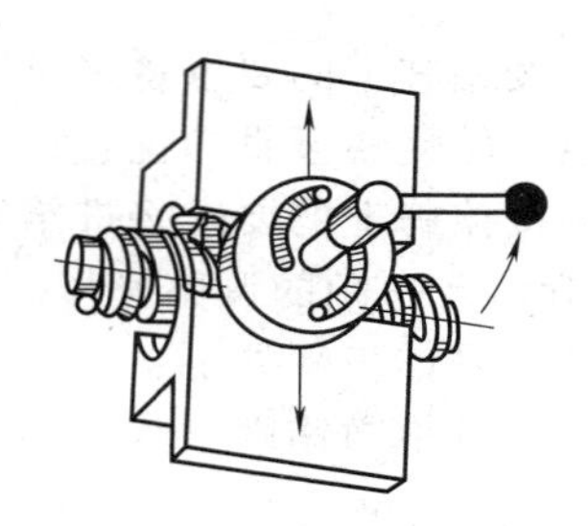

图 1-14　开合螺母的操作

③ 开合螺母的操作　开合螺母位于溜板箱前面右侧，向下扳动开合螺母手柄，开合螺母与丝杠啮合，丝杠带动溜板箱纵向进给，可实现车削螺纹；向上提起开合螺母手柄，丝杠与溜板箱运动断开，有光杠带动溜板箱纵向进给，用来车削加工。如图 1-14 所示。

④ 刀架的操作　刀架用于装卡车刀，当刀架上装有车刀时，转动刀架，其上的车刀也随同转动。逆时针转动刀架手柄，刀架可做逆时针转动，以调换车刀；顺时针转动刀架手柄，刀架则被锁紧。如图 1-15 所示。

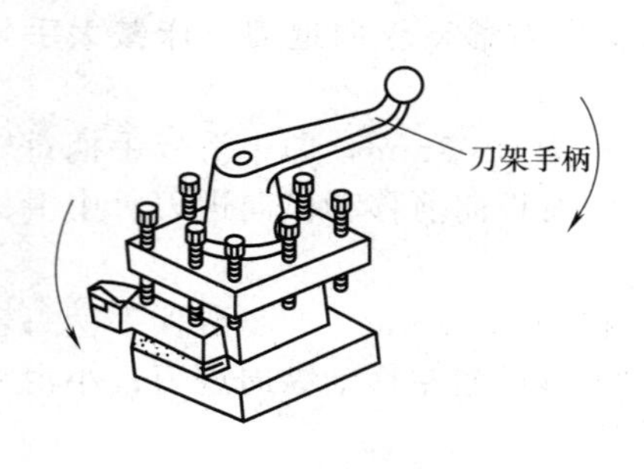

图 1-15　刀架的操作

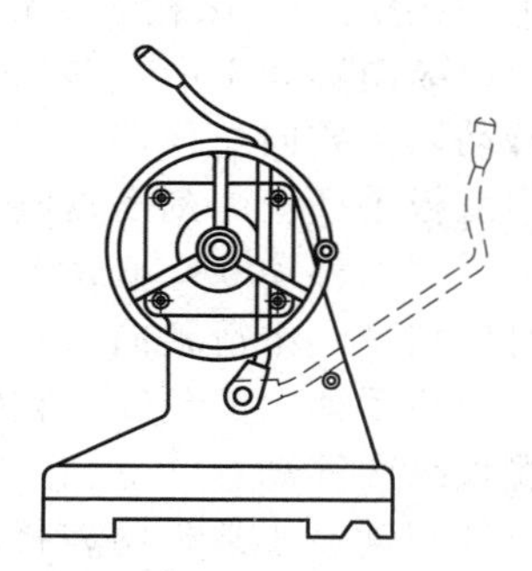

图 1-16　尾座的操作

（6）尾座的操作

① 尾座套筒的进退和固定　逆时针扳动尾座套筒固定手柄，松开尾座套筒，顺时针转动尾座套筒移动手轮，使尾座套筒伸出，反之尾座套筒缩回。顺时针扳动尾座套筒固定手柄，可以将套筒固定在所需位置。

② 尾座位置的固定　向后（顺时针）扳动尾座快速紧固手柄，松开尾座。把尾座沿床身纵向移动到所需位置，向前（逆时针）扳动尾座快速紧固手柄，快速把尾座固定在床身上。如图 1-16 所示。

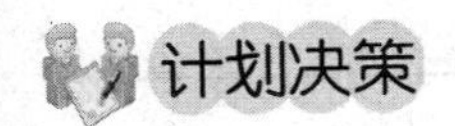

计划决策

表 1-12 计划和决策表

<table>
<tr><td>情境</td><td colspan="6">学习情境一　CA6140A 型车床的基本操作</td></tr>
<tr><td>学习任务</td><td colspan="4">任务二　操作 CA6140A 型车床</td><td>完成时间</td><td></td></tr>
<tr><td>任务完成人</td><td>学习小组</td><td></td><td>组长</td><td></td><td>成员</td><td></td></tr>
<tr><td>需要学习的知识和技能</td><td colspan="6">知识:1. 车削加工的安全文明操作规程
2. 车床的日常润滑和保养要求
3. 车床的基本操作方法
技能:熟练掌握车床的基本操作技能</td></tr>
<tr><td rowspan="3">小组任务分配</td><td>小组任务</td><td>任务实施准备工作</td><td>任务实施过程管理</td><td>学习纪律及出勤</td><td colspan="2">卫生管理</td></tr>
<tr><td>个人职责</td><td>设备、工具、量具、刀具等前期工作准备</td><td>记录每个小组成员的任务实施过程和结果</td><td>记录考勤并管理小组成员学习纪律</td><td colspan="2">组织值日并管理卫生</td></tr>
<tr><td>小组成员</td><td></td><td></td><td></td><td colspan="2"></td></tr>
<tr><td>安全要求及注意事项</td><td colspan="6">1. 正确穿戴工作服,佩戴防护设施
2. 进入车间要求听指挥,不得擅自行动
3. 严格按照车床安全文明生产操作规程进行操作</td></tr>
<tr><td>完成工作任务的方案</td><td colspan="6"></td></tr>
</table>

任务实施

1. 认识 CA6140A 型车床的基本结构组成

2. 进行车床的基本操作技能训练

(1) 车床启动前检查工作;

(2) 车床的日常润滑保养;

(3) 车床的启动操作;

(4) 车床主轴变速、主轴正反转调整、进给量及螺距的调整;

(5) 刀架部分的手动操作;

(6) 床鞍、中滑板、小滑板的手动和机动进给操作;

(7) 尾座的操作:尾座套筒的进退和固定及尾座位置的固定操作。

任务实施表见表 1-13。

表 1-13　任务实施表

情境	学习情境一　CA6140A 型车床的基本操作						
学习任务	任务二　操作 CA6140A 型车床					完成时间	
任务完成人	学习小组		组长		成员		
任务实施步骤及具体内容							

分析评价

表 1-14　CA6140A 型车床基本操作检测分析表

序号	检测内容	检测项目及分值		出现的实际质量问题		
		检测项目	分值	自我评价	教师评价	
1	主轴箱变速操作	主轴变速	10			
2		左右旋螺纹变换	10			
3	进给箱操作	光杠、丝杠变换	10			
4		进给量调整	10			
5		螺距调整	10			
6	溜板箱操作	正确使用刻度盘	5			
7		床鞍纵向移动	5			
8		中滑板横向移动	8			
9		小滑板纵向移动	8			
10		机动进给操作	8			
11		刀架快速移动	6			
12	安全文明生产	安全文明操作	5			
13		工作服穿戴正确	5			
总分						
教师总评意见						

课后习题

一、填空题

1. 车床床身是车床的大型________部件，有两条精度很高的________导轨和________导轨。

2. 进给箱是进给传动系统的变速机构，把交换齿轮箱传过来的运动，经过变速后传递给丝杠，以车削________；传递给________，以实现机动进给。

3. 车床刀架部分由________、________、________和________共同组成。

4. 选择纵向进给量为 0.40mm，横向进给量为 0.20mm 时，小滑板刻度盘顺时针传动________，中滑板刻度盘顺时针转动________格。

5. 中滑板刻度盘分为 100 格，每转 1 格，表示刀架横向移动________ mm。

6. 正卡爪用于装夹________和内孔直径较大的工件；反卡爪用于装夹________工件。

7. 三爪自定心卡盘主要由外壳体________、________、________等零件组成。

8. 常用的卡盘规格有________、________、250mm。

9. CA6140A 型车床的润滑形式有________、________、________、________。

10. 油绳导油润滑常用于________和________的油池中。

11. 弹子油杯注油润滑是指定期地用________压下油杯上的弹子，将油注入，常用于尾座、中滑板上的摇动手柄及________、________、________支架的轴承处。

12. 油泵输油润滑常用于________和需要大量润滑油连续强制润滑的场所。

13. 浇油润滑常用于外露的滑动表面，例如________、________。

二、选择题

1. CA6140A 型车床型号中数字 6 表示________。

A. 卧式车床组　　B. 立式车床组

2. 常用于车床参数的折算系数有________。

A. 2 种　　B. 4 种　　C. 3 种　　D. 5 种

3. 床鞍手柄上的刻度盘分为 300 格，每转过一格，表示床鞍纵向移动________。

A. 1mm　　B. 2mm　　C. 4mm

4. 逆时针转动大手轮，刻度盘转动 250 格表示向左进刀________。

A. 250mm　　B. 500mm

三、判断题

1. 我国机床型号由汉字拼音字母及阿拉伯数字组成。（　）

2. CA6140A 型车床型号中数字 40 表示车床最大工件回转直径为 400mm。（　）

3. 机床的类代号 C 的含义表示车床类。（　）

4. 机床的特性代号包括特性代号和结构特性代号，它们位于类代号之后。（　）

5. 机床的类代号 Z 的含义表示钻床类。（　）

6. 机床的类代号 K 表示数控。（　）

7. 车床溜板箱把交换齿轮箱传过来的运动，经过变速后传递给丝杠或光杠。（　）

8. 车削时，工件做旋转主运动。（　）

9. 正卡爪用于装卡外圆直径较小和内孔直径较大的工件；反卡爪用于装卡外圆直径较大的工件。（　）

10. 装卡盘前应切断电动机电源，并将卡盘和连接盘各表面（尤其是定位配合表面）擦净并涂油。在靠近主轴处的床身导轨上垫一块木板，以保护导轨面不受意外撞击。（　）

11. 卡盘装在连接盘上后，应使卡盘背面与连接盘平面贴平、贴牢。（　）

12．工件和车刀必须装卡牢固，避免其飞出伤人。卡盘必须装有保险装置。装卡好工件后，卡盘扳手必须随即从卡盘上取下。（　）

13．凡装卸工件、更换刀具、测量加工表面及变速时，必须先停车床。（　）

14．丝杠、光杠和操作杆的轴颈润滑是通过后托架的储油池内的羊毛线引油进行润滑，每班注油一次。（　）

学习情境二　简单台阶轴的车削加工

【学习目标】

知识目标：

- 了解常用车刀的种类和材料及应具备的性能
- 掌握车刀几何要素的名称及主要作用
- 掌握车刀切削部分的几何参数及主要作用
- 掌握车刀的刃磨及装卡方法
- 掌握轴类工件的装夹方法
- 掌握台阶轴切削用量的选择
- 掌握台阶轴车削加工工艺步骤
- 掌握台阶轴的质量分析

能力目标：

- 具备根据加工零件的形状正确选择车刀的能力
- 具备正确刃磨车刀的能力
- 具备工件的装卡能力
- 能够根据图纸要求对轴类工件进行基本车削加工
- 具备对轴类工件的质量分析和检测能力

素质目标：

- 培养学生爱护设备及工具、夹具、刀具、量具的职业素养
- 培养学生严谨细致、团结协作的工作作风和吃苦耐劳精神，增强职业道德观念
- 培养学生严格执行工作程序、工作规范、工艺文件和安全操作规程的职业素养

情境导入

轴是机器中的重要零件之一，用来支承旋转零件（如齿轮、带轮等），传递运动和转矩。台阶轴通常由圆柱面、阶台、端面等组成。当轴类零件的精度要求较高时，在车削时除了要保证尺寸的精度和表面粗糙度外，还应保证其几何精度的要求。本学习情境主要就是要研究简单轴类零件在保证其精度基础上的加工方法及工艺步骤。

任务一　认识车刀

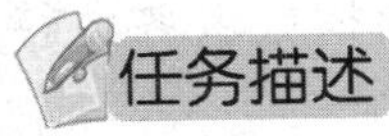

任务描述

本任务以硬质合金钢90°焊接式车刀为例，学习车刀的几何角度选择及其刃磨方法，采

用手工方法完成图 2-1 所示 90°车刀的刃磨。

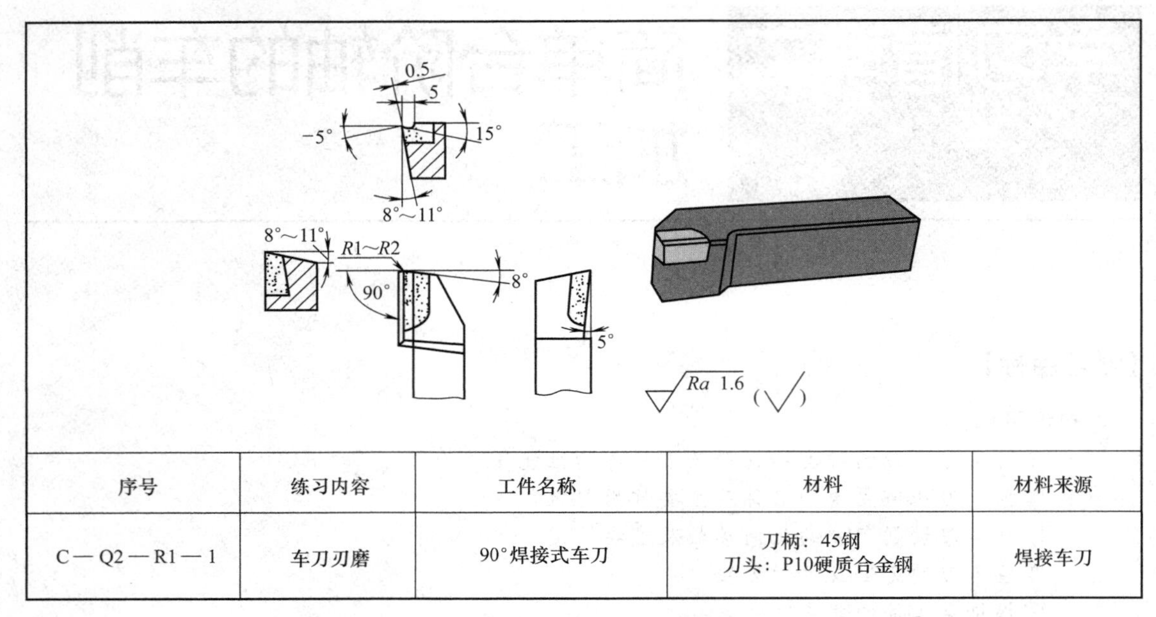

序号	练习内容	工件名称	材料	材料来源
C－Q2－R1－1	车刀刃磨	90°焊接式车刀	刀柄：45钢 刀头：P10硬质合金钢	焊接车刀

图 2-1　90°焊接式车刀图

知识链接

一、车刀的种类和用途

车刀是切削加工中应用最广的一种单刃刀具，也是学习、分析各类刀具的基础。车刀用于各种车床上，加工外圆、内孔、端面、螺纹、车槽等。

1. 车刀的类型

普通车床用的车刀种类很多，按其功能可分为外圆车刀、端面车刀、车槽刀、切断刀、车孔刀及螺纹车刀等，按其按结构又可分为整体式车刀、焊接式车刀、机夹车刀等。车刀的种类如图 2-2 所示。本任务主要以焊接式外圆和端面车刀为例进行介绍。

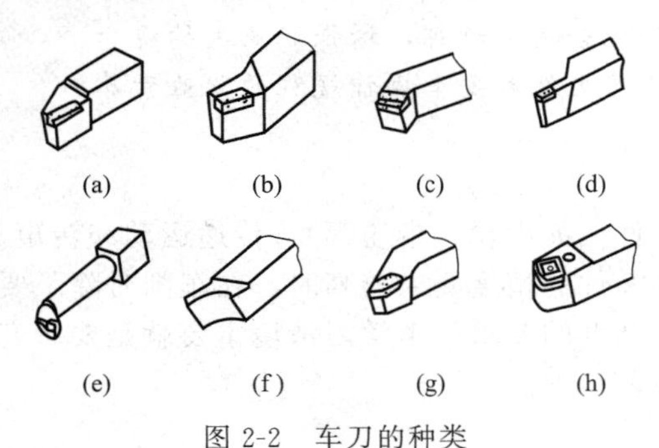

图 2-2　车刀的种类

2. 各种车刀的用途

（1）外圆车刀　如图 2-2（a）、（b）所示，主偏角一般取 75°和 90°，用于车削外圆表面和台阶。

（2）端面车刀　如图 2-2（c）所示，主偏角一般取 45°，用于车削端面和倒角，也可用来车外圆。

（3）切断、切槽刀　如图 2-2（d）所示，用于切断工件或车沟槽。

（4）镗孔刀　如图 2-2（e）所示，用于车削工件的内圆表面，如圆柱孔、圆锥孔等。

（5）成形刀　如图 2-2（f）所示，有凹、凸之分。用于车削圆角和圆槽或者各种特形面。

（6）内、外螺纹车刀　用于车削外圆表面的螺纹和内圆表面的螺纹。图 2-2（g）为外螺纹车刀。

（7）整体车刀　刀头部分和刀杆部分均为同一种材料。用作整体式车刀的刀具材料一般是整体高速钢，如图 2-2（f）所示。

（8）焊接车刀　刀头部分和刀杆部分分属两种材料。即刀杆上镶焊硬质合金刀片，而后经刃磨所形成的车刀。图 2-2 所示（a）、（b）、（c）、（d）、（e）、（g）均为焊接车刀。

（9）机夹车刀　刀头部分和刀杆部分分属两种材料。它是将硬质合金刀片用机械夹固的方法固定在刀杆上的，如图 2-2（h）所示。目前，机夹车刀应用比较广泛，尤其以数控车床应用更为广泛。用于车削外圆、端面、切断、镗孔、内、外螺纹等。

机夹车刀的优点在于避免焊接引起的缺陷，刀柄能多次使用，刀具几何参数设计选用灵活。如采用集中刃磨，对提高刀具质量、方便管理、降低刀具费用等方面都有利。

常用车刀的用途如图 2-3 所示。

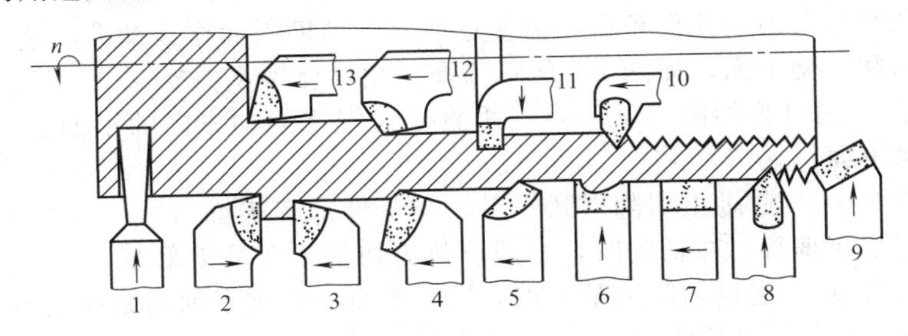

图 2-3　常用车刀的用途

1—外切槽刀；2—左偏刀；3—右偏刀；4,5—外圆车刀；6—成形车刀；7—宽刃车刀；8—外螺纹车刀；9—端面车刀；10—内螺纹车刀；11—内切槽刀；12,13—内孔车刀

二、车刀切削部分的几何要素

车刀是由刀头和刀柄两部分组成，如图 2-4（a）所示。刀头用于切削，又称切削部分；刀柄用于把车刀装夹在刀架上，又称夹持部分。

1. 车刀切削部分的几何要素

车刀切削部分即刀头，在切削时直接接触工件，它具有一定的几何形状。如图 2-4（b）、

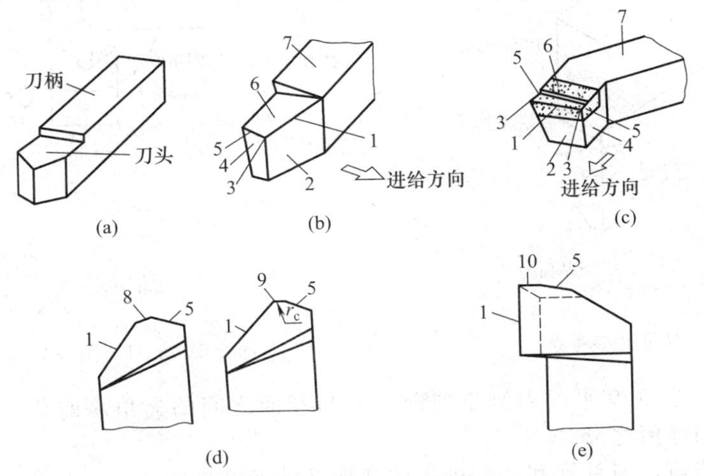

图 2-4　车刀组成和切削部分几何要素

1—主切削刃；2—主后刀面；3—刀尖；4—副后刀面；5—副切削刃；6—前刀面；7—刀柄；8—直线形过渡刃；9—圆弧形过渡刃；10—修光刃

(c) 中所示是两种刀头为不同几何形状的车刀，图 (b) 为 75°车刀，图 (c) 为 45°车刀。

(1) 前刀面　它是刀具上切屑流过的表面。

(2) 主后刀面　同工件上加工表面相互作用或相对应的表面。

(3) 副后刀面　同工件上已加工表面相互作用或相对应的表面。

(4) 主切削刃　它是前刀面与主后刀面相交的交线部位。

(5) 副切削刃　它是前刀面与副后刀面相交的交线部位。

(6) 刀尖　主、副切削刃相交的交点部位。为了提高刀尖的强度和耐用度往往把刀尖刃磨成圆弧形和直线形的过渡刃，如图 2-4 (d) 所示。

(7) 修光刃　如图 2-4 (e) 所示，是副切削刃近刀尖处一小段平直的切削刃。与进给方向平行且长度大于工件每转一转车刀沿进给方向的移动量，才能起到修光作用。

2. 测量车刀角度的三个基准平面

为了确定和测量车刀的几何角度，需要选取三个辅助平面作为基准，这三个辅助平面是基面、切削平面和正交平面，如图 2-5 所示为车刀角度参考系。

(1) 基面 p_r　通过主切削刃某一点，垂直于假定主运动方向的平面。对于车削，一般可认为基面是水平面。

(2) 切削平面 p_s　通过主切削刃某一点，与工件加工表面（或与主切削刃）相切的平面。切削平面与基面垂直。在切削时，一般可认为切削平面是铅垂面。

(3) 正交平面 p_o　通过切削刃某一点，同时垂直于切削平面与基面的平面。对于车削，一般可认为正交平面是铅垂面。

可见这三个坐标平面相互垂直，构成一个空间直角坐标系。

3. 车刀切削部分的几何参数

车刀切削部分有 6 个独立的基本角度：前角 γ_o、后角 α_o、副后角 α'_o、主偏角 κ_r、副偏角 κ'_r和刃倾角 λ_s。两个派生角度：楔角 β_o 和刀尖角 ε_r。如图 2-6 所示。

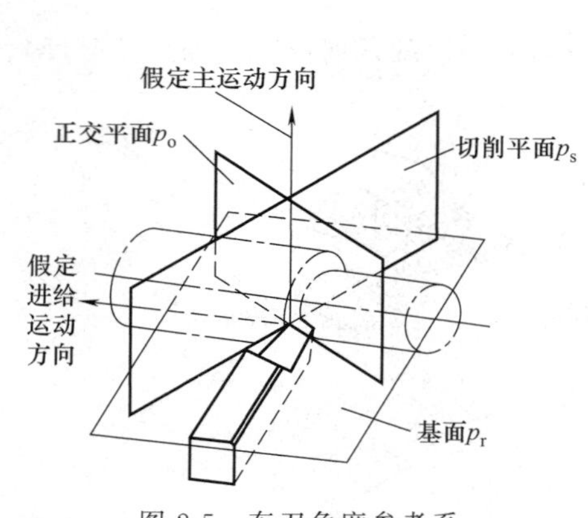

图 2-5　车刀角度参考系

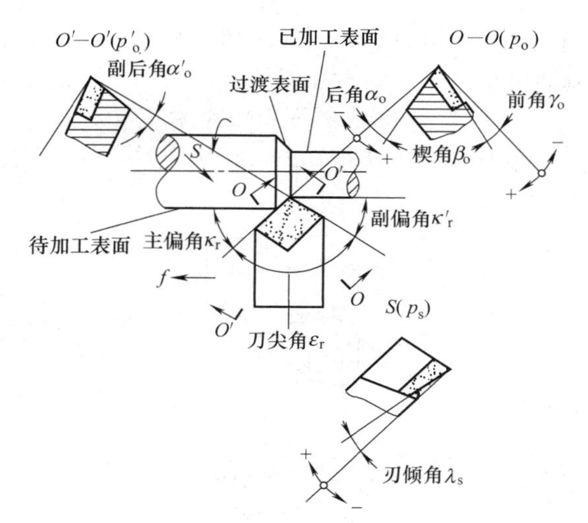

图 2-6　车刀切削部分的基本角度

(1) 前角 γ_o　在正交平面内测量的前刀面与基面之间的夹角。前角表示前刀面的倾斜程度，有正、负和零值之分。

作用：加大前角，刀具锋利，切削层的变形及前面摩擦阻力小，切削力和切削温度可减低，可抑制或消除积屑瘤，但前角过大，刀尖强度降低。

选择原则：

① 工件材料的强度、硬度低，塑性好时，应取较大的前角；反之应取较小的前角；加工特硬材料（如淬硬钢、冷硬铸铁等）甚至可取负的前角；

② 刀具材料的抗弯强度及韧性高时，可取较大的前角；

③ 断续切削或精加工时，应取较小的前角，但如果此时有较大的副刃倾角配合，仍可取较大的前角，以减小径向切削力；

④ 高速切削时，前角对切屑变形及切削力的影响较小，可取较小前角；

⑤ 工艺系统刚性差时，应取较大的前角。

（2）后角 α_o 在正交平面内测量的主后刀面与切削平面之间的夹角。后角表示主后刀面的倾斜程度，一般为正值。

作用：减少刀具主后面与工件的过渡表面之间的摩擦。当前角一定时，后角的增大与减小能增大和减小刀刃的锋利程度，改变刀刃的散热，从而影响刀具的耐用度。

选择原则：

① 精加工时，切削厚度薄，磨损主要发生在后刀面，宜取较大后角；粗加工时，切削厚度大，负荷重，前、后面均要发生磨损，宜取较小后角；

② 多刃刀具切削厚度较薄，应取较大后角；

③ 被加工工件和刀具刚性差时，应取较小后角，以增大后刀面与工件的接触面积，减少或消除振动；

④ 工件材料的强度、硬度低、塑性好时，应取较大的后角，反之应取较小的后角；但对加工硬材料的负前角刀具，后角应稍大些，以便刀刃易于切入工件；

⑤ 定尺寸刀具（如内拉刀、铰刀等）应取较小后角，以免重磨后刀具尺寸变化太大；

⑥ 对进给运动速度较大的刀具（如螺纹车刀、铲齿车刀等），后角的选择应充分考虑到工作后角与标注后角之间的差异；

⑦ 铲齿刀具（如成形铣刀、滚刀等）的后角要受到铲背量的限制，不能太大，但要保证侧刃后角不小于2°。

（3）主偏角 κ_r 在基面内测量的主切削刃在基面上的投影与进给运动方向的夹角。主偏角一般为正值。

作用：

① 改变主偏角的大小可以调整径向切削分力和轴向切削分力之间的比例，主偏角增大时，径向切削分力减小，轴向切削分力增大；

② 减小主偏角可减小切削厚度和切削刃单位长度上的负荷；同时主切削刃工作长度和刀尖角增大，刀具的散热得到改善，但主偏角过小会使径向切削分力增加，容易引起振动。

选择原则：

① 工件材料强度、硬度高时，应选择较小的主偏角；

② 在工艺系统刚性允许的条件下，应尽可能采用较小的主偏角，以提高刀具的寿命；

③ 在切削过程中，刀具需要作中间切入时，应取较大的主偏角；

④ 主偏角的大小还应与工件的形状相适应（如车阶梯轴，铣直角台阶等）；

⑤ 采用小主偏角时应考虑到切削刃有效长度是否足够。

（4）副偏角 κ_r' 在基面内测量的副切削刃在基面上的投影与进给运动反方向的夹角。副偏角一般为正值。

作用：

① 减小副切削刃与工件已加工表面之间的摩擦；

② 影响工件表面粗糙度、刀具散热面积和刀具寿命。

选择原则：

① 工件或刀具刚性较差时，应取较大的副偏角；

② 精加工刀具应取较小的或零度副偏角，以增加副切削刃对工件已加工表面的修光作用；

③ 在切削过程中需要中间切入或双向进给的刀具，应取较大的副偏角；

④ 切断、切槽及孔加工刀具的副偏角应取较小值，以保证重磨后刀具尺寸变化量较小。

（5）刃倾角 λ_s　在切削平面内测量的主切削刃与基面之间的夹角。当主切削刃呈水平时，$\lambda_s=0$；刀尖为主切削刃最低点时，$\lambda_s<0$；刀尖为主切削刃上最高点时，$\lambda_s>0$。

作用：

① 可以控制切屑流出方向；

② 适当的刃倾角，可使切削刃逐渐切入和切出工件，使切削力均匀，切削过程平衡；

③ 负值的刃倾角可提高刀尖的抗冲击能力，但过大的负刃倾角会使径向切削力显著增加。

选择原则：

① 精加工时刃倾角应取正值，使切屑流向待加工表面，以免划伤已加工表面；

② 冲击负荷较大的断续切削，应取较大负值的刃倾角，以保护刀尖，提高切削平稳性，此时可配合采用较大的前角，以免径向切削力过大；

③ 加工高硬度材料时，可取负值倾角，以提高刀具强度；

④ 微量切削的精加工刀具可取特别大的刃倾角；

⑤ 孔加工刀具（如镗刀、铰刀）的刃倾角方向，应根据孔的性质决定：加工通孔时，应取正值刃倾角，使切屑由孔的前方排出，以免划伤孔壁；加工盲孔时，应取负值刃倾角，使切屑向后排出。

4. 车刀切削部分角度正、负值的规定

车刀切削部分的基本角度中，主偏角 κ_r 和副偏角 κ_r' 没有正负值的规定，但前角 γ_o、后角 α_o 和刃倾角 λ_s 有正、负值的规定。

（1）车刀前角和后角正、负值的规定　车刀前角和后角分别有正值、零度和负值 3 种，见表 2-1。

表 2-1　车刀前角和后角正、负值的规定

角度值		$\gamma_o>0°$	$\gamma_o=0°$	$\gamma_o<0°$
前角 γ_o	图示	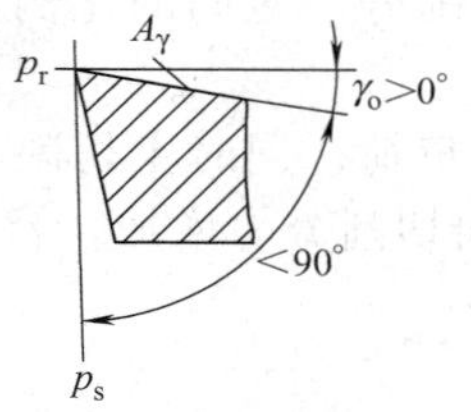 p_r　A_γ　$\gamma_o>0°$　<90°　p_s	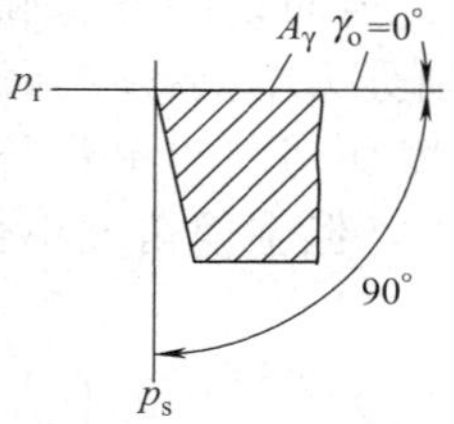 p_r　A_γ　$\gamma_o=0°$　90°　p_s	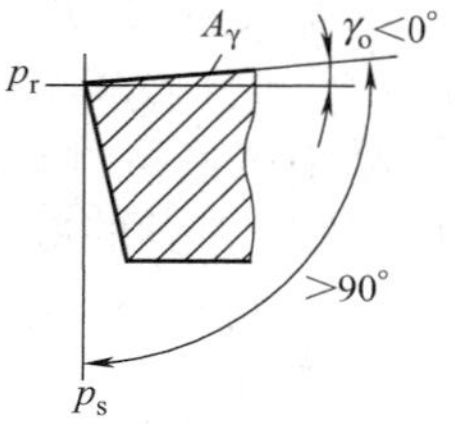 p_r　A_γ　$\gamma_o<0°$　>90°　p_s
	规定	前面 A_γ 与切削平面 p_s 间的夹角小于 90°时	前面 A_γ 与切削平面 p_s 间的夹角等于 90°时	前面 A_γ 与切削平面 p_s 间的夹角大于 90°时
角度值		$\alpha_o>0°$	$\alpha_o=0°$	$\alpha_o<0°$
后角 α_o	图示	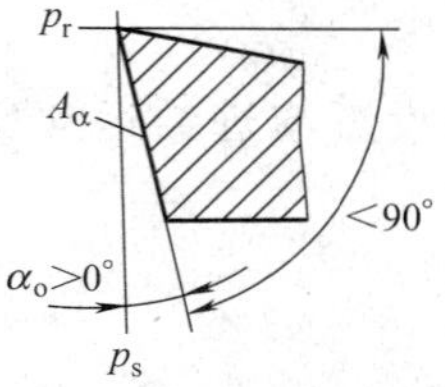 p_r　A_α　<90°　$\alpha_o>0°$　p_s	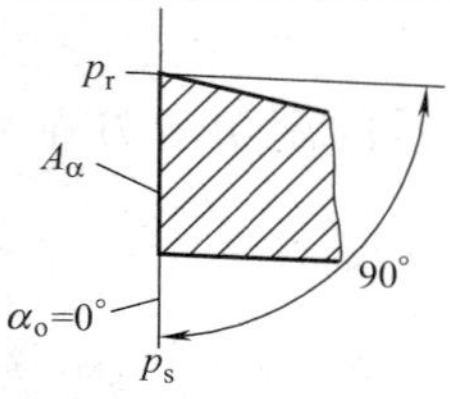 p_r　A_α　90°　$\alpha_o=0°$　p_s	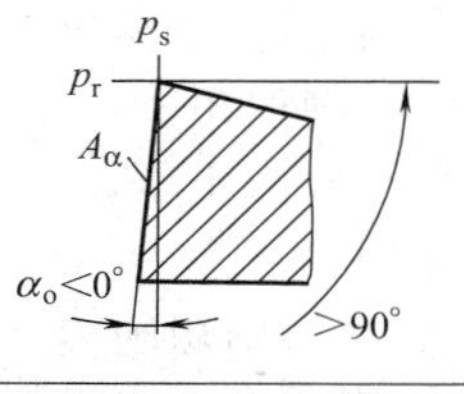 p_s　p_r　A_α　$\alpha_o<0°$　>90°
	规定	后面 A_α 与基面间 p_r 的夹角小于 90°时	后面 A_α 与基面 p_r 间的夹角等于 90°时	后面 A_α 与基面 p_r 间的夹角大于 90°时

(2) 车刀刃倾角的正、负值规定　车刀刃倾角有正值、零度和负值3种规定，其排除切屑情况、刀尖强度和冲击点先接触车刀的位置，见表2-2。

表2-2　刃倾角正、负值的规定及使用情况

角度值	$\lambda_s>0$	$\lambda_s=0$	$\lambda_s<0$
正、负值的规定	p_r A_γ $\lambda_s>0°$	A_γ $\lambda_s=0°$ p_r	A_γ p_r $\lambda_s<0°$
	刀尖位于主切削刃 S 的最高点	主切削刃 S 和基面 p_r 平行	刀尖位于主切削刃 S 的最低点
车削时排除切屑的情况	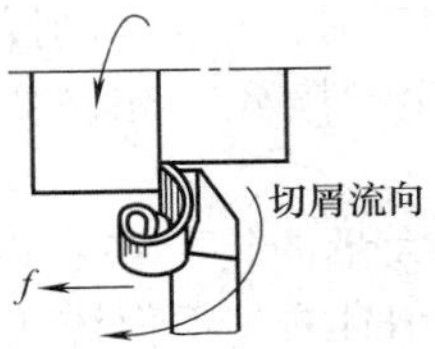 切屑流向 f	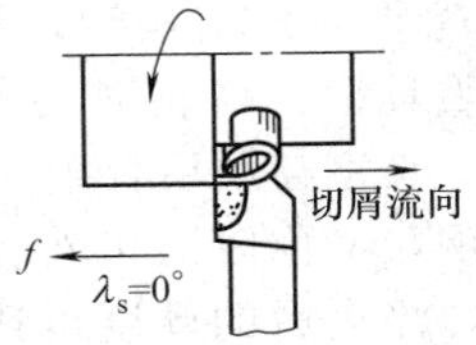 切屑流向 f $\lambda_s=0°$	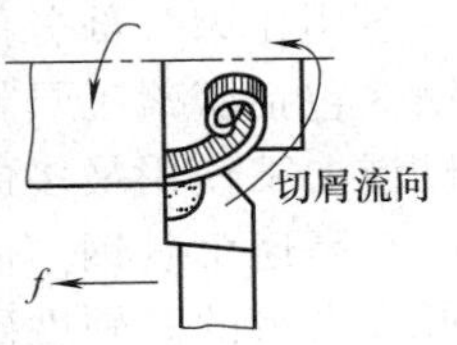 切屑流向 f
	切屑排向工件的待加工表面方向，切屑不易擦毛已加工表面，车出的工件表面粗糙度小	切屑基本上沿垂直于主切削刃方向排出	切屑排向工件的已加工表面方向，容易划伤已加工表面
刀尖强度和冲击点先接触车刀的位置	$\lambda_s>0°$ 刀尖 S	$\lambda_s=0°$ 刀尖 S	$\lambda_s<0°$ 刀尖 S
	刀尖强度较差，尤其是在车削不圆整的工件受冲击时，冲击点先接触刀尖，刀尖易损坏	刀尖强度一般，冲击点同时接触刀尖和切削刃	刀尖强度好，在车削有冲击的工件时，冲击点先接触远离刀尖的切削刃处，从而保护了刀尖
适用场合	精车时，λ_s 应取正值，$0°<\lambda_s<8°$	工件圆整、余量均匀的一般车削时，应取 $\lambda_s=0°$	断续车削时，为了增加刀头强度，取负值 $\lambda_s=-15°\sim-5°$

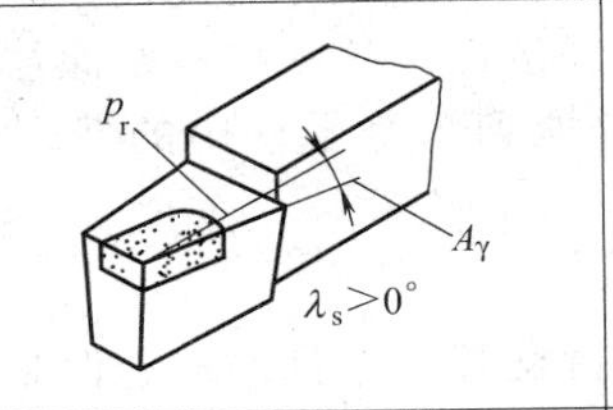

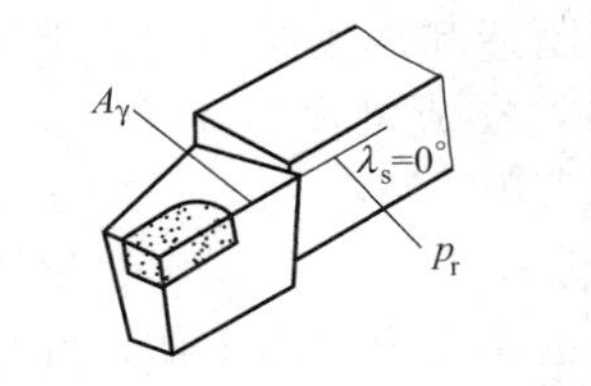

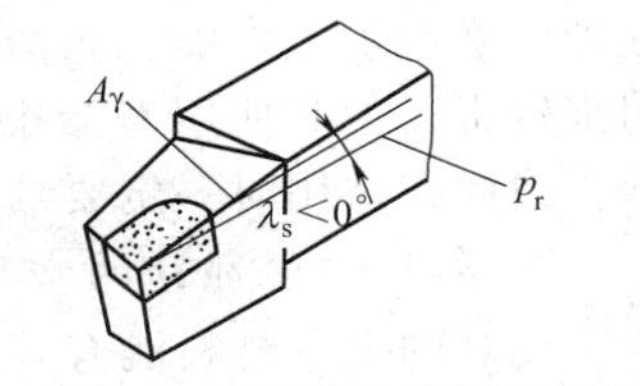

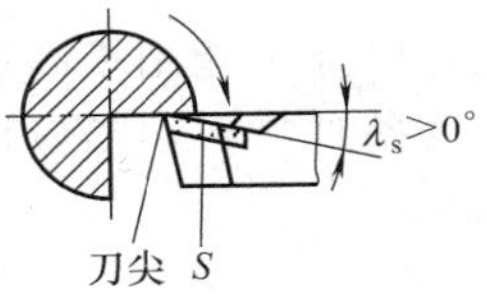

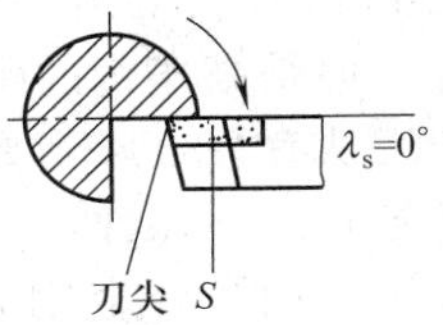

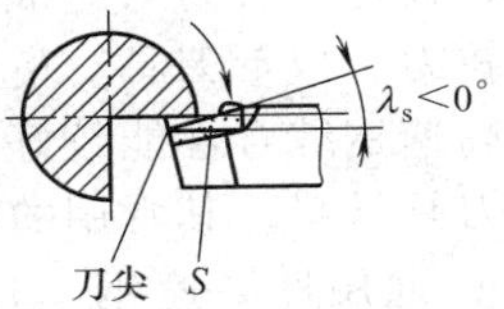

三、车刀的材料

1. 车刀材料的基本性能

在金属切削过程中刀具切削部分在高温下承受着很大的切削力与剧烈摩擦，所以为了提高工件表面质量、刀具寿命及切削效率，刀具材料应具备以下性能。

(1) 高硬度和高耐磨性　刀具材料的硬度必须高于被加工材料的硬度才能切下金属，这是刀具材料必备的基本要求，现有刀具材料硬度都在60HRC以上。刀具材料越硬，其耐磨性越好，但由于切削条件较复杂，材料的耐磨性还决定于它的化学成分和金相组织的稳定性。

(2) 足够的强度与冲击韧性　强度是指抵抗切削力的作用而不至于刀刃崩碎与刀杆折断所应具备的性能。一般用抗弯强度来表示。

冲击韧性是指刀具材料在间断切削或有冲击的工作条件下保证不崩刃的能力，一般地，

硬度越高，冲击韧性越低，材料越脆。硬度和韧性是一对矛盾，也是刀具材料所应克服的一个关键。

（3）高耐热性　耐热性又称红硬性，是衡量刀具材料性能的主要指标。它综合反映了刀具材料在高温下保持硬度、耐磨性、强度、抗氧化、抗黏结和抗扩散的能力。

（4）良好的工艺性和经济性　为了便于制造，刀具材料应有良好的工艺性，如锻造、热处理及磨削加工性能。当然在制造和选用时应综合考虑经济性。超硬材料及涂层刀具材料费用都较贵，但其使用寿命很长，在成批大量生产中，分摊到每个零件中的费用反而有所降低。因此在选用时一定要综合考虑。

2. 车刀切削部分的常用材料

良好的刀具材料能有效、迅速完成切削工作，并保持良好的刀具寿命。但是面对刀具所应具备的性能，刀具材料选择时很难找到各方面的性能都是最佳的，因为各种材料性能之间有的是相互制约的，面对如此情况只能根据工艺的需要保证主要需求性能。

一般用作刀杆部分的材料为优质碳素结构钢，常采用45钢。车刀切削部分的材料有：工具钢（包括碳素工具钢、合金工具钢、高速钢）、硬质合金、陶瓷、超硬质刀具材料，一般的机械加工使用最多的是高速工具钢与硬质合金。

（1）高速工具钢　简称高速钢，又称白钢和风钢。含有大量的钨、铬、钼、钒等合金元素，形成大量的高硬度碳化物相，淬火后的硬度可达63～70HRC。不但淬火后硬度高，而且耐磨性、淬透性和回火稳定性显著提高，并有足够的韧性；当切削温度高达600℃时能保持切削加工所要求的硬度。除高钒高速钢的磨削加工性能较差外，高速钢的工艺性也较好。所以在各种刀具材料中高速钢的性能最为理想。用高速钢制造刀具其显著的特点是制造工艺简单、韧性好、易刃磨成锋利的刃口，所以常用于制造各种复杂精密的刀具。如钻头、丝锥、拉刀、成形刀具、齿轮刀具等。但是高速钢的耐热性差，因此不能用于高速切削。

高速钢综合性能较好，可以加工从有色金属到高温合金等各种材料，是应用范围最广的一种刀具材料。其常用的种类和牌号有以下几种：

① 通用性高速钢　用于加工碳素钢、合金钢和普通铸铁等。常用牌号有W18Cr4V、W6Mo5Cr4V2、W14Cr4VMnRe等，其中W18Cr4V应用最广。

② 钴高速钢　用于加工高硬合金、不锈钢等难加工材料。常用牌号有W2Mo9Cr4VCo8，其特点是具有良好的综合性能、硬度高（接近于70HRC），但价格较高，一般用于制造各种高精度复杂刀具。

③ 超硬高速钢　用于加工调质钢材、高温合金等高难加工材料。常用牌号有W6Mo5Cr4V2Al、W10Mo4CrV3Al两种。这是我国研制成的两种不含稀有金属钴而含廉价铝的新型超硬高速钢。价格比含钴高速钢低得多，可用来制造要求耐用度高、精度高的刀具，如拉刀、滚刀等。

④ 粉末冶金高速钢　这是用粉末冶金法生产的高速钢。即用高压氩气或纯氮气雾化熔融的高速钢钢水直接得到细小的高速钢粉末，经高温、高压制成刀具形状或毛坯。因此碳化物晶粒细小、分布均匀、热处理后变形小、硬度、耐磨性、耐热性显著提高且磨削加工性能好，不足之处是成本较高。因此主要用于制造断续切削刀具和精密刀具。如齿轮滚刀、拉刀和成形铣刀等。

（2）硬质合金　硬质合金是由难熔金属碳化物（如WC、TiC、TaC等）和金属黏合剂（Co、Ni等）经过粉末冶金的方法制成。其特点是硬度很高，可达74～82HRC；耐磨性和耐热性亦好，它所允许的工作温度可达800～1000℃，甚至更高。所以允许的切削速度比高速钢高几倍到几十倍。可用于高速强力切削和难加工材料的切削加工。其缺点是抗弯强度较低、冲击韧性也较差、工艺性也较高速钢差得多。因此，多用于制造简单的高速切削刀具。

用粉末冶金工艺制成一定规格的刀片镶嵌在或者焊接在刀体上进行使用。其常用的类别、用途及代号见表 2-3。

表 2-3　硬质合金的分类、用途、代号以及与旧牌号的对照表

类别	用途	被加工材料	常用代号	适用加工阶段	相当于旧牌号
K 类 （钨钴类）	适用于加工铸铁、有色金属等脆性材料或冲击较大的场合。在切削难加工材料或振动较大（如断续切削塑性金属）的特殊情况时也较合适	适用于加工短切屑的黑色金属、有色金属及非金属材料	K01	精加工	YG3
			K10	半精加工	YG6
			K20	粗加工	YG8
P 类 （钨钛钴类）	适用于加工钢或其他韧性较好的塑性金属，不宜用于加工脆性材料	适用于加工长切屑的黑色金属	P01	精加工	YT30
			P10	半精加工	YT15
			P30	粗加工	YT5
M 类 ［钨钛钽（铌）钴类］	既可加工铸铁、有色金属，又可加工碳素钢、合金钢，故称通用合金。主要用于加工高温合金、高锰钢、不锈钢以及可锻铸铁、球墨铸铁、合金铸铁等难加工金属	适用于加工长切屑或短切屑的黑色金属和有色金属	M10	精加工、 半精加工	YW1
			M20	半精加工、 粗加工	YW2

四、车刀的刃磨及装卡

根据加工要求，选择好车刀后，必须通过刃磨来得到正确的车刀几何角度；再者，在车削过程中，会因车刀切削刃磨损而失去切削能力，也必须通过刃磨来恢复其切削能力。所以，车工不仅能合理地选择车刀几何角度，还必须熟练地掌握车刀刃磨这一技能。

1. *刃磨车刀设备*

（1）砂轮　刃磨车刀之前，首先要根据车刀材料来选择砂轮的种类，否则将达不到良好的刃磨效果。刃磨车刀的砂轮大多采用平形砂轮，精磨时也可采用杯形砂轮。

按磨料不同，常用的砂轮有氧化铝砂轮和碳化硅砂轮两类，其性能及用途见表 2-4。

表 2-4　砂轮的种类和用途

砂轮种类	颜色	性能	适用场合
氧化铝	灰黑色（白色）	磨粒韧性好，比较锋利，硬度较低，自锐性好	刃磨高速钢车刀和硬质合金车刀的刀柄部分
碳化硅	绿色	磨粒硬度高，刃口锋利，但脆性较大	刃磨硬质合金车刀的硬质合金部分

（2）砂轮机　砂轮机是用来刃磨各种刀具、工具的常用设备，由机座、防护罩、电动机、砂轮和开关等几部分组成，如图 2-7 所示。砂轮机上有绿色和红色控制开关，用以启动和停止砂轮机。

砂轮机使用注意事项：

① 新安装的砂轮必须严格检查。在使用前要检查外表有无裂纹，可用硬木轻敲砂轮，检查其声音是否清脆。如果有碎裂声必须重新更换砂轮。

② 在试转合格后才能使用。新砂轮安装完毕，先点动或低速试转，若无明显振动，再改用正常转速空转 10min，情况正常后才能使用。

③ 安装后必须保证装夹牢靠，运转平稳。砂轮机启动后，应在砂轮旋转平稳后再进行刃磨。

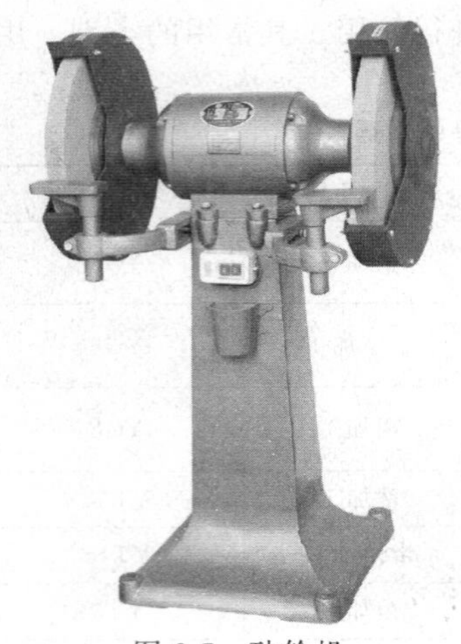

图 2-7　砂轮机

④ 砂轮旋转速度应小于允许的线速度，速度过高会爆裂伤人，过低又会影响刃磨质量。

⑤ 若砂轮跳动明显，应及时修整。平形砂轮一般可用砂轮刀在砂轮上来回修整；杯形细粒度砂轮可用金刚石笔或硬砂条修整。

⑥ 刃磨结束后，应随手关闭砂轮机电源。

2．车刀刃磨步骤

刃磨车刀时，操作者应站立在砂轮机的侧面，以防砂轮碎裂时碎片飞出伤人，还可防止砂粒飞入眼中。双手握车刀，两肘应夹紧腰部，这样可以减少刃磨时的抖动。

刃磨时，车刀应放在砂轮的水平中心，刀尖略微上翘3°～8°，车刀接触砂轮后应做左右向的水平移动；车刀离开砂轮时，刀尖需向上抬起，以免砂轮碰伤已磨好的切削刃。

车刀刃磨的步骤如下：

（1）磨主后刀面，同时磨出主偏角及主后角，如图 2-8（a）所示；

（2）磨副后刀面，同时磨出副偏角及副后角，如图 2-8（b）所示；

（3）磨前面，同时磨出前角，如图 2-8（c）所示；

（4）修磨各刀面及刀尖，如图 2-8（d）所示。

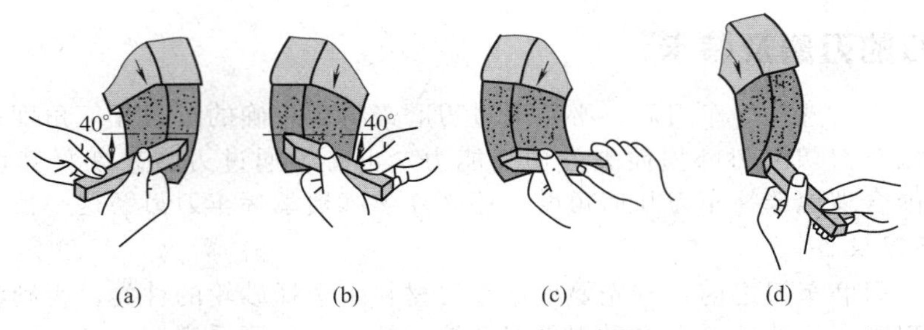

图 2-8　外圆车刀刃磨的步骤

车刀刃磨时注意事项：

（1）认识到越是简单的高速旋转的设备就越危险。刃磨时须戴防护眼镜，操作者应站立在砂轮机的侧面，一台砂轮机以一人操作为好。

（2）如果砂粒飞入眼中，不能用手去擦，应立即去医务室清除。

（3）使用平形砂轮时，应尽量避免在砂轮的端面上刃磨。

（4）刃磨高速钢车刀时，应及时冷却，以防止切削刃退火，致使硬度降低。而刃磨硬质合金焊接车刀时，则不能浸水冷却，以防止刀片因骤冷而崩裂。

（5）刃磨时，砂轮旋转方向必须由刃口向刀体方向转动，以免使切削刃出现锯齿形缺陷。

（6）磨刀时不能用力过大，以免打滑伤手。

3．车刀的装卡

设计或者刃磨得很好的车刀，如果安装不正确就会改变车刀应有的角度，直接影响工件的加工质量，严重的甚至无法进行正常切削。所以，使用车刀的同时必须正确安装车刀。

（1）刀头伸出不宜太长　车刀在切削过程中要承受很大的切削力，伸出太长刀杆刚性不足，极易产生振动而影响切削，使车出的工件表面不光滑（表面粗糙度值高）。所以，车刀刀头伸出的长度应以满足使用为原则，一般不超过刀杆厚度的 1～2 倍。车刀刀体下面所垫的垫片数量一般为 1～2 片为宜，并与刀架边缘对齐，并要用两个螺钉压紧，如图 2-9（a）

所示，以防止车刀车削工件时产生移位或振动。图 2-9（a）中安装正确；图 2-9（b）中伸出较长不正确；图 2-9（c）中的刀头悬空且伸出太长，安装不正确。

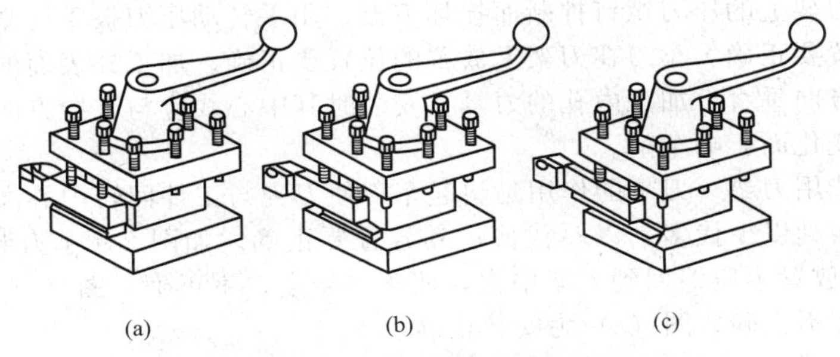

图 2-9　车刀装夹示意图

（2）车刀刀尖高度要对中　车刀刀尖要与工件回转中心高度一致，如图 2-10（b）所示。高度不一致会使切削平面和基面变化而改变车刀应有的静态几何角度，而影响正常的车削，甚至会使刀尖或刀刃崩裂。装得过高或过低均不能正常切削工件。其表现为：

① 车刀没有对准工件中心　在车外圆柱面时，当车刀刀尖装得高于工件回转中心时［如图 2-10（a）所示］，就会使车刀的工作前角增大，实际工作后角减小，增加车刀后面与工件表面的摩擦；当车刀刀尖装得低于工件回转中心时［如图 2-10（c）所示］，就会使车刀的工作前角减小，实际工作后角增大，切削阻力增大使切削不顺。车刀刀尖不对准工件中心装夹得过高时，车至工件端面中心会留凸头［如图 2-10（d）所示］，会造成刀尖崩碎；装夹得过低时，用硬质合金车刀车到将近工件端面中心处也会使刀尖崩碎［如图 2-10（e）所示］。

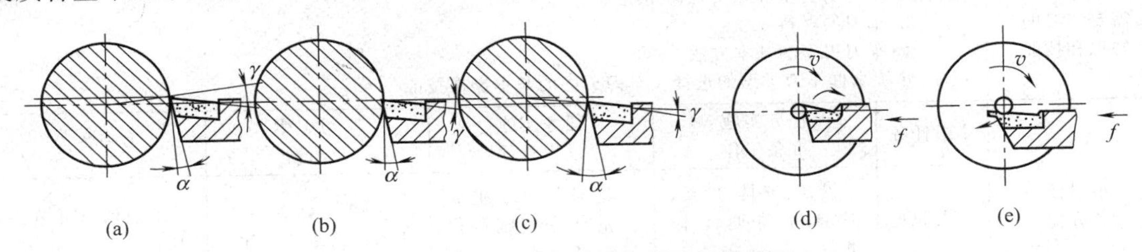

图 2-10　车刀刀尖不同高度下切削情况

② 为使刀尖快速准确地对准工件中心，常采用以下三种方法：根据机床型号确定主轴中心高，用钢尺测量装刀，如图 2-11（a）所示；利用尾座顶尖中心确定刀尖的高低，如图 2-11（b）所示；用机床卡盘装夹工件，刀尖慢慢靠近工件端面，用目测法装刀并夹紧，试车端面，根据所车端面中心再调整刀尖高度（即端面对刀）。

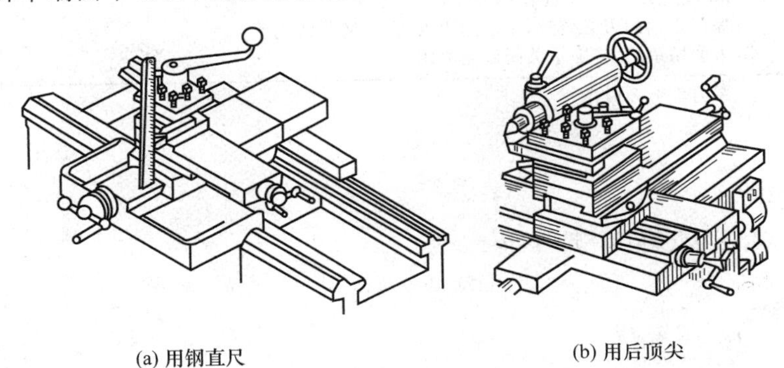

图 2-11　对刀的方法

根据经验，粗车外圆柱面时，将车刀装夹得比工件中心稍低些，这要根据工件直径的大小决定，无论装高或装低，一般不能超过工件直径的1%。注意装夹车刀时不能使用套管，以防用力过大使刀架上的压刀螺钉拧断而损坏刀架。用手转动压刀扳手压紧车刀即可。

（3）车刀放置要正确　车刀在刀架上放置的位置要正确。加工外表面的刀具在安装时其中心线应与进给方向垂直，加工内孔的刀具在安装时其中心线应与进给方向平行，否则会使主、副偏角发生变化而影响车削。

（4）要正切选用刀垫　刀垫的作用是垫起车刀使刀尖与工件回转中心高度一致。刀垫要平整，选用时要做到以少代多、以厚代薄；其放置要正确。如图2-9车刀装夹示意图所示，图（b）中的刀垫放置不应缩回到刀架中去，使车刀悬空，不正确；图（c）中的两块刀垫均使车刀悬空，安装不正确；图（a）为安装正确。

（5）安装要牢固　车刀在切削过程中要承受一定的切削力，如果安装不牢固，就会松动移位发生意外。所以使用压紧螺丝紧固车刀时不得少于两个且要可靠。

各类车刀的具体安装须结合教学实际操作讲解。

计划决策

表2-5　计划和决策表

情境	学习情境二　简单台阶轴的车削加工					
学习任务	任务一　认识车刀				完成时间	
任务完成人	学习小组		组长		成员	
需要学习的知识和技能	知识：1. 车刀的类型及刀头几何角度 2. 车刀的材料 3. 车刀刃磨的基本方法 技能：熟练掌握车刀类型的选择及车刀刃磨的基本操作技能					
小组任务分配	小组任务	任务实施准备工作	任务实施过程管理	学习纪律及出勤	卫生管理	
	个人职责	设备、工具、量具、刀具等前期工作准备	记录每个小组成员的任务实施过程和结果	记录考勤并管理小组成员学习纪律	组织值日并管理卫生	
	小组成员					
安全要求及注意事项	1. 正确穿戴工作服，佩戴防护设施 2. 进入实训车间要求听指挥，不得擅自行动 3. 严格按照安全文明生产操作规程进行操作 4. 严格检查砂轮表面有无裂痕。新安装的砂轮要先点动或低速试转，无明显振动再改正常转速，空转10min后情况正常才能使用 5. 保证正确的刃磨姿势，不能用力太大，以防打滑伤手 6. 刃磨结束后，应随手关闭砂轮电源					
完成工作任务的方案	1. 车刀类型及应用 2. 车刀刃磨的基本操作方法					

表 2-6 任务实施表

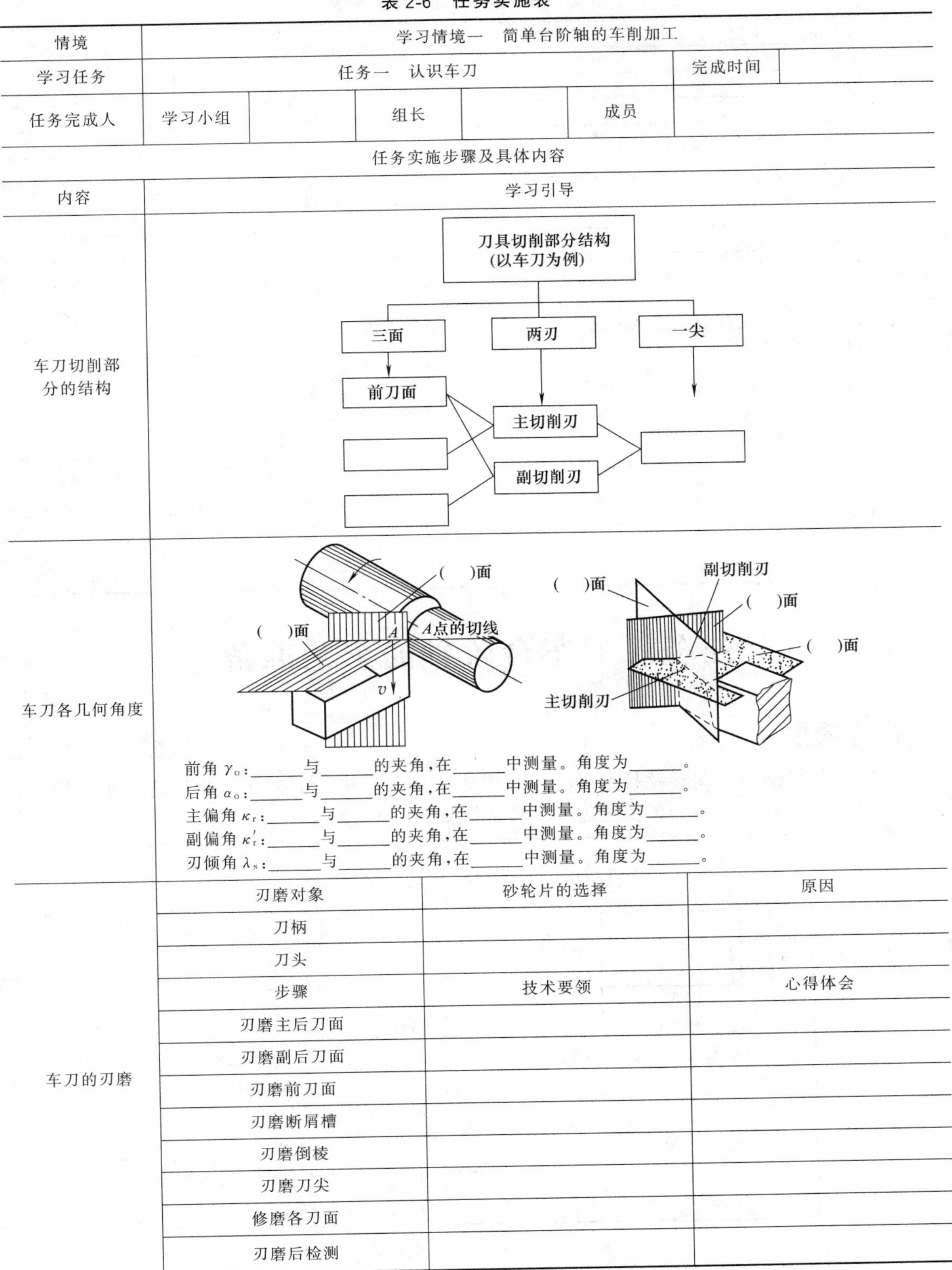

情境	学习情境一 简单台阶轴的车削加工					
学习任务	任务一 认识车刀				完成时间	
任务完成人	学习小组		组长		成员	
任务实施步骤及具体内容						
内容	学习引导					
车刀切削部分的结构	（见结构图）					
车刀各几何角度	（见示意图） 前角 γ_o：______与______的夹角，在______中测量。角度为______。 后角 α_o：______与______的夹角，在______中测量。角度为______。 主偏角 κ_r：______与______的夹角，在______中测量。角度为______。 副偏角 κ_r'：______与______的夹角，在______中测量。角度为______。 刃倾角 λ_s：______与______的夹角，在______中测量。角度为______。					

车刀的刃磨	刃磨对象	砂轮片的选择	原因
	刀柄		
	刀头		
	步骤	技术要领	心得体会
	刃磨主后刀面		
	刃磨副后刀面		
	刃磨前刀面		
	刃磨断屑槽		
	刃磨倒棱		
	刃磨刀尖		
	修磨各刀面		
	刃磨后检测		

表 2-7　90°车刀刃磨检测分析表

检测内容	检测所用方法	检测结果	是否合格
前角			
后角			
副后角			
主偏角			
副偏角			
刀尖圆弧			
断屑槽			
倒棱			
切削刃直线度			
三个刀面粗糙度			
安全文明刃磨			

分析造成不合格项目的原因：

改进措施：

指导教师意见：

任务二　车台阶轴的工艺准备

本任务是根据给定图样及技术要求，合理选择装夹方法；学会如何合理选择车削用量，正确选用刀具，分析车削加工工艺过程。任务图如图 2-12 所示。

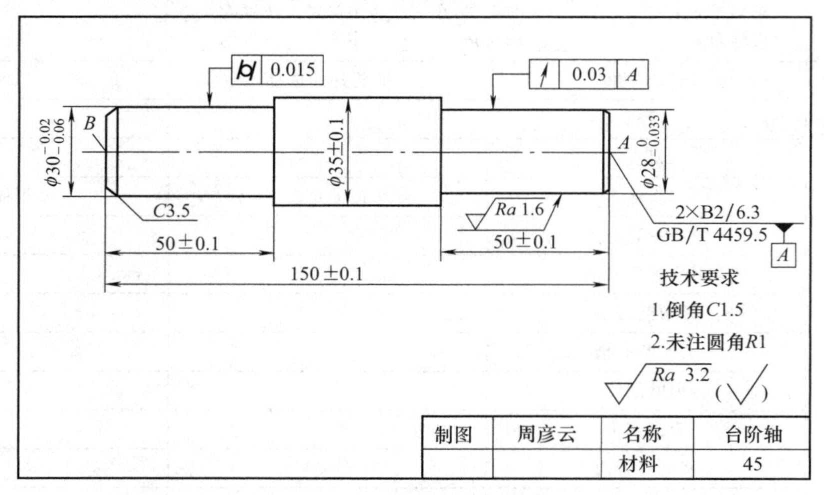

图 2-12　台阶轴加工任务图

知识链接

一、台阶轴的装夹方法

车削时，必须将工件放在机床夹具中定位并夹紧，在整个加工过程中必须使工件始终保持正确的安装位置。工件的装夹是否可靠，直接影响加工质量和生产效率。

由于轴类工件形状、大小和加工精度及数量的不同，可采用不同的装夹方法。

1. 三爪自定心卡盘装夹

（1）三爪自定心卡盘的结构　三爪自定心卡盘简称三爪卡盘，是车床上最常用的附件。三爪卡盘常用规格有 ϕ160mm、ϕ200mm、ϕ250mm 等几种。其结构如图 2-13 所示，它主要由外壳体、三个卡爪、三个小锥齿轮、一个背面带有平面螺纹的大锥齿轮等组成。当用卡盘扳手的方榫插入小锥齿轮的方孔中转动时，小锥齿轮带动大锥齿轮也随之转动，在大锥齿轮背面平面螺纹的作用下，使三个卡爪同时沿径向前进或退出，以便夹紧或松开工件。它的主要特点是对中性好，自动定心精度可达到 0.05～0.15mm。装夹工件时卡爪伸出卡盘圆周不得超过卡爪的 1/3。

采用三爪卡盘装夹工件是车床上最常见的一种装夹方法。该方法装夹迅速方便，省力，主要适用于装夹外形规则的中小型工件。

（2）三爪卡盘装夹工件的找正方法　三爪卡盘的三个卡爪能同步运动，自动定心，工件装夹后一般不需找正，当装夹的工件较长时或三爪卡盘使用时间较长精度下降，需对工件进行找正。常见的找正有以下几种。

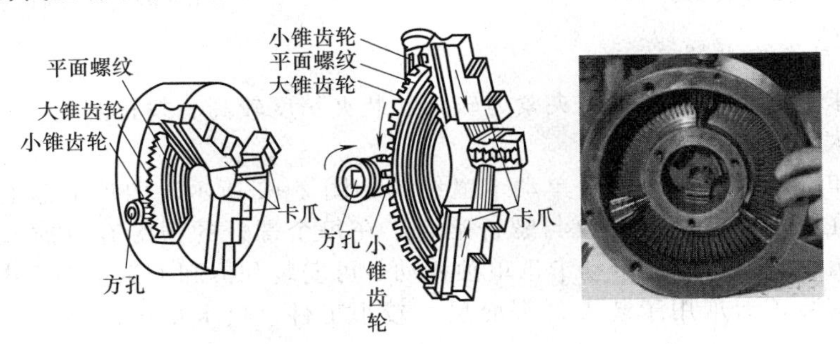

图 2-13　三爪自定心卡盘结构图

① 目测法和划线找正毛坯件　毛坯件夹在卡盘上缓慢转动工件，观察工件跳动情况，找出最高点，用铜棒敲击高点，再旋转工件，观察工件跳动情况，再敲击高点，直至工件找正为止，如图 2-14 所示。

② 开车端面找正法　工件装夹在卡盘上（不可用力夹死），开车低速旋转，在刀架上装夹一个刀杆（或铜棒），刀杆向工件靠近，使刀杆轻顶住工件端面，直至把工件靠正，然后夹紧，如图 2-15 所示。

图 2-14　划线找正

③ 使用划针盘找正　车削余量较小的工件可以利用划针盘找正。方法如下：工件装夹后，用划针对准工件外圆并留有一定的间隙，转动卡盘使工件旋转，观察划针在工件圆周上的间隙，调整最大间隙和最小间隙，使其达到间隙均匀一致，最后将工件夹紧（如图 2-16 所示）。

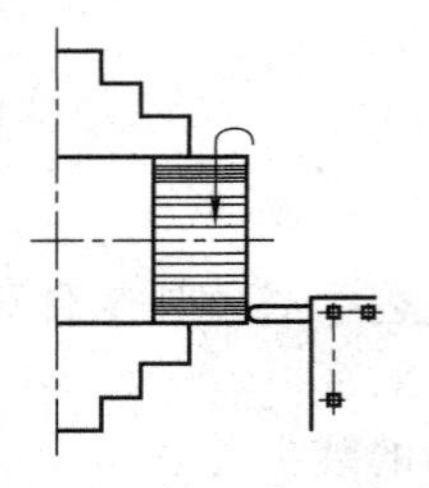

图 2-15　端面找正方法

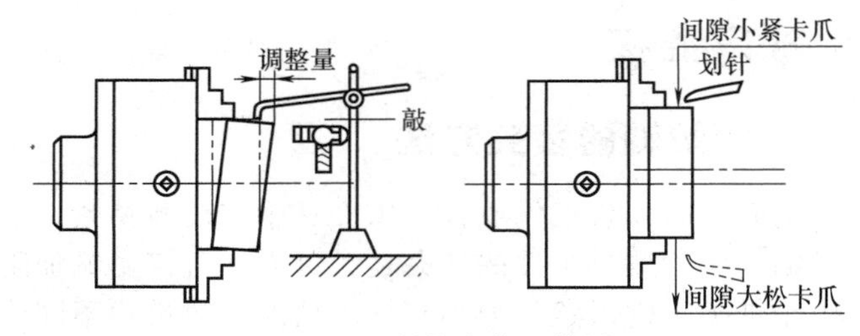

图 2-16　划针盘找正外圆

④ 半精车、精车时可用百分表找正工件外圆和端面　如图 2-17 所示。

三爪卡盘装夹工件的方法有正爪装夹和反爪装夹两种。三个正爪可以装夹直径较小的工件，如图 2-18（a）所示。当装夹直径较大的外圆工件时可用三个反爪进行，如图 2-18（b）所示。

图 2-17　百分表找正方法

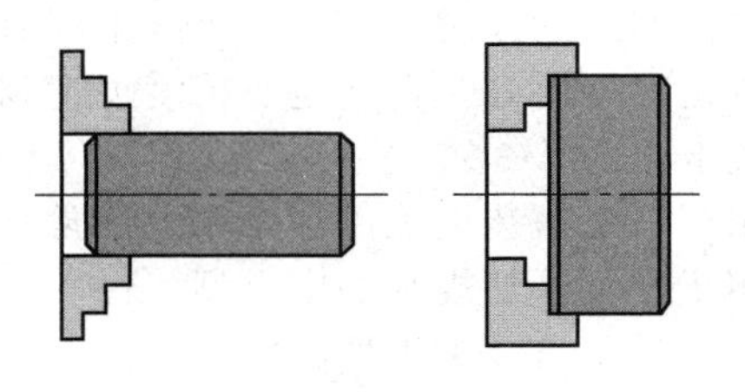

(a) 正爪夹持工件　(b) 反爪夹持工件

图 2-18　三爪卡盘装夹工件的方法

2. 四爪单动卡盘装夹

四爪单动卡盘装夹主要特点是夹紧力较大、装夹精度较高、找正麻烦。它主要用于装夹形状不规则或大型工件。

（1）四爪单动卡盘结构　四爪单动卡盘结构如图 2-19 所示。四爪卡盘上的四个卡爪各自独立运动，在卡爪的背面有螺纹与螺杆啮合，在每个螺杆的顶端有可插入卡盘扳手的方孔。转动卡盘扳手，通过螺杆带动卡爪单独移动，可安装和拆卸卡爪。四个卡爪没有顺序要求。四爪卡盘安装正卡爪用于装夹外表面尺寸较小工件，反卡爪可装夹外表面尺寸较大的工件。

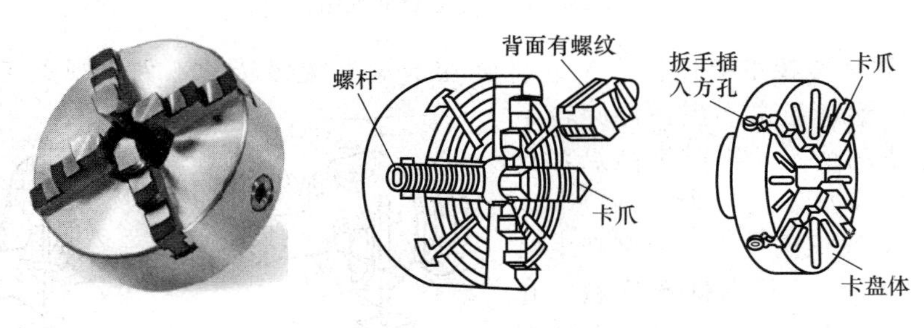

图 2-19　四爪单动卡盘

（2）四爪卡盘装夹工件找正　四爪卡盘上的四个爪可单独移动分别通过转动螺杆而实现单动。它可用来装夹方形、椭圆形或不规则形状工件。装夹工件时必须将工件的旋转中心与车床主轴旋转中心重合后才可车削，找正比较费时。

① 用划线找正工件的外圆　根据加工要求利用划线找正把工件调整至所需位置。此法调整费时费工，但夹紧力大，如图 2-20 所示。

② 用划针盘找正工件的外圆　工件装夹后（不可过紧），找正时使划针尖略高于工件外圆，缓慢旋转卡盘，观察工件外圆与划针尖间间隙大小。然后移动间隙最大处的卡爪，移动的距离为最大间隙与最小间隙差值的一半。经过几次反复调整，直到工件转动一周，划针尖与工件表面间的距离基本相同为止，如图 2-21 所示。

③ 用划针盘找正工件的端面　工件除找正外圆，还需要找正端面。找正时，使划针尖靠近工件端面边缘处。缓慢转动卡盘，观察划针尖与工件端面之间的间隙量的大小。找出端面上离划针尖最近的位置，然后用铜锤轻轻向里敲击。反复调整，直到工件旋转一周，划针尖与端面都均匀接触为止，如图 2-22 所示。

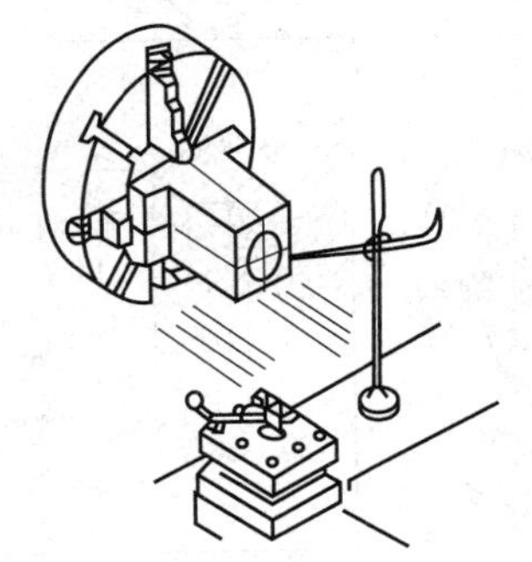

图 2-20　划线找正工件

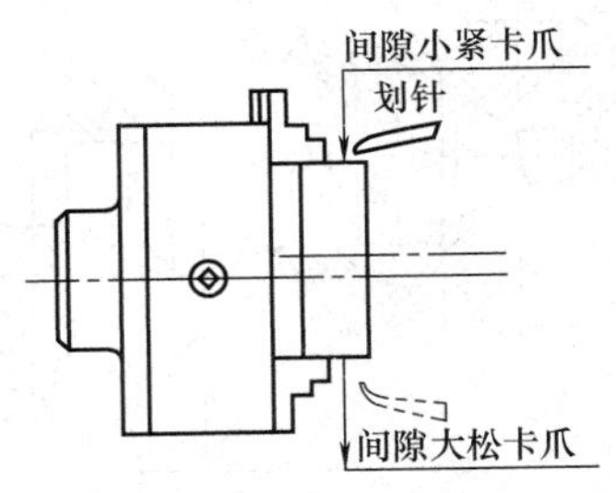

图 2-21　用划针盘找正工件外圆

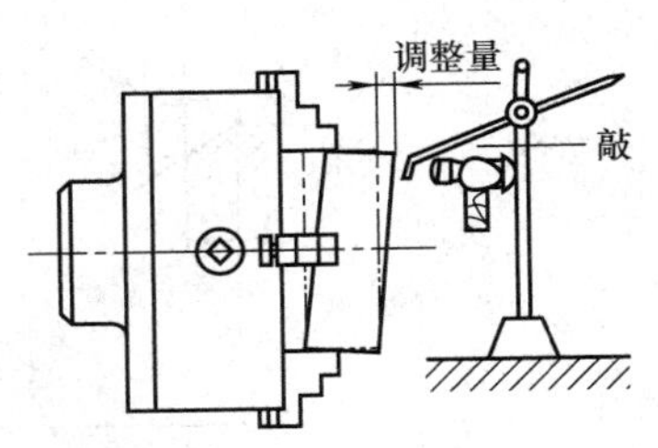

图 2-22　用划针盘找正工件端面

④ 用百分表找正工件　工件需要精加工时，找正要求较高，可用百分表对工件找正，如图 2-23 所示。

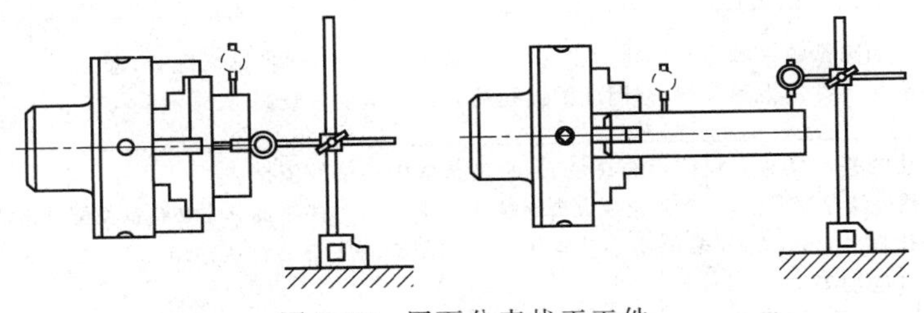

图 2-23　用百分表找正工件

3. 用一夹一顶装夹

对一般较长的工件，尤其是较重要的工件，不能直接用三爪自定心卡盘装夹，而要用一端被夹盘夹紧，另一端用后顶尖顶住的装夹方法。这种装夹方法能承受较大的轴向切削力，刚性好，轴向定位准确，同时可提高切削用量。

采用一夹一顶的装夹方法装夹工件，为防止工件由于切削力的作用使工件产生轴向位移，必须对工件进行限位，限位的方法有两种。在卡盘内装一限位支承，如图 2-24（a）所示，或利用工件的阶台限位，如图 2-24（b）所示。

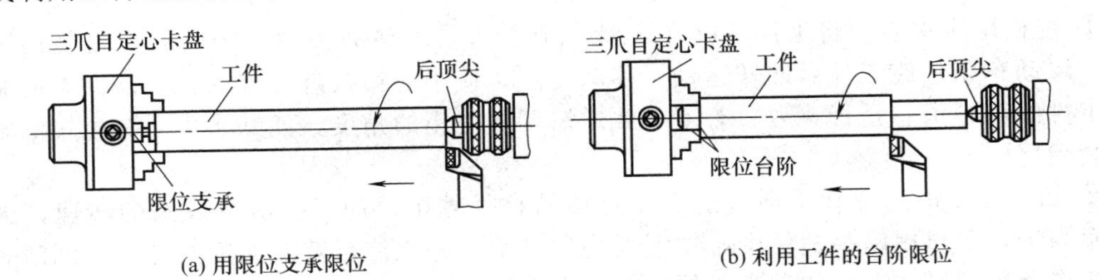

(a) 用限位支承限位　　(b) 利用工件的台阶限位

图 2-24　一夹一顶装夹工件

一夹一顶的装夹方法应注意后顶尖的中心线应与主轴轴线一致；尾座套筒伸出部分尽量短；顶尖与中心孔的配合松紧程度合适。

工件采用一夹一顶的装夹方法，必须在工件的一端或两端上加工出符合国标的中心孔。

(1) 中心孔的类型（GB/T 145—2001） 在国家标准 GB/T 145—2001 规定中心孔有 A 型（不带护锥）、B 型（带护锥）、C 型（带螺纹孔）、R 型（弧形）四种。中心孔的类型、结构、用途见表 2-8。

表 2-8 中心孔的类型、结构、用途

类型		A 型	B 型	C 型	R 型
结构图		t, d, D, 60°_{max}, l_1, l_2 A型	t, d, D_1, D_2, 60°_{max}, 120°, l_1, l_2 B型	d, D_1, D_2, D_3, 120°, 60°_{max}, l_1, l C型	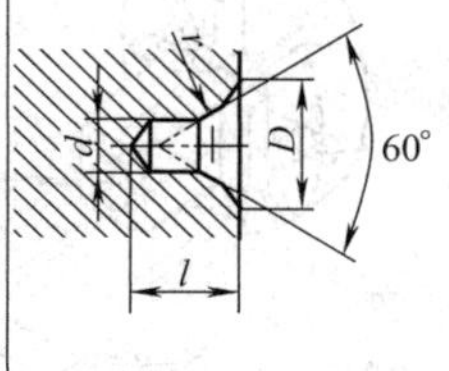 r, d, D, 60°, l R型
结构说明		由圆锥孔和圆柱孔两部分组成	在 A 型中心孔的端部再加工一个 120°的圆锥面，用以保护 60°锥面不致碰毛，并使工件端面容易加工	在 B 型中心孔的 60°锥孔后面加工一短圆柱孔（保证攻制螺纹时不碰毛 60°锥孔），后面还用丝锥攻制成内螺纹	形状与 A 型中心孔相似，只是将 A 型中心孔的 60°圆锥面改成圆弧面，这样使其与顶尖的配合变成线接触
结构及作用	圆锥孔	圆锥孔的圆锥角一般为 60°，重型工件用 75°或 90°。它与顶尖锥面配合，起定心作用并承受工件重力和切削力，因此圆锥孔的表面质量要求较高			线接触的圆弧面在轴类工件装夹时，能自动纠正少量的位置偏差
	圆柱孔	中心孔的基本尺寸为圆柱孔的直径 D，它是选取中心钻的依据。 圆柱孔可储存润滑脂，并能防止顶尖头部触及工件，保证顶尖锥面和中心孔锥面配合贴切，以达到正确定中心。 圆柱孔直径 $d \leqslant \phi 6.3$mm 的中心孔常用高速钢制成的中心钻直接钻出，$d > \phi 6.3$mm 的中心孔常用锪孔或车孔等方法加工			
用途		适用于精度要求一般的工件；不需要多次装夹或不保留中心孔的工件	适用于需要多次装夹或精度要求较高、工序较多的工件	当需要把其他工件轴向固定在轴上时用 C 型中心孔	轻型和高精度轴上采用 R 型中心孔
所用中心钻		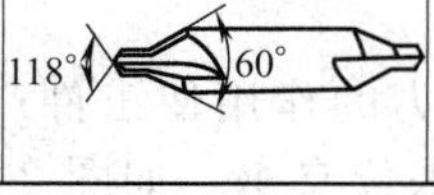 118° 60°	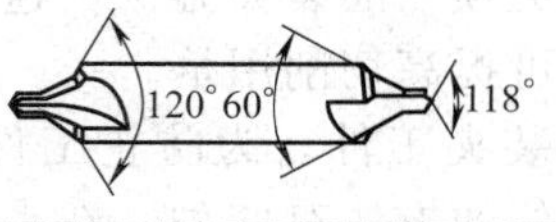 120° 60° 118°		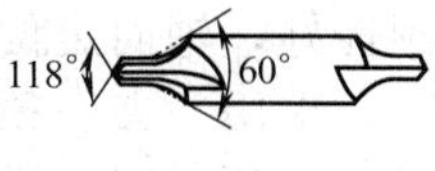 118° 60°

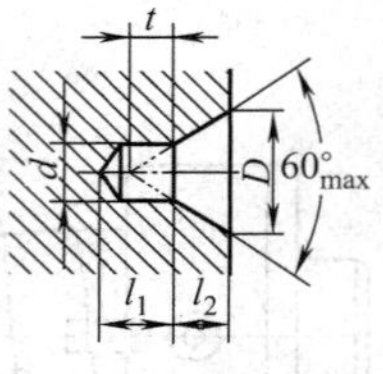

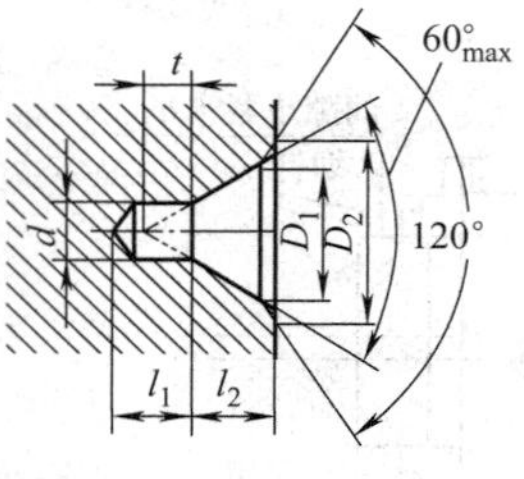

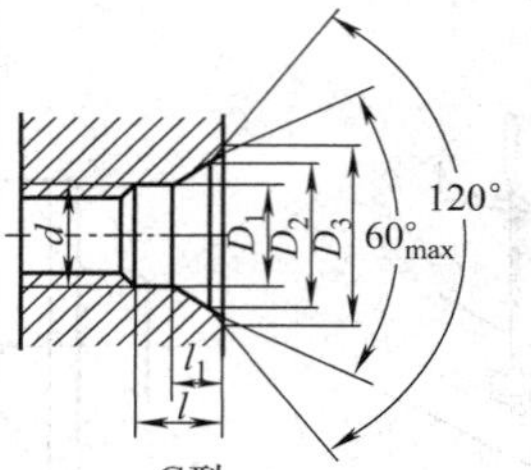

(2) 钻中心孔的方法

① 校正尾座中心 将工件装夹在卡盘，中心钻装入钻夹头中，将钻夹头安装在尾座锥孔内。启动车床，使工件做回转运动；移动尾座，使中心钻接近工件端面，观察中心钻的钻头与工件的回转中心是否一致，若不一致，需调整尾座的角度，使钻头中心与主轴的轴线重合后紧固尾座。

② 切削用量的选择和钻削 由于中心钻的直径较小，加工时应取较高的转速，进给量应小而均匀，手摇尾座手柄使中心钻缓慢均匀进给，并浇注足够的切削液冷却、润滑，及时清理切屑，控制好加工孔的深度；钻毕时，中心钻在孔中应稍作停留，然后退出，以修光中

心孔，提高中心孔的形状精度和表面质量。

③ 钻中心孔时的质量分析　由于中心钻的直径较小，钻中心孔时易出现折断等问题。钻中心孔时易出现的问题及原因与预防方法见表 2-9。

表 2-9　钻中心孔时易出现的问题及原因与预防方法

问　题	原　因	预防方法
中心孔折断	1. 中心钻为对准工件旋转轴线时而折断 原因：(1)车床尾座偏位 (2)钻夹头锥柄与尾座套筒锥孔配合不准确引起偏移	(1)校正尾座套筒轴线与主轴轴线重合 (2)钻中心孔前应先找正中心钻的位置
	2. 工件端面没有车平，或中心处留有凸台，使中心钻偏斜，不能准确定心	钻中心孔前，车削端面保证平整
	3. 切削用量选择不合适，如工件转速太低而中心钻进给量过大	提高工件转速，降低中心钻进给量
	4. 中心钻磨钝后强行钻入工件易折断	及时更换或刃磨
	5. 钻孔未充分浇注切削液，切屑堵塞在中心孔内，挤断中心钻	浇注充分的切削液，及时清除切屑
中心孔钻偏或孔不圆	1. 工件有弯曲，使中心孔与工件外圆产生偏差 2. 夹紧力不够，钻中心孔时工件偏移 3. 工件伸出部分太长，回转时在离心力的作用下造成中心孔不圆	车削前对工件校正； 车削时将工件夹紧； 工件不能伸出过长
中心孔深度的问题	1. 中心孔钻得深，装夹时顶尖不能与中心孔的锥孔完全配合，定心不准 2. 中心孔钻得过浅，装夹时顶尖头部顶住圆柱孔的底面上，顶尖与中心孔的锥孔不能完全配合，定心不准	控制钻中心孔的深度，对中心孔修光

4. 用两顶尖装夹

当轴类工件加工长度尺寸较大或加工工序较多时，为保证每次装夹时的装夹精度，可用两顶尖装夹，如图 2-25 所示。两顶尖装夹工件方便，不需找正，装夹精度高，但必须先在工件的两端面钻出中心孔。

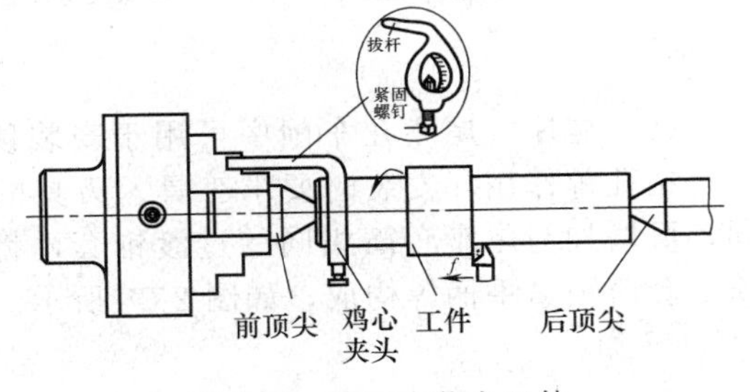

图 2-25　两顶尖装夹工件

(1) 顶尖　顶尖用来确定中心，承受工件重力和切削力。根据顶尖在车床上装夹位置不同，可分为前顶尖、后顶尖。

① 前顶尖　前顶尖装在主轴锥孔内随工件一起旋转，与中心孔无相对运动，不发生摩擦。前顶尖有两种类型：一种是装夹在主轴锥孔内与主轴一起旋转的前顶尖，如图 2-26（a）所示；另一种是装夹在卡盘上车成的前顶尖，如图 2-26（b）所示。

② 后顶尖　后顶尖是装入尾座套筒锥孔中的顶尖，分为固定式顶尖和回转式顶尖。

a. 固定式顶尖。固定式顶尖如图 2-27 所示，固定式顶尖的优点是刚度高，定心准确，切削时不易振动。缺点是车削时与工件中心孔产生相对滑动，摩擦发热，引起中心孔或顶尖"烧坏"现象，故适用于低速精切削。镶硬质合金的顶尖可用于高速切削。

b. 回转式顶尖。为改善后顶尖与工件中心孔间的摩擦发热，常用回转式顶尖。它把后顶尖与工件中心孔的滑动摩擦变为顶尖内部轴承的滚动摩擦，可承受较高的旋转速度，克服固定顶尖的缺点。由于回转式顶尖存在一定的装配积累误差，还有滚动轴承磨损后会使顶尖

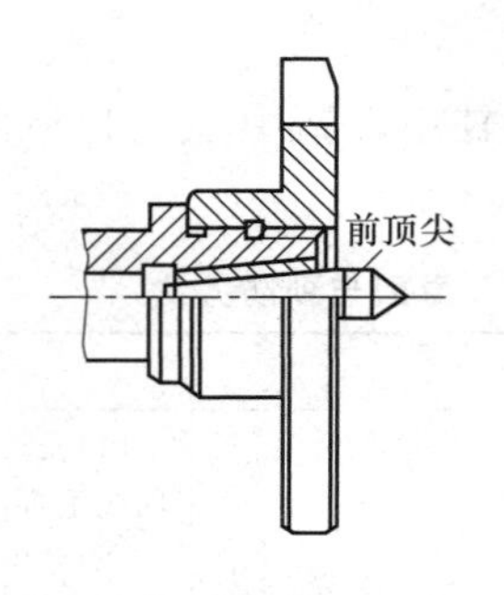

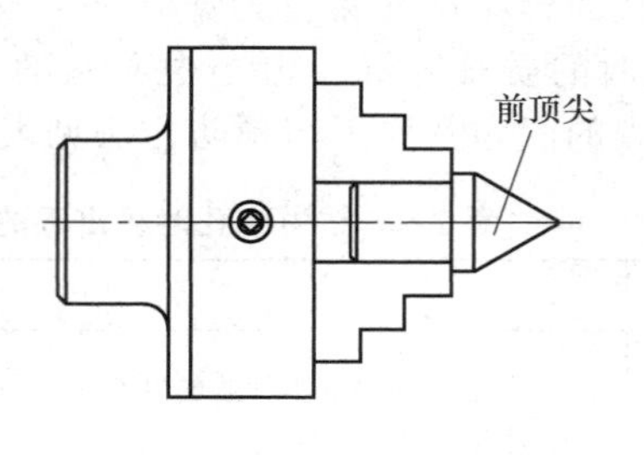

(a) 主轴锥孔内的前顶尖　　(b) 卡盘上车成的前顶尖

图 2-26　前顶尖

产生径向圆跳动，降低定心精度。

③ 用两顶尖安装工件时的注意事项

a. 前后顶尖的连线应与车床主轴轴线同轴；

b. 尾座套筒在不影响车刀切削的前提下，应尽量缩短；

c. 中心孔应形状正确，表面粗糙度值小；

d. 两顶尖与中心孔的配合应松紧合适，固定顶尖要用黄油润滑。

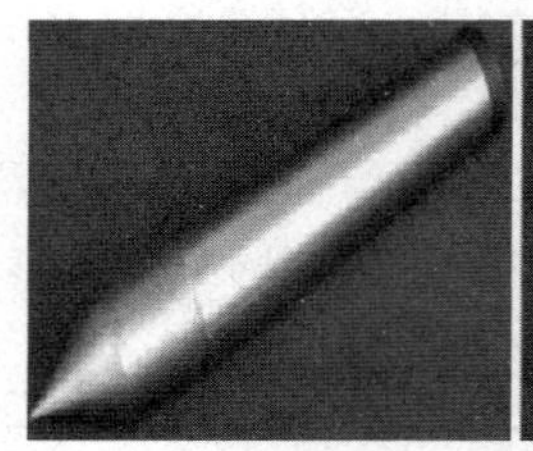
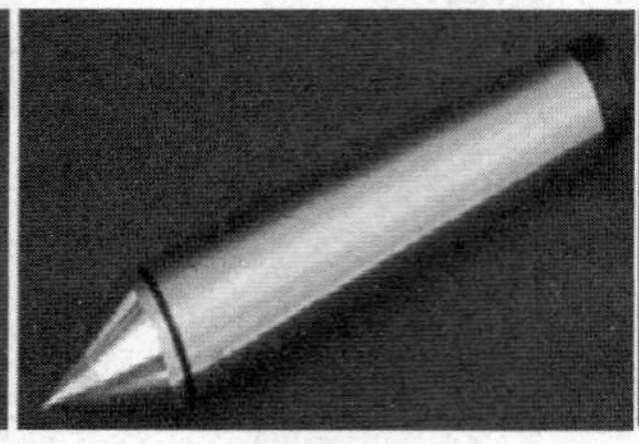

(a) 普通固定顶尖　(b) 镶硬质合金固定顶尖　(c) 回转顶尖

图 2-27　后顶尖

(2) 尾座　尾座在车削中可用于安装顶尖、钻夹头、钻头等工具及刃具，起到支承工件、钻孔等作用，安装时要求工具、刃具的锥度与尾座套筒锥孔的锥度规格一致，若不相同，可增加与尾座套筒相同的过渡锥套，将其一同装入尾座中。尾座由尾座体、底座、套筒、套筒锁紧手柄等构成，如图 2-28 所示。

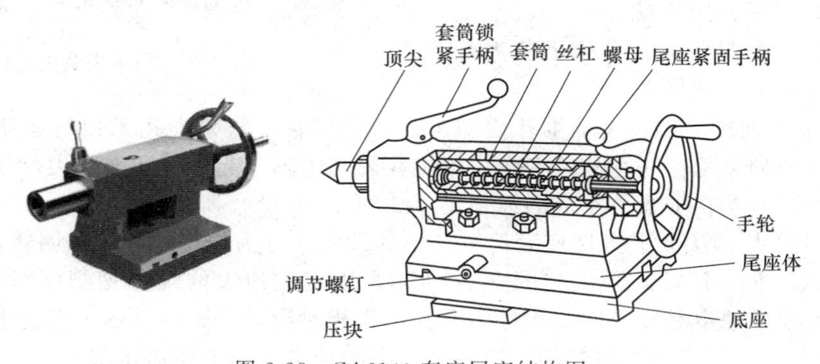

图 2-28　CA6140 车床尾座结构图

尾座工作过程是转动手轮，丝杠也随之旋转，套筒伸出，如果把套筒锁紧手柄锁紧，套筒就被锁住不动。松开尾座紧固手柄，推动尾座沿床身导轨方向移动，到达所需要的位置后，通过手柄靠压块压紧在床身上。调节螺钉的作用是用来调整尾座中心。

（3）鸡心夹头　用两顶尖装夹工件时鸡心夹头用来夹住长轴的左端，用螺钉将鸡心夹与长轴紧固在一起而转动。

5. 其他装夹方法

（1）中心架装夹　加工细长轴或深孔工件时，为减小或防止工件因切削力的作用下产生变形，采用中心架或跟刀架，目的是增加工件的刚性。采用中心架装夹工件有两种方式，如图 2-29 所示。

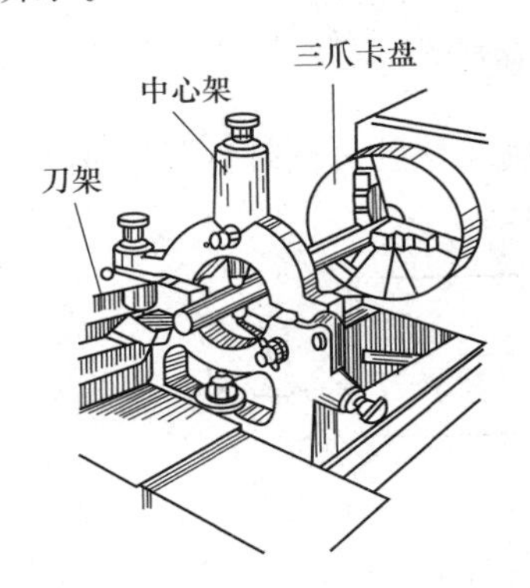

(a) 中心架直接安装在工件中间(车端面)

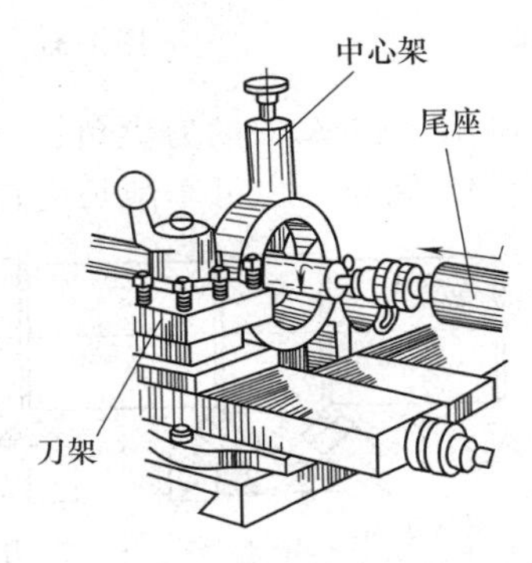

(b) 一端夹住，一端搭中心架(钻中心孔)

图 2-29　用中心架装夹工件

① 中心架直接安装在工件中间　中心架直接安装在工件中间部位的车床导轨上并固定。装夹时，预先在毛坯中间车出一段圆柱面，使中心架的支承爪与工件能良好接触。车削时需在支承爪与工件间加注润滑油，并调节支承爪与工件间的压力。

② 一端夹住，另一端搭中心架　车削大而长的工件端面、钻中心孔或较长套筒类工件的内孔和内螺纹，要用一端夹住，一端搭中心架的方法。中心架一端工件的旋转中心应与车床主轴旋转中心重合。

（2）跟刀架装夹　跟刀架安装在车床床鞍上，与床鞍、车刀一起移动，如图 2-30 所示。支承爪始终支承在车刀附近。支承爪必须与已加工的圆柱面间接触，二者间加注润滑油或润滑脂，防止支承爪磨损，二者压力适当。否则车削时，跟刀架不起作用。跟刀架支承细长轴时，车床转速不宜过高。

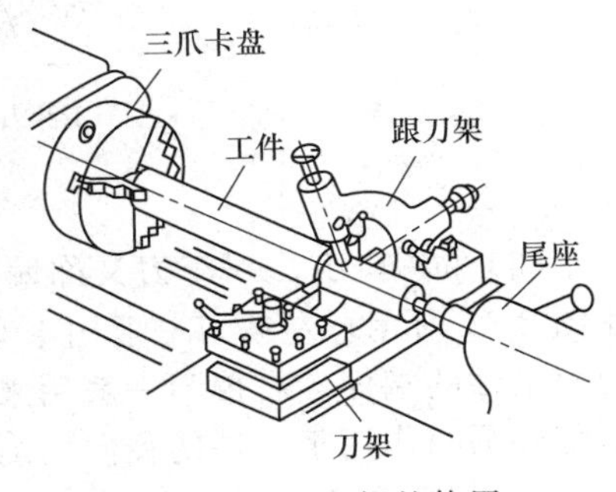

图 2-30　跟刀架的使用

（3）花盘　花盘主要适用于装夹大平面或形状不规则的工件。花盘的工作面应与主轴轴线垂直，盘面平整。用花盘装夹工件有两种方法，如图 2-31 所示。一种是将工件平面紧靠花盘，保证孔的轴线与装夹平面的垂直度；另一种是用弯板装夹工件，保证孔的轴线与装夹平面平行。用花盘装夹工件时，由于工件中心不在主轴轴线上，应加装平衡铁来平衡，以减小加工时产生的振动。

二、车削台阶轴的工艺分析

1. 车台阶轴用车刀的选择

车台阶轴常用车刀有三种，主偏角 κ_r 分别为 45°、75°、90°。

（1）45°车刀　45°车刀又称弯头刀。按车削进给方向的不同可分为左偏刀和右偏刀两

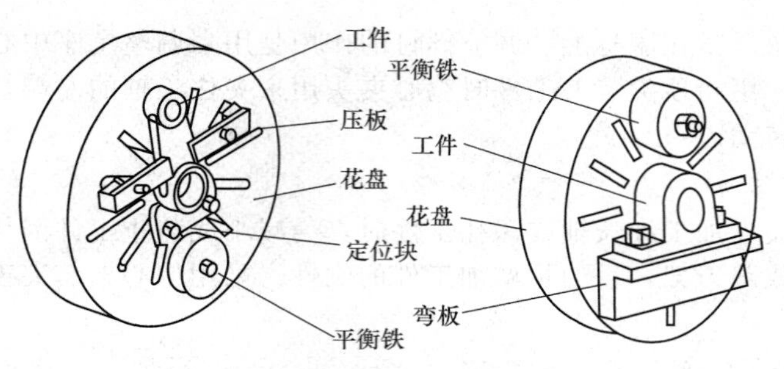

图 2-31　花盘装夹工件方法

种，如图 2-32 所示。45°车刀的刀尖角 $\varepsilon_r=90°$，刀尖的强度与散热性较好。这种车刀常用于车削端面和进行 45°倒角，也可车削长度较短的外圆表面。

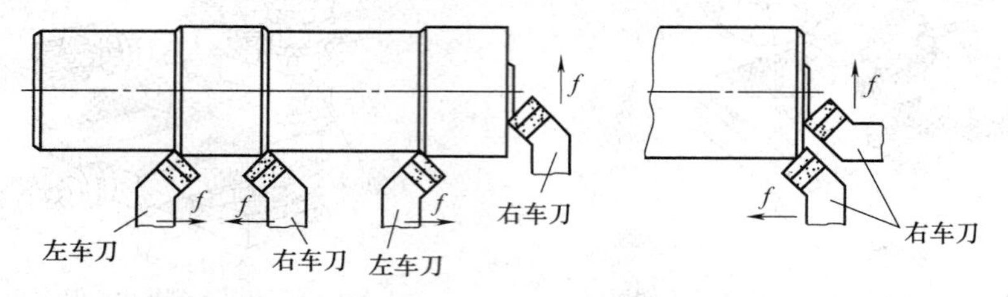

图 2-32　45°车刀的应用

（2）75°车刀　75°车刀的刀尖角 $\varepsilon_r>90°$，刀尖强度高，耐用。主要用于粗车外圆，也可强力车削加工余量较大的铸件和锻件。75°左车刀还用于车削铸件和锻件大端面，如图 2-33 所示。

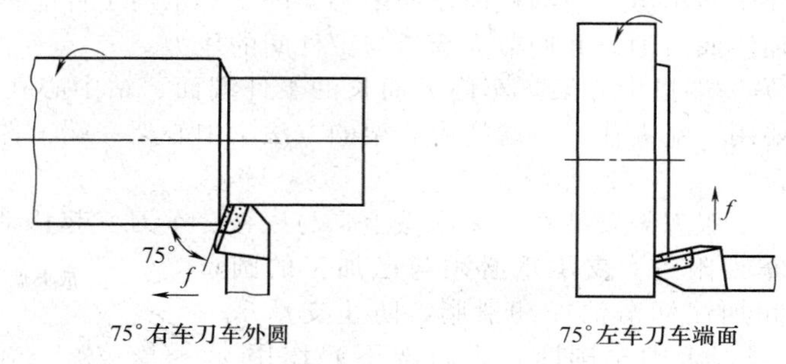

图 2-33　75°车刀的应用

（3）90°车刀　90°车刀又称偏刀。按车削进给方向的不同可分为左偏刀和右偏刀两种，如图 2-34 所示。左偏刀一般用来车削工件外圆和左向台阶，也可用来车削外径较大且长度较短工件的端面。右偏刀一般用来车削工件的外圆、右向台阶及端面。90°车刀的主偏角大，车削外圆时作用于工件的径向切削力较小，不易使工件产生径向弯曲。

2. 切削用量的选择

（1）切削用量的三要素　切削用量是衡量车削运动大小的参量。切削用量通过切削速度、进给量、背吃刀量三个参数来衡量。这三个参数又称为切削三要素。

① 背吃刀量（切削深度 a_p）　背吃刀量是指切削时已加工表面与待加工表面之间的垂直距离，也就是车刀进给时切入工件的深度。用符号 a_p 表示，单位为 mm，如图 2-35 所示。

车削外圆时，背吃刀量为

$$a_p=\frac{d_w-d_m}{2}$$

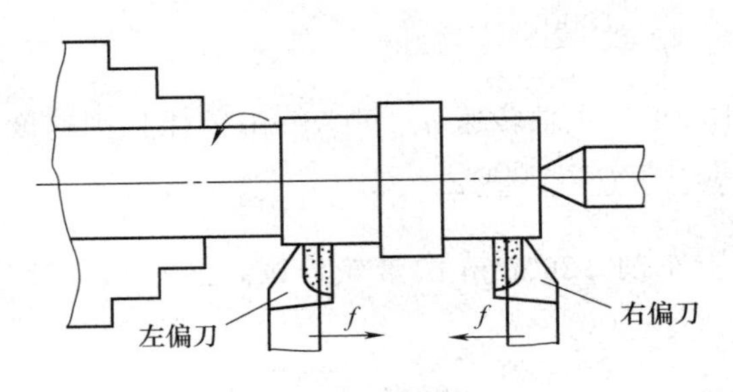

左、右偏刀车台阶轴

左偏刀车断面

图 2-34　90°车刀的应用

式中　a_p——车削外圆时的背吃刀量，mm；

d_w——待加工表面直径，mm；

d_m——已加工表面直径，mm。

切断、车槽时，a_p＝车刀主切削刃的宽度。

② 进给量（f）　进给量是指工件每转一转，车刀沿进给方向移动的距离。用符号 f 表示，进给量的单位为 mm/r，如图 2-36 所示。

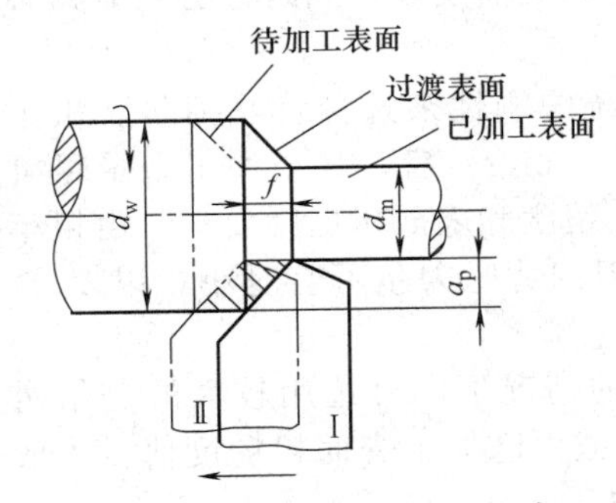

图 2-35　背吃刀量（切削深度）

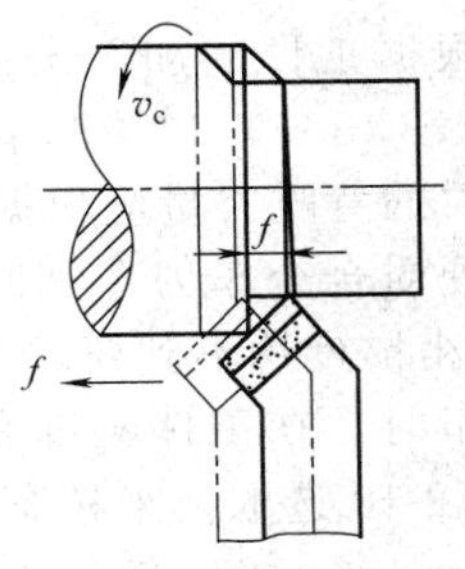

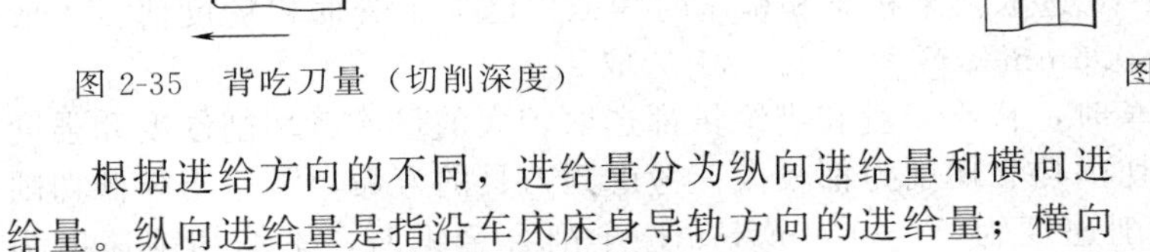

图 2-36　进给量

根据进给方向的不同，进给量分为纵向进给量和横向进给量。纵向进给量是指沿车床床身导轨方向的进给量；横向进给量是指沿垂直于车床床身导轨方向的进给量。

③ 切削速度（v_c）　切削速度是指在车削时，刀具切削刃上某一点相对于待加工表面在主运动方向上的瞬时速度。(或者是车刀在 1min 内车削工件表面的理论展开直线长度)，如图 2-37 所示。

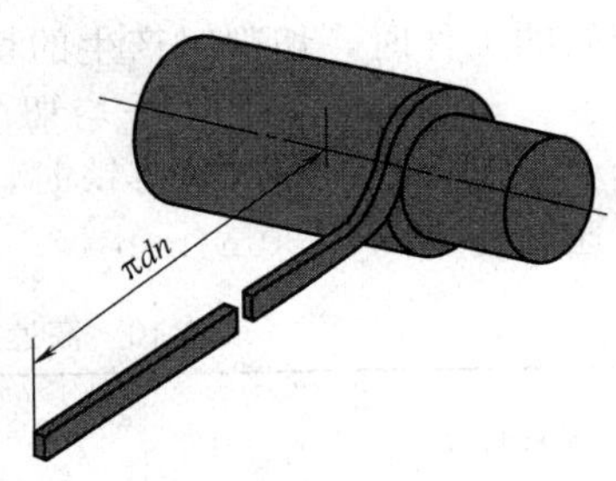

图 2-37　切削速度

当主运动为旋转运动时，则切削速度为

$$v_c=\frac{\pi d_w n}{1000}$$

式中　v_c——切削速度，m/min；

d_w——待加工表面的直径或刀具直径，mm；

n——工件或刀具的转速，r/min。

车端面、切断时切削速度是变化的，v_c 随车削直径的减小而减小。

在实际生产中，根据工件尺寸、工件材料、刀具材料和加工要求等因素选定切削速度，再将切削速度换算成车床主轴转速，以便调整车床，可把切削速度的公式改为：

$$n=\frac{1000v_c}{\pi d_w}$$

[例 2-1]　车削直径 50mm 的工件，车床主轴转速 $n=600$r/min，求切削速度 v_c。

解：

$$v_c=\frac{\pi d_w n}{1000}=\frac{3.14\times50\times600}{1000}=94.2\text{m/min}$$

[例 2-2]　在 CA6140A 卧式车床上车削 ϕ260mm 的带轮外圆，选择切削速度为 80m/min，求车床主轴转速。

解：

$$n=\frac{1000v_c}{\pi d_w}=\frac{1000\times80}{3.14\times260}=98\text{r/min}$$

根据计算结果，从车床铭牌上选取与之接近的转速。从 CA6140A 卧式车床铭牌上选取 $n=100$r/min 为车床的实际转速。

（2）切削用量选择的基本原则　选择合理的切削用量是在保证加工质量的前提下，充分利用刀具切削性能和机床性能，获得高生产率和低加工成本的切削用量。选择合理切削用量时，必须考虑加工性质、工件材料、刀具材料和尺寸、切削液等因素。在切削用量三要素中切削速度 v_c 对车刀寿命影响最大的，其次是进给量 f，影响最小的是背吃刀量 a_p。粗车时，切削用量选择的原则是先选用较大的背吃刀量，再选择较大的进给量，最后根据刀具寿命合理选择切削速度。半精车和精车时，必须保证加工精度和表面质量，同时还必须兼顾必要的刀具寿命和生产效率。

背吃刀量的选择原则：根据工件的加工余量和工艺系统的刚性来选择背吃刀量。粗车时，在保留半精车余量（约 1～3mm）和精车余量（0.1～0.5mm）后，其余加工余量尽可能一次车去。半精车和精车时的背吃刀量应根据工件的加工精度和表面粗糙度要求，由粗车后留下的余量来确定。若用硬质合金车刀车削时，最后一刀的背吃刀量不宜过小，以 $a_p\geqslant$ 0.1mm 为宜。否则工件表面粗糙度达不到要求。

进给量的选择原则：粗车时，在工件刚度和强度允许的情况下，可选用较大的进给量 $f=0.3\sim1.2$mm/r 或参考表 2-10 选取。半精车和精车时为减少已加工表面粗糙度值，一般多选用较小的进给量 $f=0.1\sim0.6$mm/r 或参考表 2-11 选取。

切削速度的选择原则：粗车时，背吃刀量和进给量都选取较大的量或者切削硬度和强度较高的工件时，切削时产生的切削热和切削力都较大，考虑到刀具的寿命，需适当降低切削速度；车削中碳钢时，平均切削速度为 80～100m/min；车削合金钢时，平均切削速度为 70～80m/min；车削灰铸铁时，平均切削速度为 50～70m/min；车削有色金属时，平均切削速度为 200～300m/min。

表 2-10　高速钢及硬质合金车刀车削外圆及端面的粗车进给量

工件材料	车刀刀杆尺寸/mm	工件直径/mm	切深 a_p/mm				
			≤3	3～5	5～8	8～12	＞12
			进给量 f/(mm/r)				
碳素结构钢、合金结构钢及耐热钢	16×25	20	0.3～0.4	—	—	—	—
		40	0.4～0.5	0.3～0.4	—	—	—
		60	0.5～0.7	0.4～0.6	0.3～0.5	—	—
		100	0.6～0.9	0.5～0.7	0.5～0.6	0.4～0.5	—
		400	0.8～1.2	0.7～1	0.6～0.8	0.5～0.6	—
	20×30 25×25	20	0.3～0.4	—	—	—	—
		40	0.4～0.5	0.3～0.4	—	—	—
		60	0.6～0.7	0.5～0.7	0.4～0.6	—	—
		100	0.8～1.0	0.7～0.9	0.5～0.7	0.4～0.7	—
		400	1.2～1.4	1～1.2	0.8～1.0	0.6～0.9	0.4～0.6

续表

工件材料	车刀刀杆尺寸/mm	工件直径/mm	切深 a_p/mm				
			≤3	3～5	5～8	8～12	>12
			进给量 f/(mm/r)				
铸铁及铜合金	16×25	40	0.4～0.5	—	—	—	—
		60	0.6～0.8	0.5～0.8	0.4～0.6	—	—
		100	0.8～1.2	0.7～1	0.6～0.8	0.5～0.7	—
		400	1～1.4	1～1.2	0.8～1	0.6～0.8	—
	20×30 25×25	40	0.4～0.5	—	—	—	—
		60	0.6～0.9	0.5～0.8	0.4～0.7	—	—
		100	0.9～1.3	0.8～1.2	0.7～1	0.5～0.8	—
		400	1.2～1.8	1.2～1.6	1～1.3	0.9～1.1	0.7～0.9

注：1. 断续切削、有冲击载荷时，表内进给量乘以修正系数 k=0.75～0.85。

2. 加工耐热钢及其合金时，进给量应不大于 1mm/r。

3. 无外皮时，表内进给量应乘以系数 k=1.1。

4. 加工淬硬钢时，进给量应减小。硬度为 45～56HRC 时，乘以修正系数 0.8，硬度为 56～62HRC，乘以修正系数 k=0.5。

表 2-11　按表面粗糙度选择进给量的参考值

工件材料	粗糙度等级(Ra)	切削速度/(m/min)	刀尖圆弧半径/mm		
			0.5	1	2
			进给量 f/(mm/r)		
碳钢合金碳钢	10～5	≤50	0.30～0.50	0.45～0.60	0.55～0.70
		>50	0.40～0.55	0.55～0.65	0.65～0.70
	5～2.5	≤50	0.18～0.25	0.25～0.30	0.30～0.40
		>50	0.25～0.3	0.30～0.35	0.35～0.50
	2.5～1.25	≤50	0.10	0.11～0.15	0.15～0.22
		50～100	0.11～0.16	0.16～0.25	0.25～0.35
		>100	0.16～0.20	0.20～0.25	0.25～0.35
铸铁铜合金	10～5	不限	0.25～0.40	0.40～0.50	0.50～0.60
	5～2.5		0.15～0.25	0.25～0.40	0.40～0.60
	2.5～1.25		0.10～0.15	0.15～0.25	0.20～0.35

注：适用于半精车和精车的进给量的选择。

半精车、精车时切削速度可选得高一些。为了提高工件的表面质量，用硬度合金车刀高速精车时，一般选较高的切削速度（80～100m/min 以上）；用高速钢车刀低速精车时，一般选较低的切削速度（小于 5m/min）。

3. 车削台阶轴的工艺分析

(1) 图样分析　根据任务图 2-12 可知，将 ϕ40×155 的材料是 45 钢的毛坯件，加工成直径 ϕ28 的粗糙度为 Ra1.6μm，其余位置的粗糙度为 Ra3.2μm，工件以中心孔为基准，圆柱面有跳动、圆柱度要求。必须保证尺寸精度要求。

(2) 刀具选择　根据图样要求，粗车外圆时用 75°车刀或 90°硬质合金粗车刀，车端面用 45°车刀。

(3) 工件装夹　粗车对工件的精度要求并不高，在选择车刀和切削用量时应着重考虑提高劳动生产率方面的因素。可采用一夹一顶装夹，以承受较大的切削力。

(4) 车削用量选择　采用高速钢车刀车削，车削用量选择如下：

台阶轴粗车后还要进行半精车和精车，直径尺寸应留 0.8～1mm 的精车余量，台阶长度留 0.5mm 的精车余量，其余的余量在粗车是尽量一次去除。

$$v_c=80\text{m/min}\qquad a_p=1.5\text{mm}$$

车床主轴转速　$n=600\text{r/min}$

（5）工件的加工过程　工件装夹—对刀—车端面—钻中心孔—粗车外圆—半精车—精车。

（6）工件的检测与质量分析。

计划决策

表 2-12　计划和决策表

<table>
<tr><td>情境</td><td colspan="6">学习情境二　简单台阶轴的车削加工</td></tr>
<tr><td>学习任务</td><td colspan="4">任务二　车台阶轴的工艺准备</td><td>完成时间</td><td></td></tr>
<tr><td>任务完成人</td><td>学习小组</td><td></td><td>组长</td><td></td><td>成员</td><td></td></tr>
<tr><td>需要学习的知识和技能</td><td colspan="6">知识：1. 零件的装夹方法
2. 零件的加工工艺分析
技能：熟练掌握车台阶轴装夹和工艺分析</td></tr>
<tr><td rowspan="3">小组任务分配</td><td>小组任务</td><td>任务实施准备工作</td><td>任务实施过程管理</td><td>学习纪律及出勤</td><td colspan="2">卫生管理</td></tr>
<tr><td>个人职责</td><td>设备、工具、量具、刀具等前期工作准备</td><td>记录每个小组成员的任务实施过程和结果</td><td>记录考勤并管理小组成员学习纪律</td><td colspan="2">组织值日并管理卫生</td></tr>
<tr><td>小组成员</td><td></td><td></td><td></td><td colspan="2"></td></tr>
<tr><td>安全要求及注意事项</td><td colspan="6">1. 正确穿戴工作服，佩戴防护设施
2. 进入车间要求听指挥，不得擅自行动
3. 严格按照车床安全文明生产操作规程进行操作</td></tr>
<tr><td>完成工作任务的方案</td><td colspan="6"></td></tr>
</table>

任务实施

组织学生选择不同尺寸、不同形状的工件，进行装夹练习。

（1）运用三爪卡盘装夹工件，并对工件找正。

（2）对工件选取切削用量。

任务实施表见表 2-13。

表 2-13　任务实施表

<table>
<tr><td>情境</td><td colspan="6">学习情境二　简单台阶轴的车削加工</td></tr>
<tr><td>学习任务</td><td colspan="4">任务二　车台阶轴的工艺准备</td><td>完成时间</td><td></td></tr>
<tr><td>任务完成人</td><td>学习小组</td><td></td><td>组长</td><td></td><td>成员</td><td></td></tr>
<tr><td colspan="7">任务实施步骤及具体内容</td></tr>
<tr><td>步骤</td><td colspan="6">操作内容</td></tr>
<tr><td rowspan="2">工件装夹练习</td><td colspan="6">应用三爪卡盘装夹工件，并对工件找正</td></tr>
<tr><td colspan="6">应用四爪卡盘装夹各种形状工件，并对工件找正</td></tr>
<tr><td rowspan="5">零件工艺分析</td><td colspan="6">(1)对任务书中零件进行零件图分析：
轴的直径尺寸________________________
对应的长度尺寸________________________</td></tr>
<tr><td colspan="6">(2)确定零件的材料__________</td></tr>
<tr><td colspan="6">(3)确定工件的装夹方式________________</td></tr>
<tr><td colspan="6">(4)刀具的选择________________</td></tr>
<tr><td colspan="6">(5)确定切削用量
进给量 f＝____ mm/r，主轴转速＝____ r/min；背吃刀量 a_p＝____ mm</td></tr>
</table>

练习工件的各种装夹方法并找正。分析评价表见表 2-14。

表 2-14　分析评价表

序号	装夹方法	找正方法及情况		自查结果	改进措施	教师检测结果	改进建议
1	三爪自定心卡盘	外圆					
		端面					
2	四爪单动卡盘	外圆					
		端面					
3	一夹一顶						
4	两顶尖						

分析装夹不合格的原因：

改进措施：

指导教师意见：

任务三　车削台阶轴

任务描述

本任务将装夹的车床上的毛坯件，选择加工方法，合理选择刀具、量具，加工出满足质量要求的台阶轴并能对台阶轴进行质量分析。任务图如图 2-38 所示。

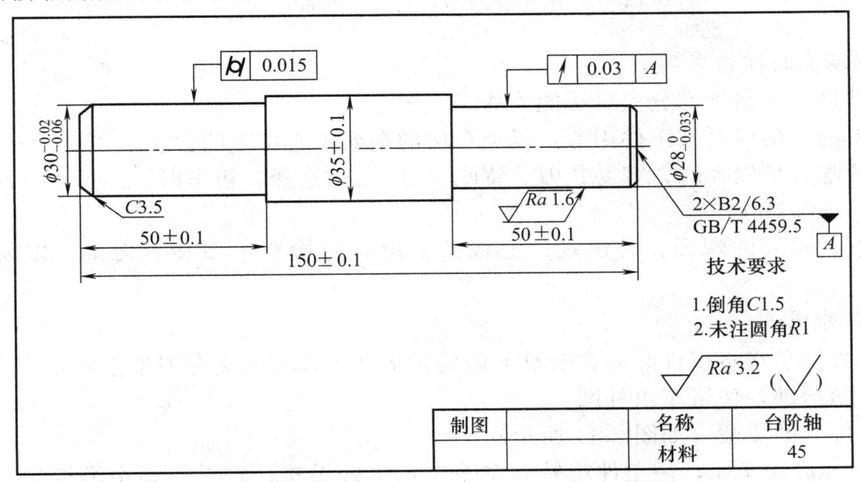

图 2-38　任务图

一、车削台阶轴的方法及步骤

1. 车削端面

车端面是对工件的端面进行车削的方法。

（1）车端面的方法

① 对刀：将工件装夹好后，将45°车刀安装在刀架后，启动车床工件旋转，移动小滑板或床鞍进行对刀。纵向移动车刀使车刀刀尖靠近并接触工件的端面。

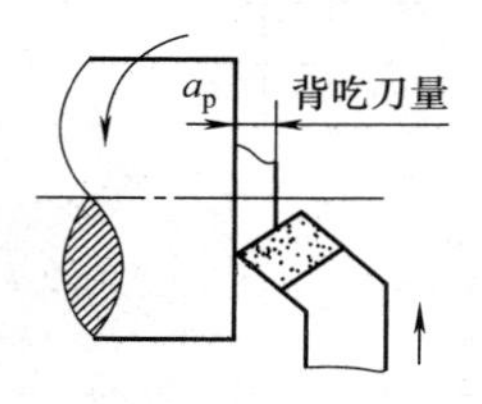

(a) 由外缘向中心车削

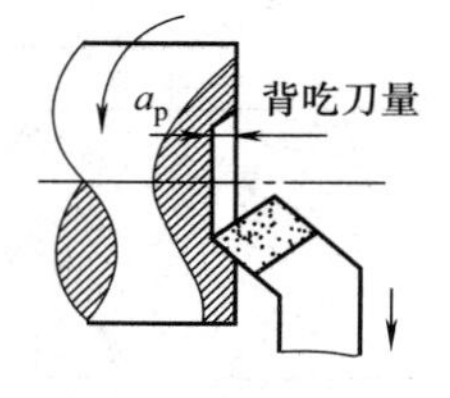

(b) 由中心向外缘车削

图 2-39　用45°车刀车端面

② 试车：对刀后，锁紧床鞍，摇动中滑板进给，由工件外缘向中心或由工件中心向外缘进给车削，如图2-39所示。

③ 车削端面：车削时确定进给方向后，用中滑板横向进给，进给次数根据加工余量而定。

④ 退刀，停车检测。

车端面也可采用右偏刀。用右偏刀车端面时，如果车刀由工件外缘向中心进给，用副切削刃车削。当背吃刀量较大时，因切削力的作用会使车刀扎入工件而形成凹面。为防止凹面产生，用90°右偏刀车削，可采用由中心向外缘进给的方法，利用主切削刃车削，背吃刀量应小些，如图2-40所示。

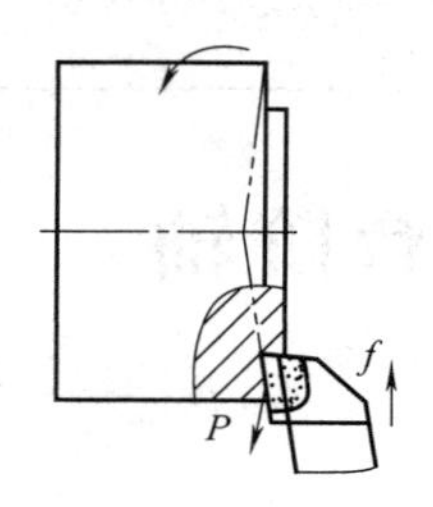

(a) 右偏刀由外缘向中心进给产生凹面

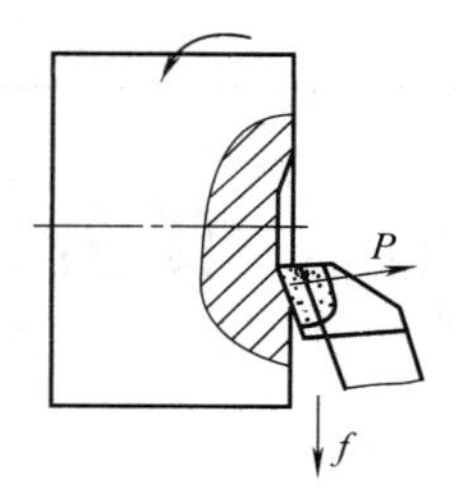

(b) 右偏刀由中心向外缘进给

图 2-40　用右偏刀车端面

（2）车端面时注意事项

① 工件伸出卡盘外部分应尽可能短些。

② 车刀的刀尖应对准工件中心，以免车出的端面中心留有凸台。

③ 当背吃刀量较大时，容易扎刀。背吃刀量 a_p 的选择：粗车时 a_p＝0.2～1mm，精车时 a_p＝0.05～0.2mm。

④ 车直径较大的端面，若出现凹心或凸肚时，应检查车刀和方刀架，以及床鞍是否锁紧。

2. 车削外圆

所谓车外圆是指将工件装夹在卡盘上做旋转运动，车刀装夹在刀架上使车刀与工件接触并做纵向进给运动，便可车出外圆。

（1）车外圆的步骤（如图2-41所示）

① 对刀：启动车床，使工件旋转。左手摇动床鞍手轮，右手摇动中滑板进给手柄，使车刀刀尖轻轻接触工件待加工表面，以此作为背吃刀量的零点位置，记住刻度盘位置（或调

到零位）。

② 退刀：对刀之后反向摇动床鞍手轮，使车刀向右离开工件 3～5mm 左右。

③ 横向进刀：摇动中滑板手柄，使车刀横向进给 1～3mm，横向的进给量即为背吃刀量，其大小通过中滑板上的刻度盘进行控制和调整。

④ 试车削：横向进刀后，纵向进给切削工件 2mm 左右时，纵向快速退刀。

⑤ 检测：停车测量，根据测量结果相应调整背吃刀量，直至试车削量结果合格为止。

⑥ 粗车：确定背吃刀量后，可选择手动或机动进给。如采用机动进给纵向车外圆，当车至接近所需长度时，改为手动进给；当车至所要求的长度，横向退刀，停车测量。

⑦ 精车：重复步骤⑥多次进给，使工件表面质量到达图样要求。

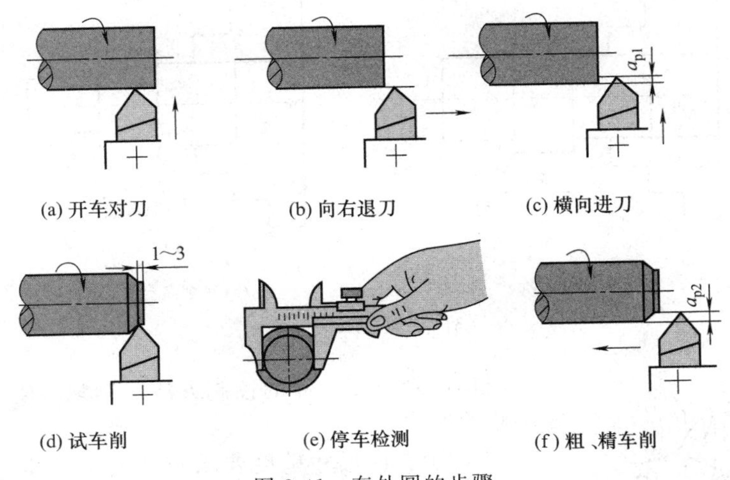

图 2-41　车外圆的步骤

(2) 车外圆时的注意事项

① 装夹与校正　根据工件的尺寸和形状选择三爪自定心卡盘装夹、一夹一顶或两顶尖装夹。校正工件的方法用百分表校正。

② 选择车刀　90°车刀主要用于粗车外圆；75°车刀可以车外圆，还可以车端面；45°车刀主要用于端面和 45°倒角。

③ 选择切削用量　切削速度的选择与工件材料、刀具材料以及工件加工精度有关。对于粗车：车削中碳钢时，平均切削速度为 80～100m/min；车削合金钢时，平均切削速度为 70～80m/min；车削灰铸铁时，平均切削速度为 50～70m/min；车削有色金属时，平均切削速度为 200～300m/min。对于半精车、精车：一般情况下用高速钢车刀车削时，$v=0.3$～1m/s；用硬质合金刀时，$v=1$～3m/s。车硬度较高的钢比车硬度低的钢转速低一些。

主轴的转速是根据切削速度计算选取的。

进给量是根据工件加工要求确定。

背吃刀量在保留半精车余量和精车余量后，其余加工余量尽可能一次车去。

(3) 倒角　车削端面、外圆完成后，需进行倒角，如图 2-42 所示。具体步骤如下：

① 启动车床，使工件旋转，用 45°偏刀接触工件倒角处进行对刀。

② 根据倒角大小，直接进给中滑板或小滑板手柄至尺寸值。

③ 退出车刀，停车检测。

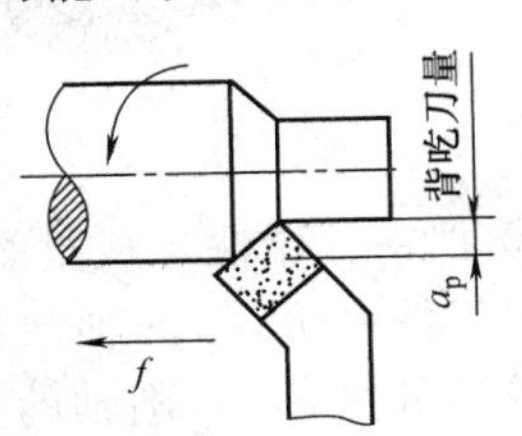

图 2-42　用 45°车刀倒角

3. 车削台阶

根据图样要求，车削台阶轴既要保证外圆和端面的尺寸精度要求，又要保证端面与工件轴线的垂直度要求，车削后并达到表面粗糙度要求。

（1）台阶的车削方法　台阶根据相邻圆柱直径差值大小，可分为低台阶和高台阶两种。

车削低台阶时，由于相邻两直径相差不大，选用90°偏刀。进给方式如图2-43（a）所示。

车削高台阶时，由于相邻两直径相差较大，选用$\kappa_r>90°$偏刀。进给方式如图2-43（b）所示。

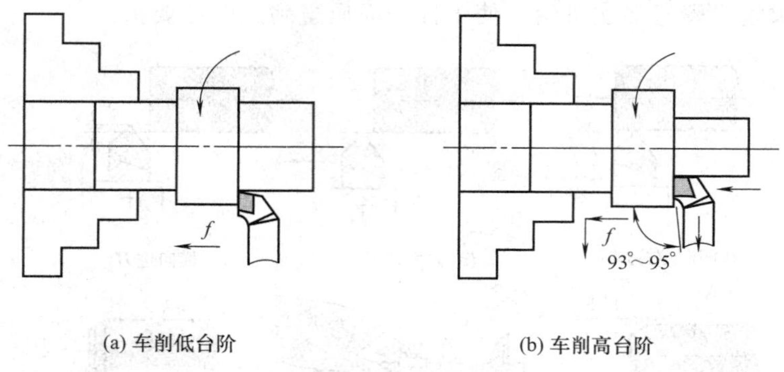

图2-43　车削台阶

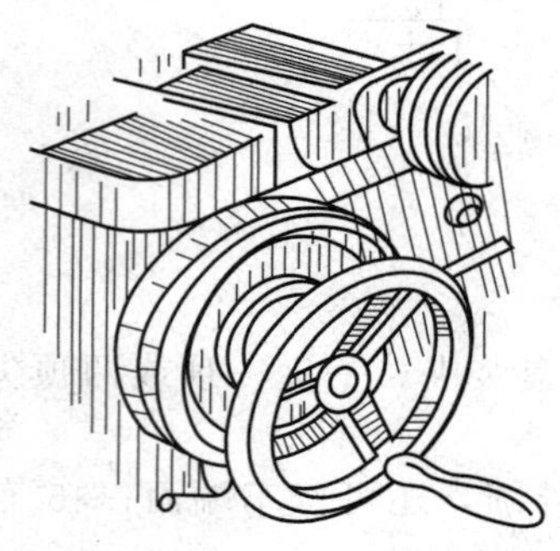

图2-44　利用溜板箱刻度控制台阶长度

（2）台阶长度尺寸的控制方法　车削台阶时，控制台阶长度尺寸的方法：

① 台阶长度尺寸精度要求较低时可直接用车床溜板箱的刻度盘控制台阶长度尺寸。CA6140A型车床的溜板箱进给刻度盘上的一格等于1mm，台阶长度等于手柄摇过溜板箱刻度的格数，如图2-44所示。

② 刻线法　先用钢直尺、样板或卡钳量出台阶的长度尺寸，然后用车刀刀尖在台阶的所在位置处车出一圈细线，台阶的长度按刀痕线车出，如图2-45所示。台阶的准确长度可用游标卡尺或深度游标卡尺测量。

图2-45　刻线法加工台阶

③ 挡铁控制法　成批车削台阶轴时，可用挡铁定位控制长度。挡铁a固定在车床导轨上，与工件台阶a_1的轴向位置一致。量块b和c的长度等于b_1和c_1的长度。当床鞍纵向进给碰到量块c，车削轴的长度等于c_1；去掉c，调整下一个台阶的切削深度，纵向进给，碰到量块b，车削轴的长度等于b_1；碰到a，车削轴的长度等于a_1。完成整根轴的车削，如

图 2-46 所示。用此法加工，可节省大量的测量时间。台阶的尺寸精度可达 0.1～0.2mm。

（3）车台阶时的注意事项

① 鸡心夹头必须牢靠地夹住工件，以防车削时移动、打滑而损坏车刀。

② 车削开始前，应手摇手轮使床鞍左右移动全行程，检查有无碰撞现象。

③ 精车台阶时，机动进给精车外圆至接近台阶处时，改手动进给替代机动进给。

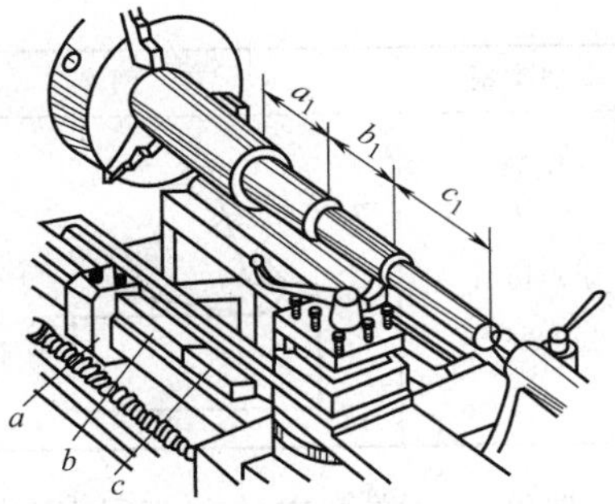

图 2-46　挡铁控制台阶长度

④ 当车至台阶面时，变纵向进给为横向进给，移动中滑板由里向外慢慢精车台阶平面，以确保其对轴线的垂直度要求。

⑤ 台阶端面与圆柱面相交处要清根。

⑥ 当工件精度要求较高时，车削后还需磨削时，只需粗车和半精车，但要注意留磨削余量。

⑦ 在轴上车槽，一般安排在粗车和半精车之后、精车之前。如果工件刚性好或精度要求不高，也可在精车以后再车槽。

二、切屑的控制及切削液的选择

1. 切屑的形成及控制

（1）切屑的形成　由于工件材料不同，切削过程中的变形情况也不同，产生的切屑种类也是多种多样的。切屑的类型主要分为带状、节状、粒状和崩碎四种，如表 2-15 所示。

表 2-15　切屑的类型

切屑类型	示　意　图	现象描述	产生原因
带状切削	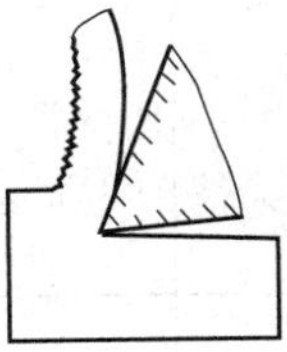	内表面是光滑的，外表面呈毛茸状	加工塑性金属时，当切削厚度较小、切削速度较高、刀具前角较大的工况条件下常形成此类切屑
节状切屑（挤裂切屑）	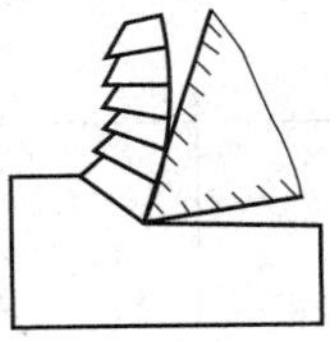	外表面呈锯齿形，内表面有时有裂纹	加工塑性金属时，当切削速度较低、切削厚度较大、刀具前角较小时常产生此类切屑
粒状切屑（单元切屑）	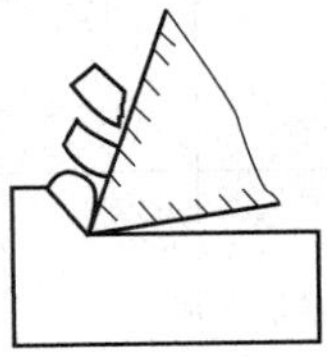	切削时，切屑单元从被切材料上脱落，形成粒状切屑	在切屑形成过程中，剪切面上的剪切应力超过了材料的断裂强度，切屑单元从被切材料上脱落，形成粒状切屑

续表

切屑类型	示意图	现象描述	产生原因
崩碎切屑	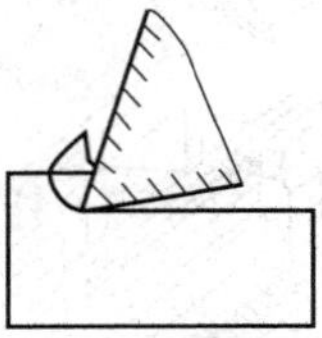	切削铸铁、黄铜等脆性材料时，形成的不规则崩碎切屑	切削脆性金属时，由于材料塑性很小、抗拉强度较低，刀具切入后，切削层金属在刀具前刀面的作用下，未经明显的塑性变形就在拉应力作用下脆断，形成形状不规则的崩碎切屑

常见切屑类型中的前三种切屑是加工塑性材料产生的，最后一种是加工脆性材料产生的。其中，带状切屑的切削过程最平稳，切削力波动小，工件表面粗糙度较小；粒状切屑的切削过程中切削力波动最大。前三种切屑类型改变切削条件，可改变切屑的形态，例如，在形成节状切屑工况条件下，如进一步减小前角，或加大切削厚度，就有可能得到粒状切屑；反之，加大前角，减小切削厚度，就可得到带状切屑。

在生产中，常常会看到排出的切屑。有的切屑打成卷状，到一定长度时自行折断；有的切屑折断成弧形；有的呈管状、环形螺旋、盘旋状卷屑；有的碎成针状或小片，四处飞溅，影响安全；有的带状切屑缠绕在刀具和工件上，对工作造成影响，易发生事故，表 2-16 是切屑的形状。不良的排屑状态会影响生产的正常进行，因此对切屑进行控制，具有重要意义。

表 2-16 切屑的形状

切削形状	长	短	缠绕
带状切屑			
管状切屑	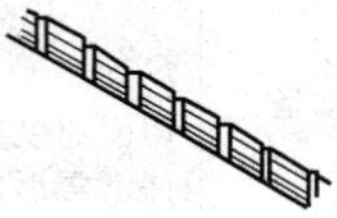	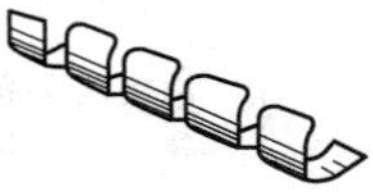	
环形螺旋切屑			
锥形螺旋切屑	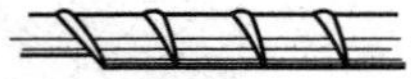	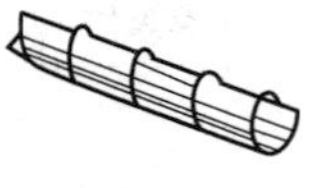	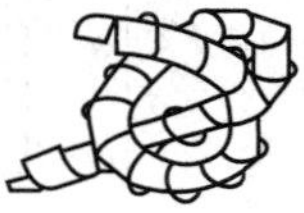
盘旋状切屑	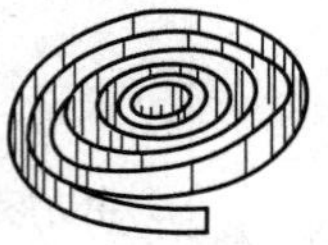	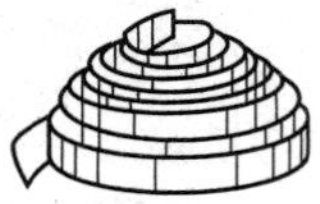	
弧形切屑	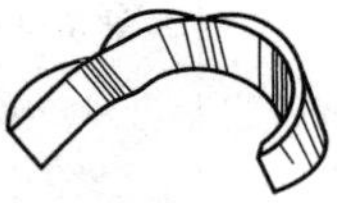		

续表

切削形状	长	短	缠绕
单元切屑			
针形切屑			

（2）影响切屑形状的因素

① 采用断屑槽　断屑槽是开在靠近切削刃的前刀面上，其目的是通过设置断屑槽对流动中的切屑进一步弯曲变形，使切屑应变增大，导致切屑断裂。

断屑槽的形状、宽度、斜角应与切削用量的大小相适应，否则会影响断屑效果。常用的断屑槽截面形状有直线型、直线圆弧型和圆弧型，如图 2-47 所示。

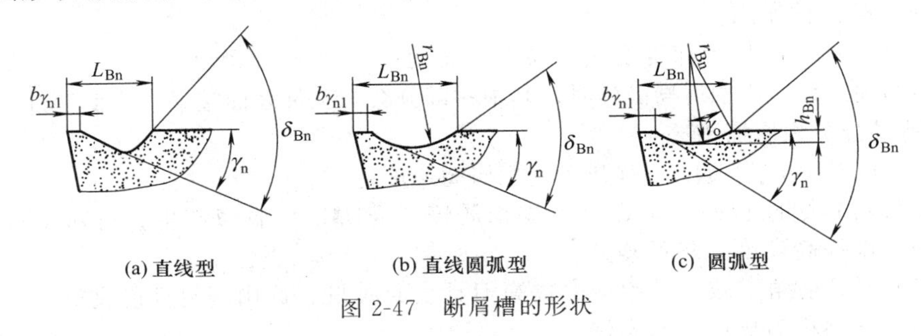

(a) 直线型　(b) 直线圆弧型　(c) 圆弧型

图 2-47　断屑槽的形状

直线型和直线圆弧型断屑槽适用于切削碳素钢、合金结构钢、工具钢等，一般前角 γ_o 在 5°～15°的范围内。全圆弧形断屑槽适用于切削紫铜、不锈钢等高塑性材料，前角 γ_o 则需要增大到 25°～30°。全圆弧形断屑槽刀具的强度较好。断屑槽位于前刀面上的形式有平行、外斜、内斜三种，见表 2-17。

表 2-17　断屑槽的类型及其应用

项　目	外　斜　式	平　行　式	内　斜　式
图示			
断屑效果	切屑变形大，切屑卷曲翻转后碰到后刀面折断形成 C 形屑和 6 字形屑	切屑变形不如外斜式，切屑碰在工件加工表面上折断	该断屑槽使切屑成为长紧螺卷形屑
应用	能在较宽的切削用量范围内实现断屑	用于大切削深度、大进给量时	断屑范围窄
斜角 τ	一般切削中碳钢时，$\tau=8°\sim10°$；切削合金钢时 $\tau=10°\sim15°$	$\tau=0°$	$\tau=8°\sim10°$

② 改变车刀的几何角度　在车刀的几何参数中主偏角 κ_r 和刃倾角 λ_s 对断屑影响较明显。

刀具主偏角 κ_r 增大，切削厚度增加，切屑的弯曲半径减小，弯曲变形增大，易折断，有利于断屑。刀具前角 γ_o 减小可使切屑变形加大，切屑易于折断。

刃倾角 λ_s 可以控制切屑的流向。λ_s 为正值时，切屑会流向待加工表面或卷曲后碰到后刀面折断形成C形屑或自然流出形成螺卷屑；λ_s 为负值时，切屑常卷曲后碰到已加工表面折断成C形屑或6字形屑。

③ 切削用量的影响　在车削三要素中对断屑影响最大是进给量 f，其次是背吃刀量 a_p 和切削速度 v_c。增大进给量 f，使切削厚度增加，变形增加，有利于断屑；但增大进给量 f 会增大加工表面的粗糙度；若增大背吃刀量 a_p，减小进给量 f，切屑变薄但不宜折断。若适当地降低切削速度 v_c，使切削变形增大，也有利于断屑，但会降低切削效率。按照上述情况，须根据实际加工要求适当选择切削用量。

④ 积屑瘤　采用中等或较低切削速度车削塑性材料时，由于切屑和前刀面的剧烈摩擦，当温度达到300℃左右，而摩擦力超过切屑内部结合力时，一部分金属与切屑分离被“冷焊”到前刀面上，并参与前刀面的切削刃进行切削，这就是积屑瘤。

a. 积屑瘤对切削加工的影响：

(a) 积屑瘤覆盖在刀具前刀面的切削刃上，使刀具工作前角增大，可代替切削刃进行切削，对切削刃起保护作用。

(b) 积屑瘤使实际切削深度变化，易引起震动；

(c) 当切削过程中，积屑瘤破碎时，其中一部分会与工件表面接触，降低工件表面质量。

b. 抑制或避免积屑瘤措施：

(a) 车削时控制切削速度，避开产生积屑瘤速度范围。

(b) 工件材料塑性越好，越容易生成积屑瘤。为防止积屑瘤产生，可对工件进行正火或调质处理，以提高硬度，降低塑性。

(c) 增大刀具前角、减小进给量、提高刀具表面质量、选用润滑性能良好切削液等，也都可以减小或抑制积屑瘤产生与发展。

2. 切削液

(1) 切削液的作用　切削液是用在金属切削过程中，用来冷却和润滑刀具和加工件的液体。切削液主要有冷却、润滑、清洗和防锈等作用。

① 冷却　将切削液浇注到切削区域内，吸收并带走最靠近热源处的刀具、切屑和工件表面上大量的热量，从而降低切削温度，提高刀具耐用度，并减小工件与刀具的热变形量，提高加工精度。

② 润滑　切削加工时，切削液渗入到刀具与工件、切屑的接触面间，黏附在金属表面上形成润滑膜，减小它们之间的摩擦，提高工件表面加工质量，提高刀具耐用度。

③ 清洗　切削液能冲走切削中产生的细屑，起到清洗作用，防止加工表面、机床导轨面受损。并且有利于精加工、深孔加工、自动线加工中的排屑。

④ 防锈作用　加入防锈添加剂的切削液，还能在金属表面上形成保护膜，使机床、工件、刀具不受空气、水分和酸性介质的腐蚀，从而起到防锈的作用。

(2) 切削液的种类及用途　车削时常用的切削液有水溶性、乳化液和切削液三大类。

① 水溶性切削液　主要成分为水，并加入防锈剂，也可加入适量的表面活性剂和油性添加剂，使其具有一定的润滑性能。

② 乳化液　由矿物油、乳化剂及其他添加剂配制的乳化油加95%～98%的水稀释而成的乳白色切削液，有良好的冷却性能和清洗作用。

③ 非水溶性切削液　主要是切削油。切削液中加入油性添加剂。有各种矿物油，如机械油、轻柴油、煤油；还有动、植物油，如豆油、猪油等；以及加入油性、极压添加剂配制的混合油，能与金属表面形成牢固的吸附薄膜，在较低速度下起到较好的润滑作用，主要用于低速精加工。

(3) 切削液的选用　切削液的使用效果除取决于切削液的性能外，还与刀具材料、加工要求、工件材料、加工方法等因素有关，应综合考虑，合理选用。

① 依据刀具材料、加工要求　高速钢刀具耐热性差，粗加工时，切削用量大，刀具磨损严重，应选用以冷却为主的切削液，如水溶液或3%～5%的低浓度乳化液；精加工时，主要是获得较好的表面质量，可选用润滑性好的极压切削油或高浓度极压乳化液。

硬质合金刀具耐热性好，一般不用切削液，如必要，也可用低浓度乳化液或水溶液，但应连续、充分地浇注，以免高温下刀片冷热不均，产生热应力而导致裂纹、损坏等。

② 依据工件材料　加工钢等塑性材料时，需用切削液；而加工铸铁等脆性材料时，一般则不用，对于高强度钢、高温合金等，加工时均处于极压润滑摩擦状态，应选用极压切削油或极压乳化液；对于铜、铝及合金，为了得到较好的表面质量和精度，可采用10%～20%的高浓度乳化液、煤油或煤油与矿物油的混合液。

③ 依据加工工种　钻孔、攻丝、铰孔、拉削等，排屑方式为半封闭、封闭状态，宜用乳化液、极压乳化液和极压切削油；

成形刀具、齿轮刀具等，要求保持形状、尺寸精度等，也应采用润滑性好的极压切削油或高浓度极压切削液；

磨削加工时细小的磨屑会破坏工件表面质量，要求切削液具有较好的冷却性能和清洗性能，常用半透明的水溶液和普通乳化液；磨削不锈钢、高温合金宜用润滑性能较好的水溶液和极压乳化液。

(4) 切削液的使用方法　切削液不仅要选择得合理，而且要正确地使用，才能取得更好的效果。

① 浇注法　浇注法如图2-48所示，它是最简便、应用最广的使用方法。切削时，应尽量浇注到切削区。

② 高压冷却法　高压冷却法如图2-49所示，它适于深孔加工，用较高工作压力和较大流量的切削液直接喷射到切削区，可将碎断的切屑驱出。也可用于高速钢车刀切削难加工材料，可显著提高刀具耐用度，但飞溅严重，需加护罩。

③ 喷雾冷却法　喷雾冷却法如图2-50所示。用0.3～0.6MPa的压缩空气使切削液雾化，从喷嘴中高速喷射到切削区。高速气流带着雾化后的切削液渗透到切削区，在高温下迅速汽化，吸收大量热量，达到较好的冷却效果。主要用于难切削材料加工及超高速切削时，可显著提高刀具耐用度。

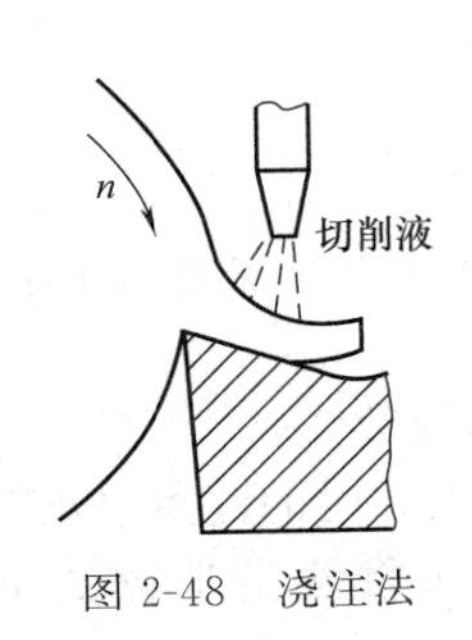

图2-48　浇注法

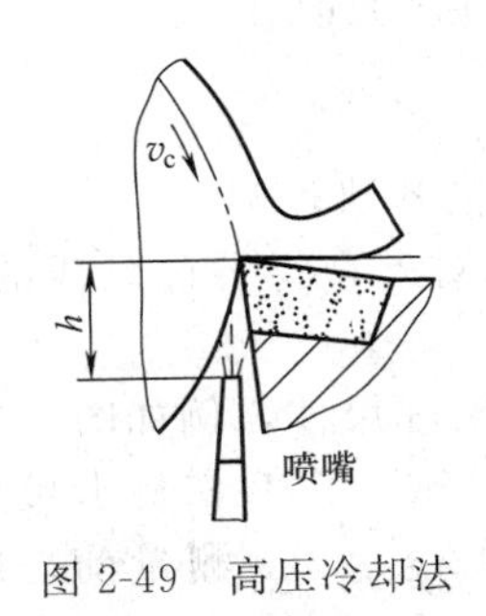

图2-49　高压冷却法

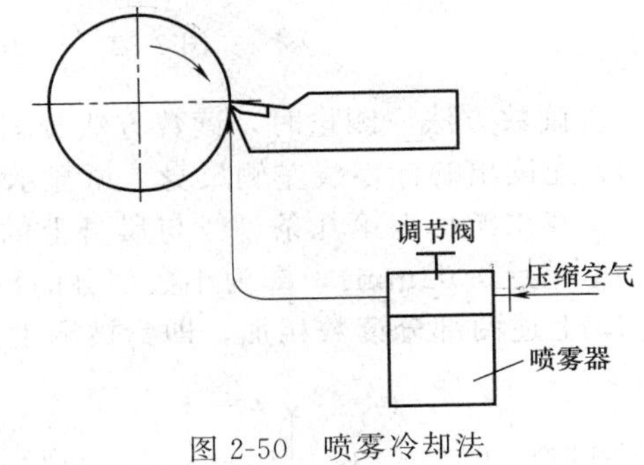

图2-50　喷雾冷却法

三、台阶轴的质量分析与检测

1. 常用量具的使用方法

(1) 游标卡尺的使用方法　游标卡尺是利用游标原理进行读数，用它可直接测量零件的外径、内径、长度、宽度、深度和孔距等尺寸，属于精度较高的量具。钳工常用游标卡尺测量精度有 0.05mm、0.02mm 两种，测量范围为 0～125mm、0～200mm、0～300mm、0～500mm 等几种规格。

游标卡尺具有结构简单、使用方便、精度中等和测量的尺寸范围大等特点，可以用它来测量零件的外径、内径、长度、宽度、厚度、深度等，应用范围很广。

① 刻线原理 图 2-51 所示为一普通游标卡尺的结构图，它主要由尺身、游标、内外量爪和深度尺等组成，尺身上刻有每格为 1mm 的刻度，并刻有尺寸数字，其尺身刻度全长即为游标卡尺的规格。游标上的刻度间距，随测量精度而定。现以精度值为 0.02mm（$i=0.02$mm）的游标卡尺为例来介绍刻线原理。

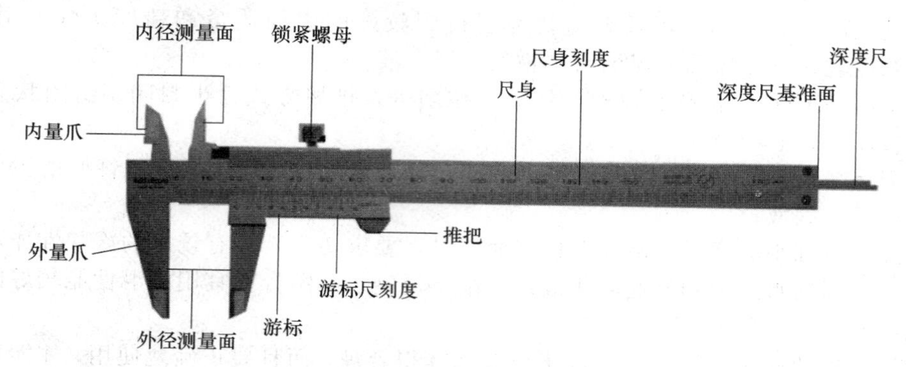

图 2-51 游标卡尺的结构图

游标上共刻有 50 格，即当两量爪完全合并时，尺身的零线与游标的零线对齐，尺身上 49mm 刚好与游标上的 50 格对齐。由此可知，游标的 50 格正好平分尺身的 49mm，游标上每格为 49mm/50＝0.98mm，尺身与游标每格之差为 1－0.98＝0.02mm，如图 2-52 所示，尺身上标有数字 1、2……，分别代表 10mm、20mm……，游标上标有数字 1、2……，分别代表 0.1mm、0.2mm……。

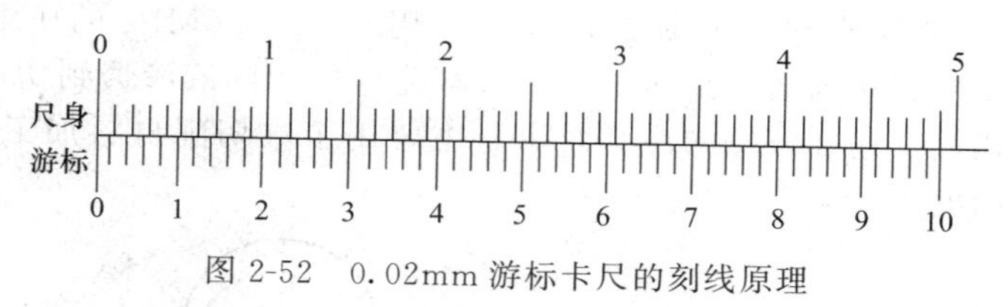

图 2-52 0.02mm 游标卡尺的刻线原理

② 读数方法 测量时，读数方法分三步：

a. 先读出游标零线左侧尺身上所显示的整毫米数；

b. 找出游标上第几条刻线与尺身上的刻线对齐，将游标刻线的序号乘以该游标卡尺的精度值（$i=0.02$mm），即为小数部分的数值；

c. 上述两部分读数相加，即为被测工件的实际尺寸，例如图 2-53 的读数。

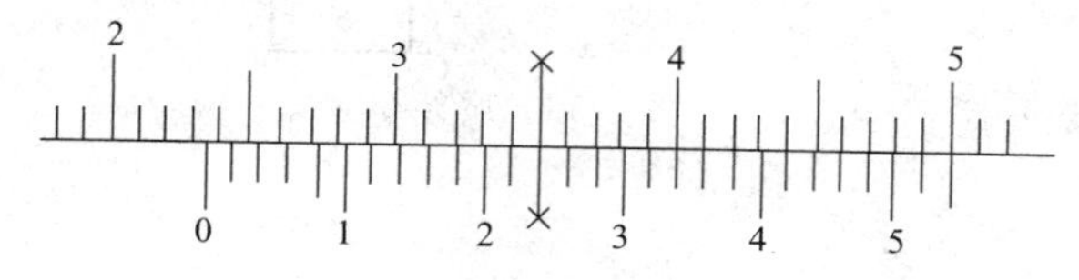

图 2-53 游标卡尺的读数方法

③ 游标卡尺测量工件时的注意事项

a. 测量前，用软布将两量爪擦拭干净，将其接触，再进行零位校对，关键检查尺身与游标的零线是否对齐，若未对齐应及时进行调整，修正读数（游标的零刻度线在尺身零刻度线右侧的叫正零误差，在尺身零刻度线左侧的叫负零误差）。

b. 测量时，使两量爪张开到略大于工件的尺寸，移动游标使量爪靠近工件，但不能用力顶住工件，以防磨损量爪，影响测量精度，用锁紧螺母锁紧游标，以防移动，如图 2-54 所示。

c. 测量内径时，两测量爪应位于孔的直径上，不得歪斜。

d. 测量外圆直径时，尺身应垂直于轴线。

e. 读数时，目光应垂直于游标刻线进行读数，否则会引起读数误差。

f. 游标卡尺不能测量毛坯件。

g. 测量完毕，两测头间应保持干净，应轻拿轻放。

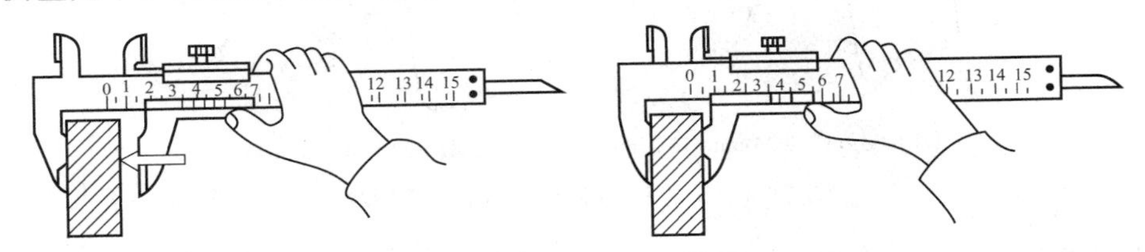

图 2-54　游标卡尺的使用

（2）千分尺的使用方法　千分尺（螺旋测微仪）是利用精密螺旋副传动原理来测量长度尺寸的通用量具，是一种精密量具，测量精度为 0.01mm，测量范围有 0～25mm、25mm～50mm、50mm～75mm、75mm～100mm、100mm～125mm 五种规格。常用的千分尺分为外径千分尺和内径千分尺。

① 外径千分尺　外径千分尺用来测量工件的外径和长度，其构造如图 2-55 所示。

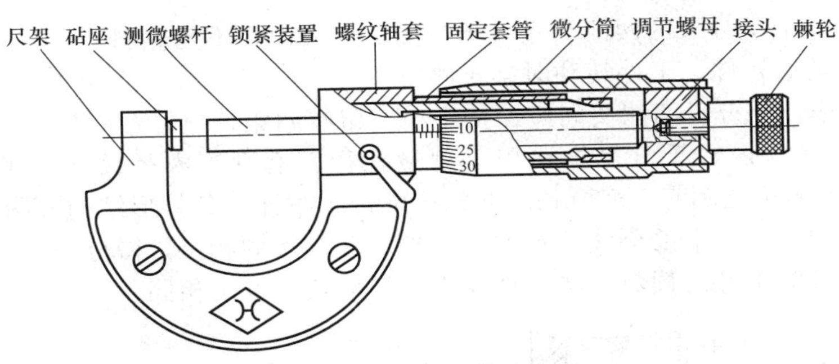

图 2-55　外径千分尺结构

a. 结构。根据工件大小合理选择千分尺。将工件放在砧座和测微螺杆之间。千分尺的测微螺杆和微分筒连在一起，当转动微分筒时，测微螺杆和微分筒一起沿轴向移动，使千分尺两测量面接触工件。改用棘轮，棘轮沿着内部棘爪的斜面滑动，直到棘轮发出嗒嗒的响声为止。测量时为防止测量好的尺寸变动，可转动锁紧装置锁定测微螺杆，使其保持固定不动。这时可进行工件尺寸读数。

b. 刻线原理。千分尺的读数机构由固定套管和微分筒组成（如图 2-56 所示），在固定套管轴线方向上有一条中线，中线上、下方都有刻线，上刻线为整数毫米线，每格 1mm，下刻线为小数部分，相互错开 0.5mm；在微分筒前端圆锥面的圆周上有 50 等分的刻度线。因测微螺杆的螺距为 0.5mm，即微测螺杆转一周，同时轴向移动 0.5mm，因此，当微分筒转一小格时测微螺杆移动 0.5/50＝0.01mm，所以千分尺的测量精度为 0.01mm。

c. 读数方法。测量时，读数方法分三步：

（a）先读出微分筒边缘在固定套管上露出刻线的整毫米数或半毫米数（0.5mm），必须注意看清露出的是上方刻线还是下方刻线，以免错读 0.5mm。

（b）微分筒上第几条刻线与固定套管中线对准，将刻线的序号乘以 0.01mm，即为小数部分的数值。

（c）上述两部分读数相加，即为被测工件的实际尺寸，如图 2-56 中的读数。

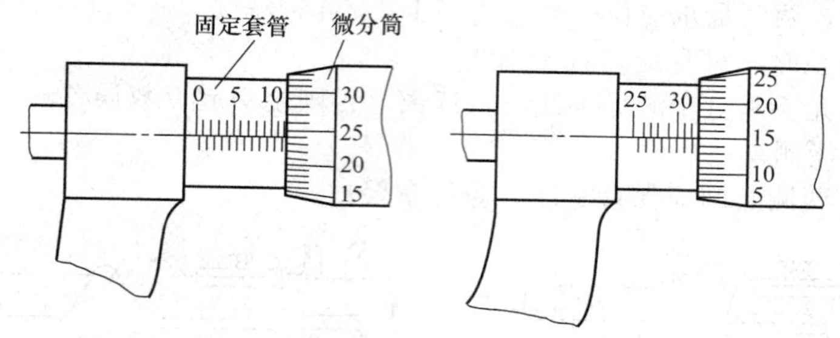

图 2-56　千分尺的刻线原理与读数方法

d. 使用千分尺的注意事项：由于千分尺的测量范围有限，测量前，应根据工件的基本尺寸，合理选择千分尺的规格。

（a）测量前，先将砧座与微测螺杆两测量头擦拭干净，将其二者接触，再进行零位校对，关键看圆周刻度零线应与固定套管上的中线是否对齐。若有误差修正读数。

（b）测量前应将工件测量表面擦净，以免影响测量精度。

（c）测量时，手握尺架，先转动微分筒，当测量螺杆快要接近工件时，改用棘轮，直到棘轮发出吱吱的声音时停止转动。

（d）测量时要求千分尺的两测头垂直于被测工件表面，不能偏斜。

（e）不能测量毛坯件，工件转动时禁止测量。

（f）测量完毕，千分尺两测头间应保持干净，留有间距，应轻拿轻放。

② 内径千分尺　内径千分尺主要用于测量孔径、槽宽等内径尺寸，测量精度一般为 0.01mm，常用的测量范围有 5～30mm 和 25～50mm 两种，其外形结构如图 2-57 所示。

内径千分尺固定套筒上的刻线读数方向与外径千分尺的相反，微分筒上的刻线与外径千分尺的相同。对被测工件的读数方法与外径千分尺的读数方法相同。

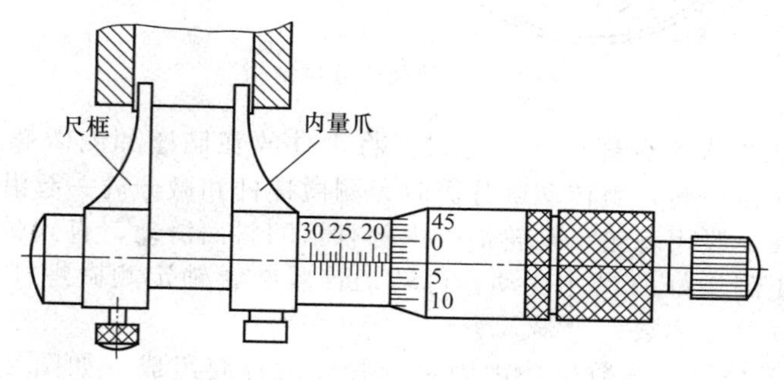

图 2-57　内径千分尺

（3）百分表的使用方法　百分表是一种精度较高指示量具，它只能测量相对数值，主要用于校正工件的装夹位置、检查工件的形状和位置误差（如圆度、平面度、垂直度、跳动等）等内容。百分表的测量精度为 0.01mm，测量精度为 0.001mm 的称为千分表。

① 百分表的工作原理　钟式百分表的结构原理如图 2-58 所示。当测量头上下移动 1mm 时，通过齿轮传动系统带动大指针转一圈，刻度盘在圆周上共刻有 100 分格，若大指针在表盘上转过一格时，测量杆移动 0.01mm。故大指针每格的读数值为 0.01mm。与此同时，大指针每转 1 圈，小指针转一格，小指针每格读数为 1mm。小指针是用来记录大指针转动的

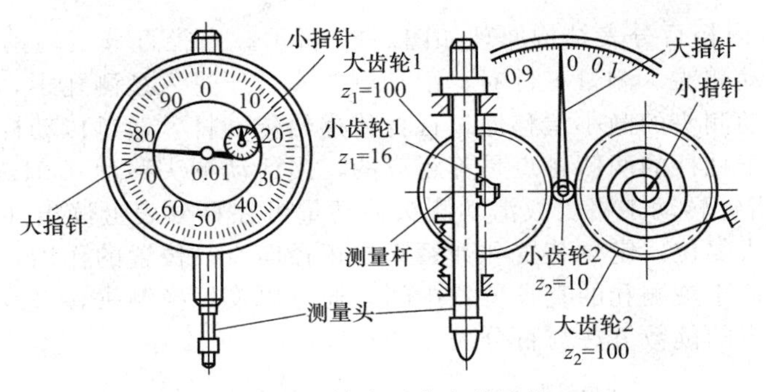

图 2-58　钟式百分表的结构

圈数。小指针处的刻度范围为百分表的测量范围。刻度盘可以转动，供测量时大指针对零用。

② 读数方法　测量时大小指针读数的变动量即为尺寸变化量。百分表的读数方法：先读小指针转过的刻度线（即毫米整数），再读大指针转过的刻度线（即小数部分），并乘以0.01，然后两者相加，即得到所测量的数值。

③ 百分表的使用方法

a. 使用时，将百分表的表头必须装在普通表架或万能表架上使用，如图 2-59 所示。

b. 把装有百分表的表架固定在被测表面或相关表面，调整磁铁吸牢。

c. 测量过程中，百分表表头始终与被测表面接触，不得脱离。测量平面时，百分表的测量杆要与平面垂直，测量圆柱形工件时，测量杆要与工件的中心线垂直，否则，将使测量杆活动不灵或测量结果不准确。

d. 转动表盘进行大指针与表盘零刻线对齐。

e. 可移动表架或被测物体，读出百分表中指针的变化量即为被测物体的精度。

f. 百分表不用时，应使测量杆处于自由状态，以免使表内弹簧失效。

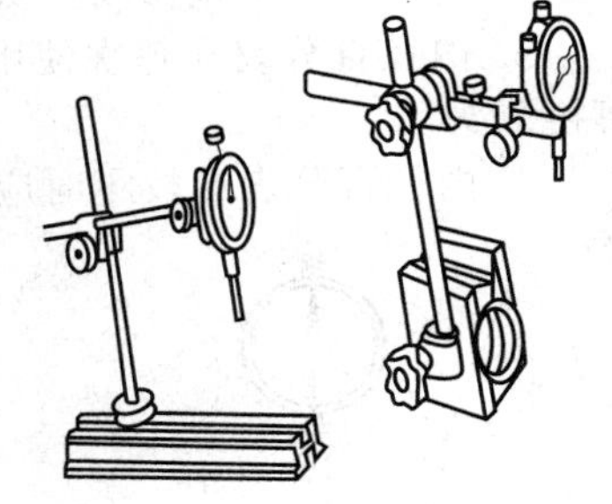

(a) 万能表架　　(b) 普通表架

图 2-59　百分表表架

④ 应用场合　图 2-60 所示为百分表在生产实际中的应用。图 2-60（a）是检查外圆对孔的圆跳动、端面对孔的圆跳动。图 2-60（b）是检查工件两平面的平行度。图 2-60（c）是内圆磨床上四爪卡盘安装工件时找正外圆。

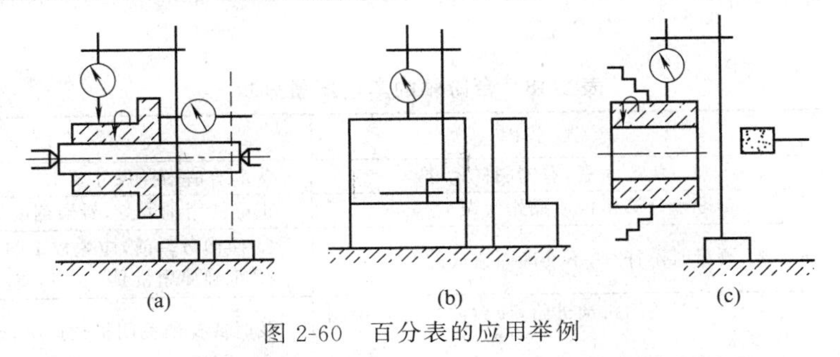

(a)　(b)　(c)

图 2-60　百分表的应用举例

（4）内径百分表　内径百分表是将测头的直线位移转变为指针的角位移的计量器具。它是利用相对测量法进行测量。主要用于测量或检验工件孔径及其形状误差（如圆度、圆柱度等），对于深孔尤为方便。

① 工作原理　内径百分表结构原理如图 2-61 所示。内径百分表转动杆一端装有可换测头，另一端装有活动测头。测量工件时，活动测头先被压进入被测孔中，测量内孔的孔壁将压迫活动测头，活动测头的微小位移通过杠杆传递给传动杆，通过传动杆推动百分表，使百分表指针偏转。由于杠杆的两侧触点是等距离的，当活动测头移动 0.01mm，传动杆也移动 0.01mm，百分表指针转动 1 格。故活动测头移动量可在百分表上读出。测量完毕时，在弹簧的作用下活动测头复位。定位装置和弹簧起找正径向直径位置的作用，它保证了活动测头和可换测头的轴线位于被测孔的直径位置中间。通过更换可换测头，可改变内径百分表的测量范围。内径百分表的读数方法与百分表完全相同。

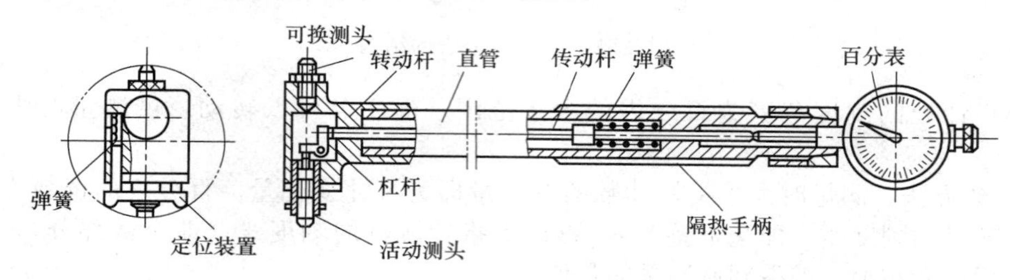

图 2-61　内径百分表

② 内径百分表的使用方法

a. 使用前，检查活动测头和可换测头表面光洁，连接稳固。

b. 内径百分表在每次使用前，先用游标卡尺或量块测出内径的基本尺寸，选择合适的可换测头。

c. 内径百分表在校零时应注意手握直管上的隔热手柄，使测头进入测量面内，直管测头在 X 方向和 Y 方向上下摆动。观察百分表的示值变化，反复几次，用手旋转百分表盘，使指针对零位。多摆动几次观察指针是否在同一零点转折，如图 2-62 所示。

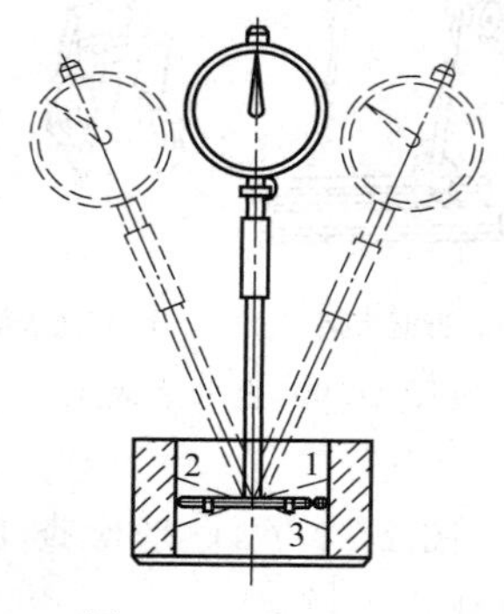

图 2-62　内径百分

d. 内径百分表只能测量精加工面。因粗加工工件表面粗糙不平而测量不准确，也使测头易磨损。

e. 在不使用时，要摘下百分表，使表解除其所有负荷，让测量杆处于自由状态，以免使表内弹簧失效。

2. 轴类工件的车削质量分析

(1) 台阶轴的车削质量分析　车削台阶轴时，必须认真加工，否则将产生废品。各种废品产生的原因及预防措施见表 2-18。

表 2-18　台阶轴的车削质量分析

废品类型	产生原因	预防措施
尺寸不正确	1. 车削时粗心大意，看错图样尺寸	认真看清图样尺寸要求
	2. 刻度盘计算错误或操作失误	正确使用刻度盘，看清刻度值
	3. 测量时不仔细，不准确而造成的	1. 使用量具前，应先校正归零 2. 正确使用量具
	4. 没及时关闭机动进给，使台阶尺寸超出图样要求	及时或提前关闭机动进给，改为手动进给
	5. 没有进行试车削	根据加工余量算出背吃刀量，进行试车削，然后修正背吃刀量
	6. 由于切削热的影响，使工件尺寸发生变化	高温时，不宜测量工件尺寸，若必须测量，应考虑工件的收缩量；浇注冷却液，降低工件温度

续表

废品类型	产生原因	预防措施
外径有锥度	1. 用一夹一顶或两顶尖装夹工件时，后顶尖轴线与主轴轴线不重合	车削前通过尾座找正锥度
	2. 用卡盘装夹工件纵向进给车削时，床身导轨与主轴轴线不平行	调整车床主轴与床身导轨的平行度
	3. 工件装夹时伸出较长，车削时因切削力作用使前端让开，产生锥度	减少工件伸出长度或改用一夹一顶式的装夹，增加轴的刚性
	4. 用小滑板车外圆时，由于小滑板的基准刻线与中滑板的"0"线没有对准，造成锥度	使用前必须检查小滑板的基准刻线是否与中滑板的"0"线对准
	5. 车刀中途逐渐磨损	选择合适的刀具材料或适当降低切削速度
圆度超差	1. 车床主轴间隙太大	车削前，应检查主轴的间隙，并调整合适；若主轴轴承磨损严重，需更换轴承
	2. 毛坯余量不均匀，车削过程中背吃刀量变化太大	半精车后再精车
	3. 用双顶尖装夹工件时，中心孔接触不良，或后顶尖顶得不紧，或前后顶尖产生径向跳动	用双顶尖装夹工件时，必须松紧适当。若回转顶尖产生径向圆跳动，需及时修理或更换
端面不平产生凸凹现象或端面中心留"小头"	车刀刃磨或安装不正确	按要求角度刃磨车刀 正确装夹车刀
	刀尖没有对准工件中心	刀尖要严格对准工件中心
	切削深度过大	减少背吃刀量
	车床有间隙，拖板移动造成	调整车床各部分的间隙
表面粗糙度	1. 车刀几何角度不合理或磨损	选用合理的车刀几何参数、及时刃磨或跟换刀片
	2. 切削用量选用不当	进给量不宜过大
	3. 工艺系统刚度不够，引起振动	调整机床间隙、增加工件装夹刚性、提高车刀刚性、采取适当措施减小振动

（2）表面粗糙度大的解决方法　在生产中发现工件表面粗糙度达不到要求，要根据工件表面的现象（如图 2-63 所示），分析和判断产生该现象的原因，提出解决方法（见表 2-19）。

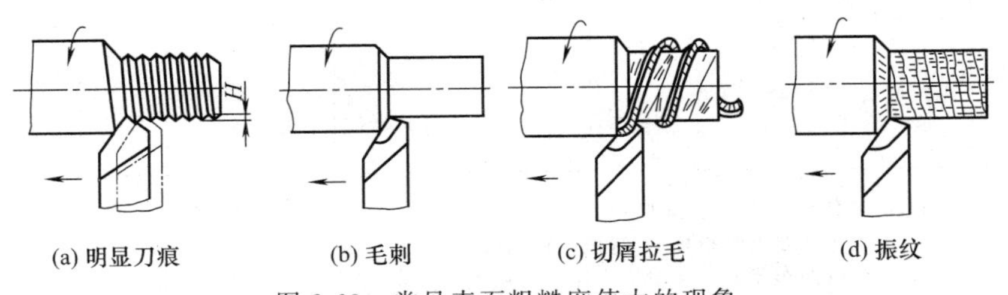

图 2-63　常见表面粗糙度值大的现象

表 2-19　表面粗糙度大的解决方法

粗糙度增大的现象	产生的原因	解决的方法
明显刀痕	车刀几何角度不合理 切削用量选用不当 刀尖圆弧半径过大	减小主偏角和副偏角 减小进给量 减小刀尖圆弧半径
工件表面产生毛刺	切削速度选用不当	高速钢车刀车削时 $v_c<3\text{m/min}$，加注切削液 硬质合金车刀车削时，提高 v_c，避开产生积屑瘤的速度（$v_c=20\text{m/min}$）区域 减小车刀前刀面和后刀面的表面粗糙度值 刃磨车刀保证切削刃的锋利

续表

粗糙度增大的现象	产生的原因	解决的方法
工件表面出现亮斑或亮点	切削刃磨钝，挤压工件表面产生亮痕	更换或重磨车刀
工件表面产生无规则的浅痕迹	工件表面被切屑拉毛	选用刃倾角为正值的车刀 采用卷屑或断屑措施
工件表面出现周期性横向或纵向振纹	刀具几何角度不合理 工件刚性不够 机床间隙过大 切削用量选用不当	合理选择刀具几何参数；经常刃磨车刀；保持刀具的装夹刚度 增加工件的装夹刚度 调整车床主轴间隙、调整滑板楔铁间隙 选用较小背吃刀量和进给量，改变切削速度

计划决策

表 2-20　计划和决策表

情境	学习情境二　简单台阶轴的车削加工					
学习任务	任务三　车削台阶轴				完成时间	
任务完成人	学习小组		组长		成员	
需要学习的知识和技能	知识：1. 零件的加工工艺分析 2. 零件的加工工艺编制 3. 车台阶轴基本操作方法 技能：熟练掌握车台阶轴基本操作技能					
小组任务分配	小组任务	任务实施准备工作	任务实施过程管理	学习纪律及出勤	卫生管理	
	个人职责	设备、工具、量具、刀具等前期工作准备	记录每个小组成员的任务实施过程和结果	记录考勤并管理小组成员学习纪律	组织值日并管理卫生	
	小组成员					
安全要求及注意事项	1. 正确穿戴工作服，佩戴防护设施 2. 进入车间要求听指挥，不得擅自行动 3. 严格按照车床安全文明生产操作规程进行操作					
完成工作任务的方案						

表 2-21 任务实施表

<table>
<tr><td>情境</td><td colspan="6">学习情境二　简单台阶轴的车削加工</td></tr>
<tr><td>学习任务</td><td colspan="4">任务三　车削台阶轴</td><td>完成时间</td><td></td></tr>
<tr><td>任务完成人</td><td>学习小组</td><td></td><td>组长</td><td></td><td>成员</td><td></td></tr>
<tr><td colspan="7">任务实施步骤及具体内容</td></tr>
<tr><td>步骤</td><td colspan="6">操作内容</td></tr>
<tr><td rowspan="8">粗车台阶轴</td><td colspan="6">装夹工件
(1)用三爪自定心卡盘装卡工件，伸出______ mm，利用划针找正，将______手柄置于空挡，用手轻拨卡盘时其缓慢转动，观察划针尖与______接触情况，并用铜锤轻击工件旋伸端，直至划针与______全圆周上的间隙______，找正结束
(2)找正后夹紧工件</td></tr>
<tr><td colspan="6">装夹 45°车刀，平端面
(1)选取背吃刀量 a_p=______ mm，进给量 f=______ mm/r，主轴转速=______ r/min
(2)用 45°车刀平端面 A，______即可，表面粗糙度达到要求</td></tr>
<tr><td colspan="6">用中心钻钻削中心孔，需加冷却液冷却润滑，中途退出 1～2 次______切屑</td></tr>
<tr><td colspan="6">车限位台阶
(1)装夹 75°车刀；
(2)装夹工件伸出______ mm，用 75°车刀粗车限位台阶 ϕ34mm×15mm</td></tr>
<tr><td colspan="6">定总长，钻中心孔
(1)将工件调头，毛坯伸出三爪自定心卡盘约______ mm，找正夹紧
(2)车端面 B 并保证总长______ mm，钻中心孔 B2/6.3mm</td></tr>
<tr><td colspan="6">调整车床尾座的前后位置，以保证工件的形状精度
(1)一夹一顶装夹 ϕ34mm×15mm 外圆，用后顶尖支顶
(2)车削整段外圆到一定尺寸，测量两端直径是否______，如不同可调尾座的横向偏移量来______工件</td></tr>
<tr><td colspan="6">一夹一顶装夹，粗车中间和左端的外圆
(1)夹住 ϕ34mm×15mm 外圆，用后顶尖支顶
(2)选取进给量 f=______ mm/r，主轴转速=______ r/min
(3)粗车整段______ mm 的外圆，背吃刀量 a_p=______ mm
(4)粗车左端外圆 ϕ31mm×49.5mm，可分两次车削，每次背吃刀量 a_p=______ mm；每次车削时需试车削，测量无误后在车至尺寸 ϕ(31±0.1)mm，长度控制为(49.5±0.1)mm</td></tr>
<tr><td colspan="6">将工件调头，粗车右端的外圆
(1)用三爪自定心卡盘夹______ mm 处外圆，一夹一顶装夹工件
(2)对刀—进刀—试车—测量—粗车右端外圆。直径控制为 ϕ(29±0.1)mm，长度尺寸控制为______ mm</td></tr>
<tr><td rowspan="2">精车台阶轴</td><td colspan="6">修磨中心孔
(1)用三爪自定心卡盘夹住______的圆柱部分
(2)用 90°车刀车削油石 60°顶尖
(3)将已粗车的工件安放在前顶尖和尾座后顶尖之间，后顶尖不用顶得太紧
(4)车床主轴______旋转，手握工件分别修研两端中心孔</td></tr>
<tr><td colspan="6">车削前顶尖
(1)用扳手将小滑板转盘上的前后螺母松开
(2)将小滑板逆时针方向转动______，使小滑板上的基准“0”线与______刻线对齐，然后锁紧转盘上的螺母，以保证顶尖______
(3)用双手配合均匀不间断地转动小滑板手柄，手动进给分层车削前顶尖的圆锥面
(4)再将转盘上的螺母松开，将小滑板恢复到原来______再紧固</td></tr>
</table>

续表

步骤	操作内容
精车台阶轴	在两顶尖间装夹工件 (1)用鸡心夹头夹紧台阶轴右端______mm外圆处，并使夹头上的拨杆伸出工件轴端 (2)根据工件长度调整好尾座的位置并紧固 (3)左手托住工件，将夹有夹头一端工件的中心孔放置在前顶尖上，并使夹头的拨杆贴近卡盘的卡爪侧面 (4)同时右手摇动尾座手轮，使后顶尖顶入工件另一端的中心孔 (5)最后，将尾座套筒的固定手柄压紧 选择切削用量 选取背吃刀量 a_p=______mm，进给量 f=0.1～0.2mm/r，主轴转速 n=710r/min
	精车台阶轴的左端 (1)两顶尖装夹工件，启动车床，使工件回转 (2)将90°车刀调整至工作位置，精车______mm的外圆，表面粗糙度 Ra 值达到______μm (3)精车左端外圆至______mm，长度为______mm，表面粗糙度 Ra 值达到______μm，圆柱度误差小于或等于______mm (4)调整45°车刀至 $\phi 30_{-0.06}^{-0.02}$mm外圆的端面处，倒角______mm
	精车台阶轴的右端 (1)将顶尖调头，用两顶尖装夹(铜皮垫在 $\phi 30_{-0.06}^{-0.02}$mm的外圆处) (2)精车右端外圆至______mm，长度为______mm，表面粗糙度 Ra 值达到______μm，径向圆跳动误差小于或等于______mm (3)用45°车刀倒角______mm
台阶轴检验	轴的尺寸公差是否在规定范围内，检查倒角，用百分表检测圆跳动

分析评价

表 2-22　分析评价表

序号	检测内容	检测项目及分值		出现的实际质量问题及改进方法			
		检测项目	分值	自检结果	改进措施	教师检测结果	改进建议
1	主要尺寸	($\phi 30_{-0.06}^{-0.02}$)mm	10				
		(ϕ35±0.1)mm	10				
		($\phi 30_{-0.03}^{0}$)mm	10				
		(50±0.1)mm	2×5				
2	形位精度	圆柱度0.015mm	5				
		径向跳动0.03mm	5				
3	总长、中心孔与表面质量	(150±0.1)mm	2				
		C1.5mm	2				
		C3.5mm	2				
		2×B2/6.3mm	2×2				
		Ra3.2μm	6×2				
		Ra1.6μm	2				
4	设备及工、量、刃具的使用维护	常用工、量、刃具的合理使用与保养	4				
		正确操作车床	4				
		车床的润滑	4				
		车床的保养	4				

续表

序号	检测内容	检测项目及分值		出现的实际质量问题及改进方法			
		检测项目	分值	自检结果	改进措施	教师检测结果	改进建议
5	安全文明生产	安全文明操作	5				
		工作服穿戴正确	5				
总分							
教师总评意见							

课后习题

一、填空题

1. 高速钢是一种含钨________、________、________等元素较多的高合金工具钢。

2. 在主截面测量的主要前角有________、________和________，三者之和为________度。

3. 在基面内测量的角度有________角、________角和________角。

4. 刃倾角的主要作用是________________________________。

5. 刀尖高于工件中心时，会使前角变________，后角变________。

6. 常用的百分表有________式和________式两种。

二、判断题

1. 为提高工作效率，装夹车刀和测量工件时可以不停车。（　　）

2. 当工件需要多次掉头装夹时，采用两顶尖装夹比一夹一顶装夹容易保证加工精度。（　　）

3. 工序较多，加工精度较高的工件，应采用B型中心孔。（　　）

4. 车外圆时，工件易出现锥度，克服的方法是：如果工件靠卡盘一端直径较大，应将尾座向离开操作者的方向移动。（　　）

三、选择题

1. 用游标卡尺测量孔径，若量爪测量线不通过中心孔，则游标卡尺的读数值比实际尺寸____。

A. 大　　B. 小　　C. 相等

2. 切削平面，主截面之间有____的关系。

A. 互相平行　　B. 互相垂直　　C. 互相倾斜

3. 刃倾角为正值时切屑流向工件____表面。

A. 已加工　　B. 待加工　　C. 过渡

4. 千分尺微螺杆的螺距为____ mm。

A. 1　　B. 0.5　　C. 5

5. 精车时，为了减小工件表面粗糙度值，车刀刃倾角应取____值。

A. 正　　B. 负　　C. 零度

6. 为提高生产率，粗车时应首先选取较大的____。

A. 切削速度　　B. 进给量　　C. 背吃刀量

7. 用硬质合金刀精车时，为减小工件表面的粗糙度值，应尽量提高____。

A. 背吃刀量　　B. 进给量　　C. 切削速度

四、名词解释

1. 切削速度　2. 背吃刀量　3. 进给量　4. W18Cr4V　5. 切削平面　6. 基面　7. 前角　8. 主后角　9. 主偏角　10. 过渡刃

五、简答题

1. 硬质合金材料车刀有哪些优缺点？
2. 试叙述粗车时选择切削用量的一般原则。
3. 试叙述使用切削液时应注意的事项。
4. 通常采用哪些方法可使车刀刀尖对准工件轴线？
5. 钻中心孔时应注意哪些事项？
6. 固定顶尖和回转顶尖有什么优缺点？

六、计算题

在CA6140型车床上把直径 ϕ60mm 的轴一次进给车至 ϕ52mm。如果选用切削速度为90m/min，求背吃刀量 a_p 和车床主轴转速 n。

七、完成以下零件的加工

1.

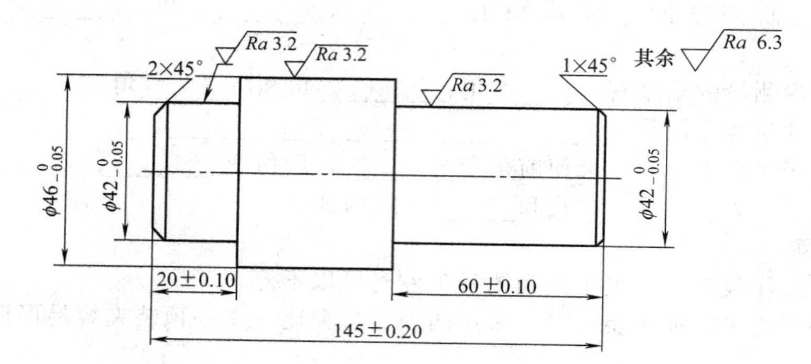

2.

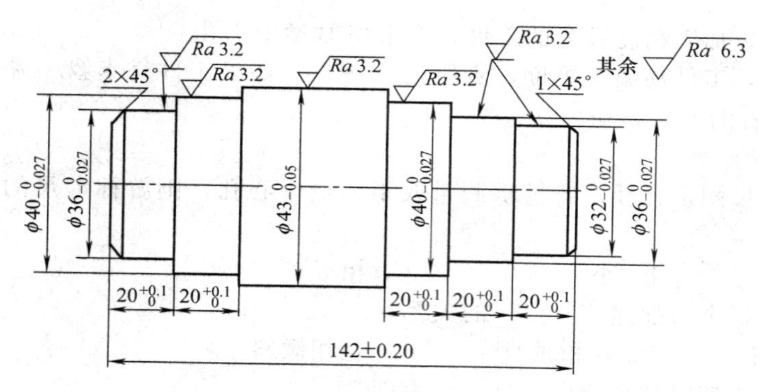

学习情境三　车槽与切断

【学习目标】

知识目标：
- 熟悉车槽和切断刀具的选择方法
- 掌握车槽和切断的方法
- 掌握车槽和切断工艺制定的方法

能力目标：
- 具备根据零件图纸要求正确制定加工工艺技能
- 具备车槽与切断的操作技能

素质目标：
- 培养学生对车削加工的兴趣
- 培养学生严格执行工作规范和安全文明操作规程的职业素养

情境导入

切断和车外沟槽是属于同一类型的加工方法，切断加工是基础，车外沟槽是切断加工方法的推广和略加改变后的具体应用。

在切削过程中若棒料较长，需要切断后再车削，或者在车削完成后把工件从原材料上切割下来，这样的加工就叫切断。在工件外圆和端面上车削的槽为外槽。

切断和车槽是车工的基本操作技能之一，能否掌握好，关键在于刀具的刃磨。因为切断刀和车槽刀的刃磨比刃磨外圆车刀难度更大一些。

任务一　认识车槽刀与切断刀

任务描述

以硬质合金车槽刀为例，学习车刀几何角度的选择及其刃磨方法，要求用手工方法完成如图 3-1 所示车槽刀的刃磨。

知识链接

一、槽的类型

车削外圆及轴肩部分的沟槽，称为车外沟槽。常见的沟槽类型如表 3-1 所示。

二、切断刀和车槽刀

车削时，把棒料或工件切成两段（或数段）的加工方法叫切断。一般采用正向切断法，

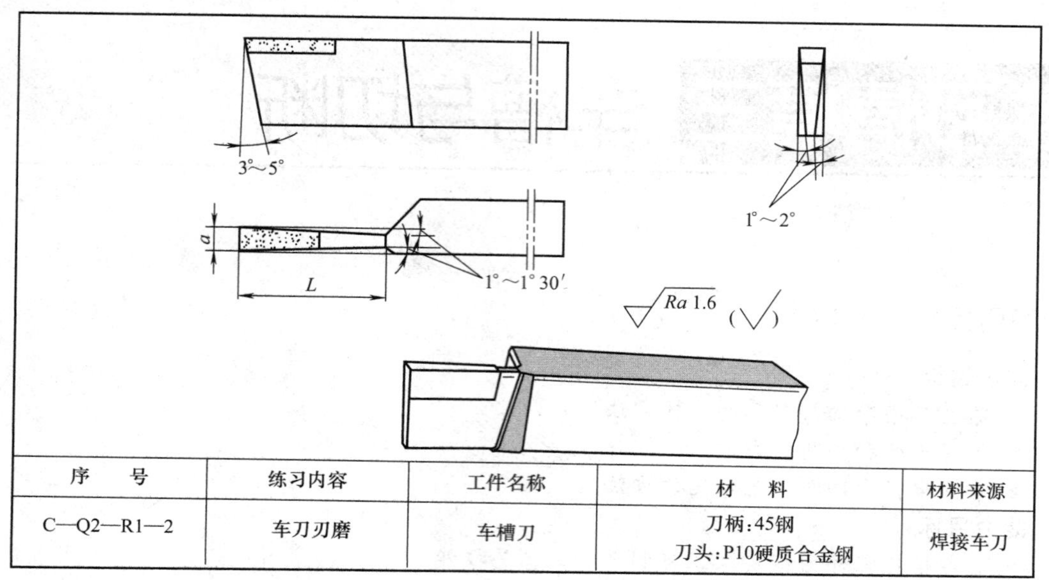

序　　号	练习内容	工件名称	材　　料	材料来源
C—Q2—R1—2	车刀刃磨	车槽刀	刀柄:45钢 刀头:P10硬质合金钢	焊接车刀

图 3-1　车槽刀

即车床主轴正转，车刀横向进给进行车削。

切断的关键是切断刀几何参数的选择、切断刀的刃磨质量和切削用量的选择。

表 3-1　常见的沟槽类型

类型	图　　示	
外圆沟槽	矩形沟槽	矩形沟槽
	圆弧沟槽	V形沟槽
轴肩沟槽	45° 45°轴肩沟槽 R 圆弧轴肩沟槽	45° 45° 外圆端面轴肩沟槽

续表

类型	图示
端面沟槽	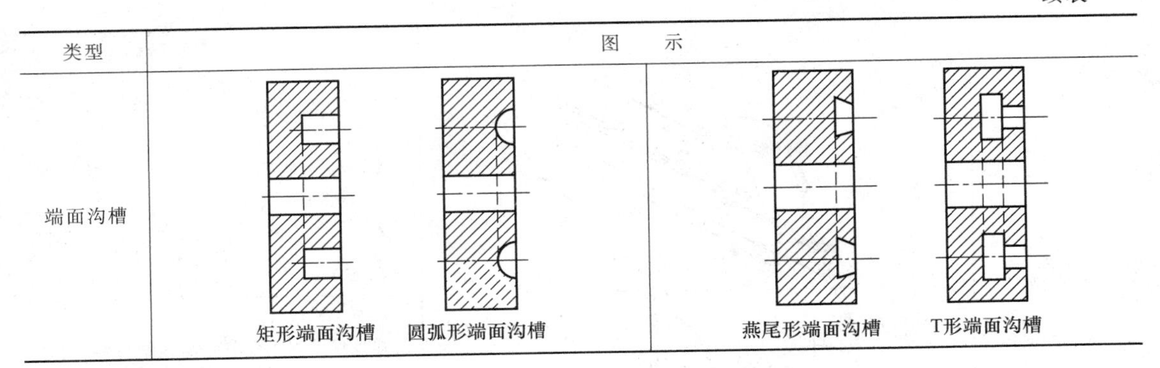 矩形端面沟槽 圆弧形端面沟槽 燕尾形端面沟槽 T形端面沟槽

1. 切断刀的种类

切断刀根据材料等有不同的分类方法，其种类和特点见表 3-2。

表 3-2　切断刀的种类和特点

内容	图示	说明
高速钢切断刀		其切削部分与刀柄为同一材料锻造而成，是目前使用较普遍的切断刀
硬质合金切断刀		由切削用硬质合金刀头压紧或焊接在刀柄上而成
		适宜于高速切削
反向切断刀	5°～8°　A　10°～20°　1°～1°30′　A　1°～2°	在切断直径较大的工件时，由于刀柄较长，刚度低，用正向切断容易引起振动。这时可反向切断
	G　F_c	用反向切断法切断工件时，卡盘与主轴采用螺纹连接的车床，其连接部分必须装有保险装置，以防切断中卡盘松脱 反向切断时刀受力方向向上，所选用的车床的刀架应有足够的刚度

续表

内容	图示	说明
弹性切断刀		把高速钢做成片状，装夹在弹性刀柄上，组成弹性切断刀
	弯曲中心 车槽刀后退方向	弹性切断刀不仅节省高速钢材料，而且当进给量过大时，弹性刀柄因受力而产生变形。因为刀柄的弯曲中心在刀柄的上面，所以刀头就会自动让刀，从而避免了因扎刀而导致切断刀折断

2. 高速钢切断刀

按切削部分的材料不同，切断刀分为高速钢切断刀和硬质合金切断刀两种。目前使用较为普遍的是高速钢切断刀。

切断刀以横向进给为主，前端的切削刃为主切削刃，两侧的切削刃为副切削刃。一般切断刀的主切削刃较窄，刀柄较长，因此强度较低，在选择和确定切断刀的几何参数时，要特别注意提高切断刀的强度。

（1）高速钢切断刀几何参数的选择原则，见表 3-3。

表 3-3 高速钢切断刀的几何参数

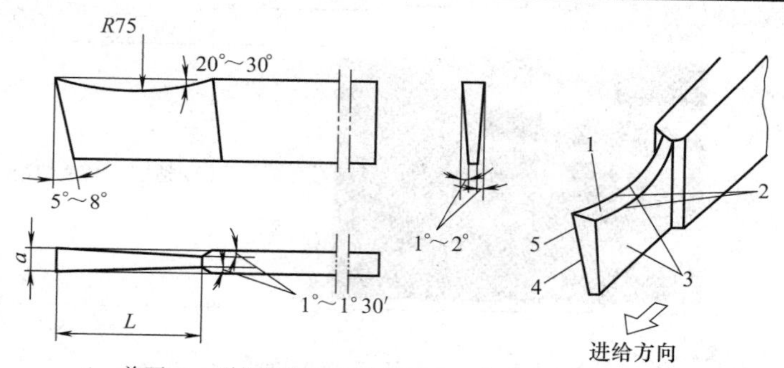

1—前面；2—副切削刃；3—副后面；4—主后面；5—主切削刃

参数	符号	作用和要求	数据和公式
主偏角	κ_r	切断刀以横向进给为主	$\kappa_r=90°$
副偏角	κ_r'	切断刀的两副偏角必须对称，其作用是减少副切削刃和工件已加工表面间的摩擦	$\kappa_r= 1°\sim1°30'$
前角	γ_o	刃倾角增大能使车刀刃口锋利，使切削省力，并使切屑顺利排出	切削中碳钢工件时，取 $\gamma_o=20°\sim 30°$ 切削铸铁工件时，取 $\gamma_o=0°\sim10°$
后角	α_o	减少切断刀主后面和工件过渡表面间的摩擦	一般取 $\alpha_o=5°\sim7°$
副后角	α_o'	减少切断刀副后面和工件已加工表面间的摩擦。考虑到切断刀的刀头狭而长，两个副后角不能太大	切断刀有两个对称的副后角 $\alpha_o'=1°\sim2°$

参数	符号	作用和要求	数据和公式
主切削刃宽度	a	车狭窄的外槽时，将切断刀的主切削刃宽度 a 刃磨成与工件槽宽相等 车较宽的槽时，选择好切断刀的主切削刃宽度 a 后，分次车出	一般采用经验公式计算 $a\approx(0.5\sim0.6)\sqrt{d}$ 式中 d—工件直径，mm
刀头长度	L	刀头长度要适中。刀头太长容易引起振动，甚至会使刀头折断	一般采用经验公式计算 $L=h+(2\sim3)$ 式中 h—切入深度，mm

(2) 切断刀的主切削刃在切断工件时，为使带孔工件不留边缘，实心工件的端面不留小凸头，可将切断力的切削刃略磨斜些，如图 3-2 所示。

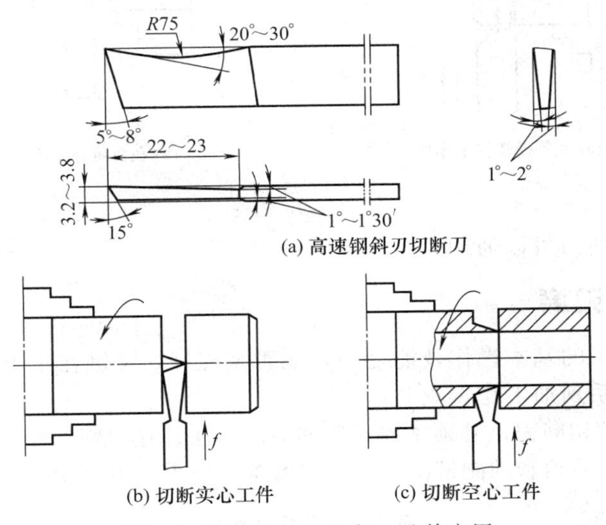

(a) 高速钢斜刃切断刀

(b) 切断实心工件　(c) 切断空心工件

图 3-2　高速钢斜刃切断刀及其应用

3. 硬质合金切断刀

如图 3-3 所示为硬质合金切断刀，为了增加刀头的支撑刚度，常将切断刀的刀头部做成凸圆弧形。

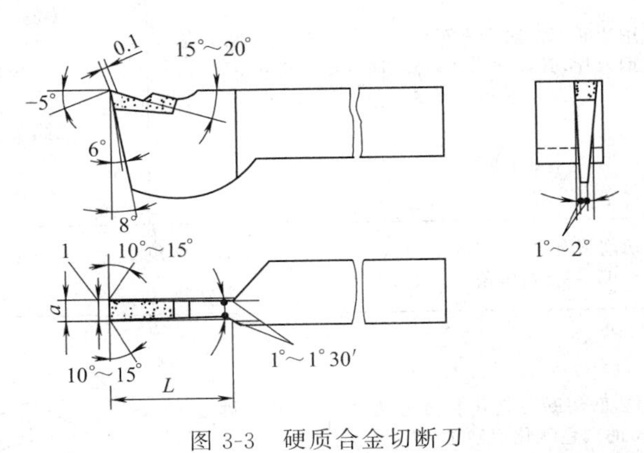

图 3-3　硬质合金切断刀

由于高速车削会产生很大的热量，为防止刀片脱焊，在开始车削时就应浇注充分的切削液。

高速切断时，如果硬质合金切断刀的主切削刃采用平直刃，那么切屑宽度和槽宽应相

等，容易堵塞在槽内而不易排出。为使排屑顺利，可把主切削刃两边倒角或磨成“人”字形。

4. 车槽刀

用车削方法加工工件的槽，称为车槽。

车槽刀和切断刀的几何形状相似，刃磨的方法也基本相同，只是刀头部分的宽度和长度有些区别，如图 3-4 所示。一般需将车槽刀的主切削刃宽度刃磨成与工件窄槽的宽度相等。

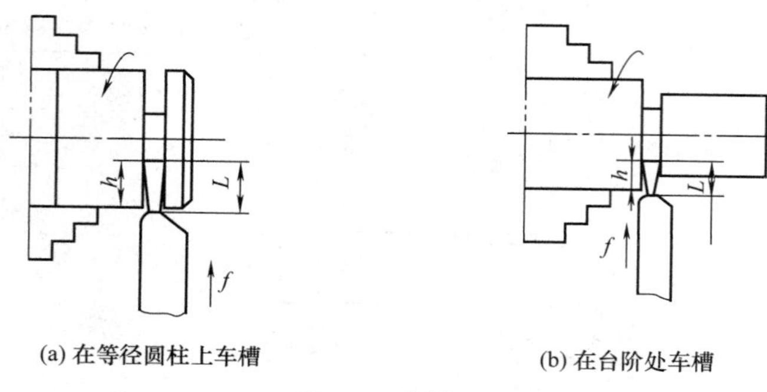

(a) 在等径圆柱上车槽　　(b) 在台阶处车槽

图 3-4　车槽刀

有时车槽刀和切断刀可以通用。

三、切断刀的刃磨

车槽与切断是车工的基本操作技能之一，能否掌握好，关键在于刀具的刃磨。刀具刃磨质量的高低，直接关系到加工是否顺利。

要刃磨出高质量的切断刀，必须掌握正确的刃磨方法。在刃磨切断刀两侧的副后面时，必须使两副切削刃、两副后角和两副偏角对称，刃磨难度较大，刃磨切断刀的步骤见表 3-4。

表 3-4　刃磨切断刀

步　骤	内　容	图示及说明
步骤 1:选择切断刀刀片	可用切断刀一次直进车出。一般选择的切断刀是:高速钢刀片,其尺寸为 4mm×16mm×160mm	
步骤 2:选用切断刀的几何参数	主切削刃宽度 $a=3$mm,刀头长度 $L=11$mm,主偏角 $\kappa_r=90°$,前角 $\gamma_o=25°$,后角 $\alpha_o=6°$,副后角 $\alpha_o'=1°\sim2°$,副偏角 $\kappa_o'=1°30'$	
步骤 3:粗磨切断刀	(1)粗磨切断刀选用粒度号为 46# ～60# 、硬度为 H～K 的白色氧化铝砂轮 (2)粗磨左侧副后面。两手握刀,车刀前面向上,同时磨出左侧副后角 $\alpha_o'=1°\sim2°$和副偏角 $\kappa_o'=1°30'$	

步　骤	内　容	图示及说明
步骤 3：粗磨切断刀	(3)粗磨右侧副后面。两手握刀，车刀前面向上，同时磨出右侧副后角 $\alpha_o'=1°\sim2°$和副偏角 $\kappa_r'=1°30'$，对于主切削刃宽度，要注意留出约 0.5mm 的精磨余量	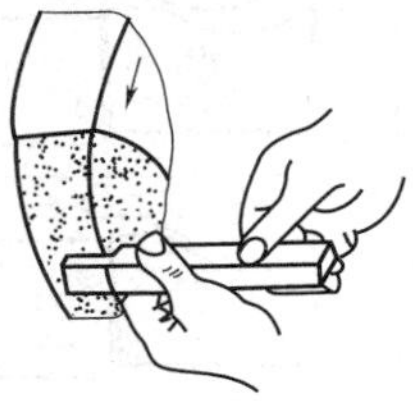
	(4)粗磨主后面。两手握刀，车刀前面向上，磨出主后面，后角 $\alpha_o=6°$	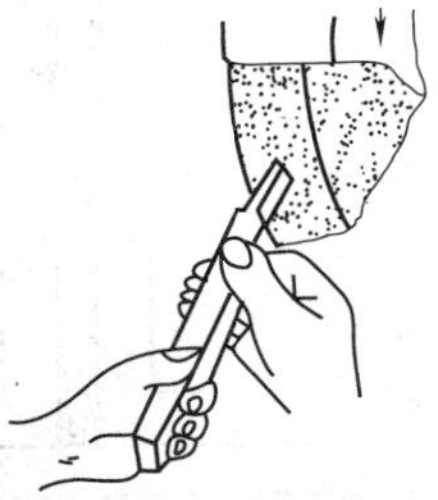
	(5)粗磨前面。两手握刀，车刀前面对着砂轮磨削表面，刃磨前面和前角、卷屑槽，保证前角 $\gamma_o=25°$	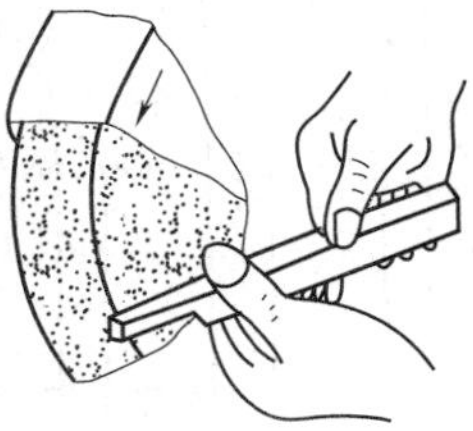
步骤 4：精磨切断刀	(1)精磨切断刀选用粒度号为 80#～120#、硬度为 H～K 的白色氧化铝砂轮 (2)修磨主后面，保证主切削刃平直 (3)修磨两侧副后面，保证两副后角和两副偏角对称以及主切削刃宽度 (4)修磨前面和卷屑槽，保持主切削刃平直、锋利 (5)修磨刀尖，可在两刀尖上各磨出一个小圆弧过渡刃	

刃磨切断刀时容易出现的问题及正确要求，见表 3-5。

表 3-5　刃磨切断刀容易出现的问题及正确要求

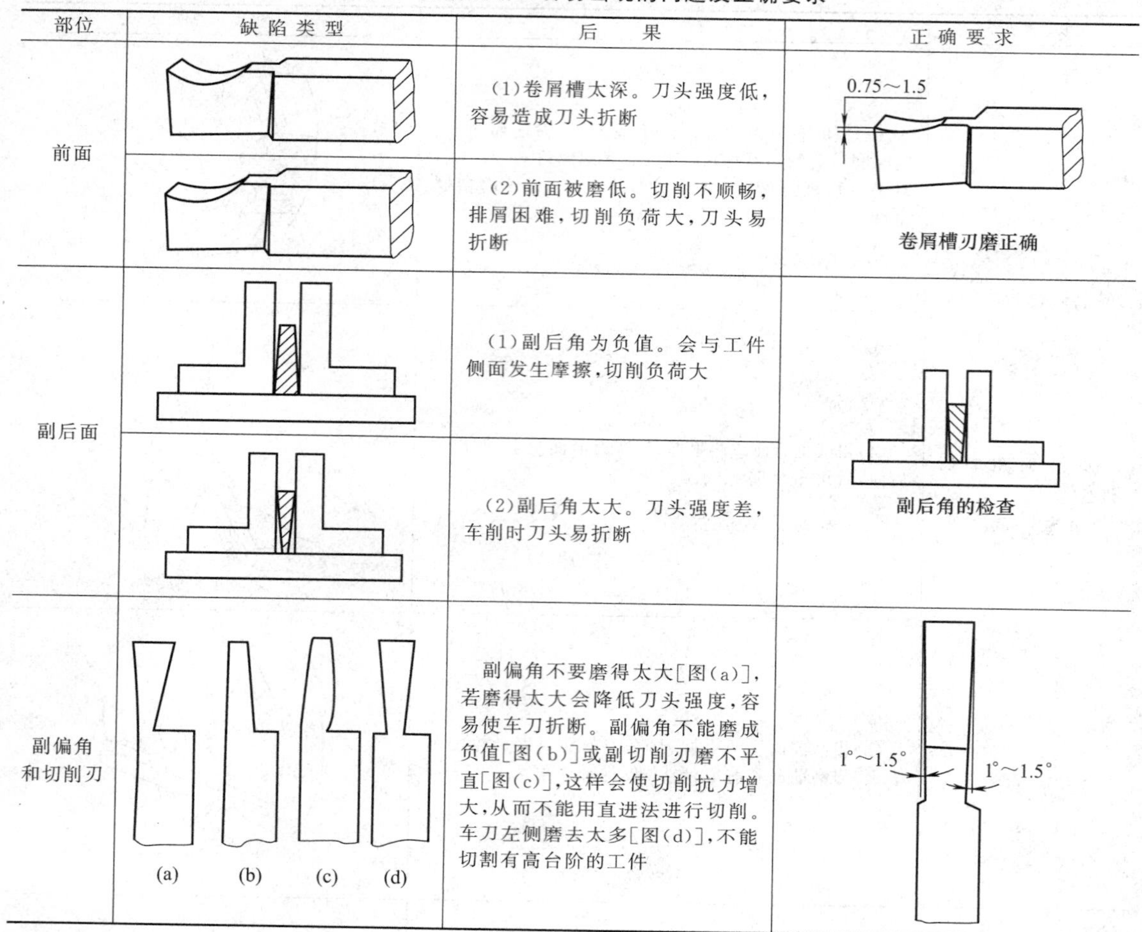

部位	缺陷类型	后果	正确要求
前面		(1)卷屑槽太深。刀头强度低，容易造成刀头折断	0.75～1.5 卷屑槽刃磨正确
		(2)前面被磨低。切削不顺畅，排屑困难，切削负荷大，刀头易折断	
副后面		(1)副后角为负值。会与工件侧面发生摩擦，切削负荷大	副后角的检查
		(2)副后角太大。刀头强度差，车削时刀头易折断	
副偏角和切削刃	(a) (b) (c) (d)	副偏角不要磨得太大[图(a)]，若磨得太大会降低刀头强度，容易使车刀折断。副偏角不能磨成负值[图(b)]或副切削刃磨不平直[图(c)]，这样会使切削抗力增大，从而不能用直进法进行切削。车刀左侧磨去太多[图(d)]，不能切割有高台阶的工件	1°～1.5°　1°～1.5°

四、切断刀的装夹

(1) 把刃磨好的切断刀装夹在刀架上，首先要符合车刀装夹的一般要求，如切断刀不宜伸出过长，刀尖对准主轴轴线等。

(2) 切断刀的主切削刃必须与工件轴线平行。

(3) 切断刀的中心线必须与工件轴线垂直，以保证两个副偏角对称。可以用 90°角尺检查其副偏角，如图 3-5 所示。

(4) 切断刀的底平面应平整，以保证两个副后角对称。

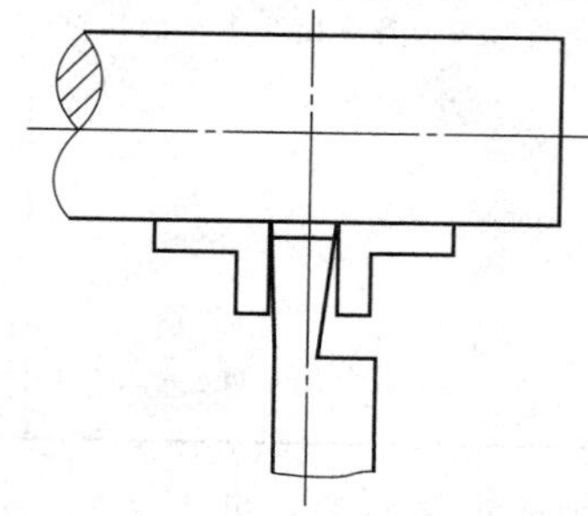

图 3-5　用 90°角尺检查切断刀副偏角轴线

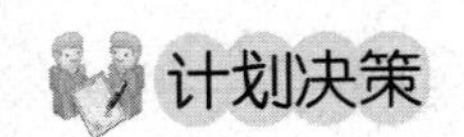

计划决策

表 3-6 计划和决策表

情 境	学习情境三 车槽与切断				
学习任务	任务一 认识车槽刀与切断刀			完成时间	
任务完成人	学习小组		组长		成员
需要学习的知识和技能	知识：1.认识车槽刀和切断刀及应用 2.熟悉车槽刀和切断刀的参数 技能：车槽刀和切断刀的刃磨与装夹				
小组任务分配	小组任务	任务实施准备工作	任务实施过程管理	学习纪律及出勤	卫生管理
	个人职责	设备、工具、量具、刀具等前期工作准备	记录每个小组成员的任务实施过程和结果	记录考勤并管理小组成员学习纪律	组织值日并管理卫生
	小组成员				
安全要求及注意事项	1.进入车间要求听指挥，不得擅自行动 2.不得擅自触摸转动机床设备和正在加工的工件 3.不得在车间内大声喧哗、嬉戏打闹				
完成工作任务的方案					

任务实施

在教师的指导下，对车槽刀和切断刀进行挑选，了解其材料和参数，熟悉其刃磨与装夹的方法。并通过网络查找相关车槽刀和切断刀的资料。

表 3-7　任务实施表

<table>
<tr><td>情　境</td><td colspan="7">学习情境三　车槽与切断</td></tr>
<tr><td>学习任务</td><td colspan="5">任务一　认识车槽刀与切断刀</td><td>完成时间</td><td></td></tr>
<tr><td>任务完成人</td><td>学习小组</td><td></td><td>组长</td><td></td><td>成员</td><td colspan="2"></td></tr>
<tr><td colspan="8">任务实施步骤及具体内容</td></tr>
<tr><td>步骤</td><td colspan="3">刃磨内容</td><td colspan="4">图示</td></tr>
<tr><td>刃磨副后刀面</td><td colspan="3">刃磨要求：____________
____
刃磨方法：____________
____
____
____
____________</td><td colspan="4"> 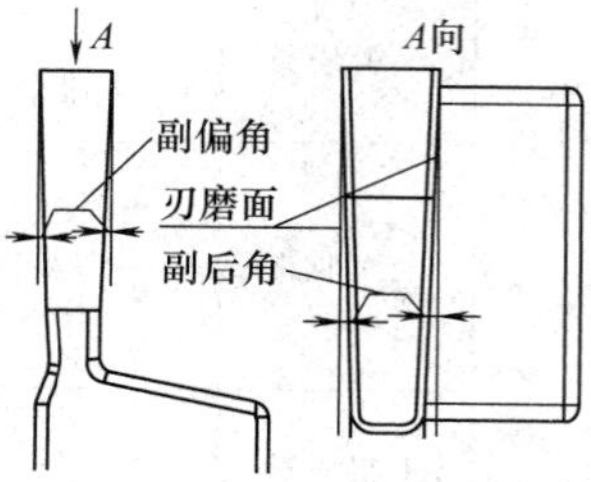A
A向
副偏角
刃磨面
副后角</td></tr>
<tr><td>刃磨主后刀面</td><td colspan="3">刃磨要求：____________
____
刃磨方法：____________
____
____
____
____________</td><td colspan="4"> 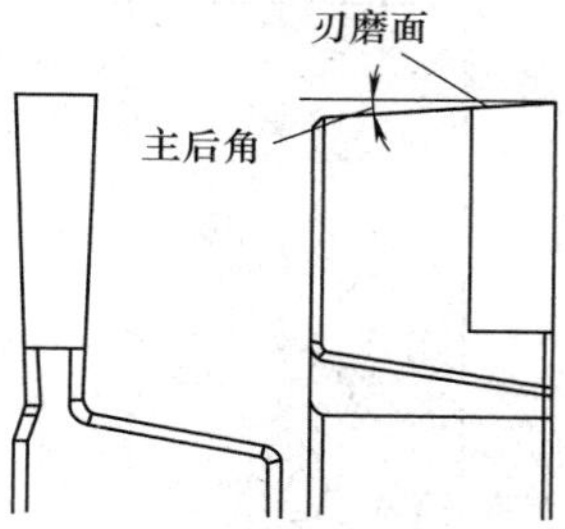刃磨面
主后角</td></tr>
<tr><td>刃磨倒棱</td><td colspan="3">刃磨要求：____________
____
刃磨方法：____________
____
____
____
____________</td><td colspan="4"> 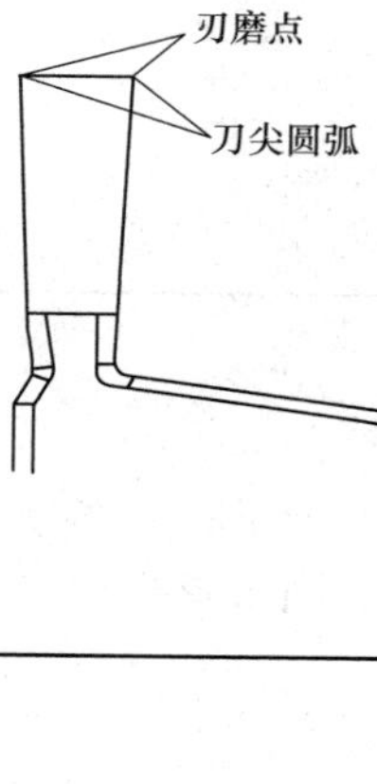刃磨点
刀尖圆弧</td></tr>
</table>

表 3-8 分析评价表

检测内容	检测所用方法	检测结果	是否合格
主后角			
副后角			
主偏角			
副偏角			
刀尖圆弧			
切削刃直线度			
四个刀面表面粗糙度			
安全文明刃磨			

分析造成不合格原因：

改进措施：

指导教师意见：

任务二 车槽与切断

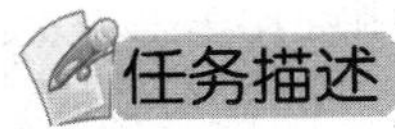

本任务要求学生使用CA6140A型车床，采用手动进给方式，在经过粗车和精车工序的台阶轴上完成图3-6所示外直沟槽的车削加工。

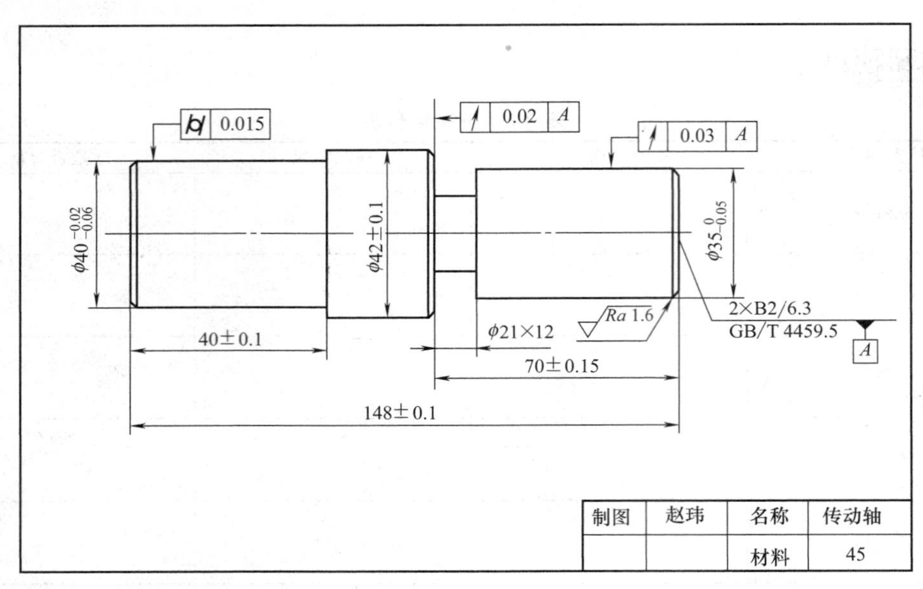

图 3-6 车槽任务图

一、车槽和切断的切削用量的选择

由于车槽刀和切断刀的刀头强度较差，在选择切削用量时，应适当减小其数值。总的来说，硬质合金切断刀比高速钢切断刀选用的切削用量要大，车削钢料时的切削速度比车削铸铁材料时的切削速度要高，而进给量要略小一些。

1. 背吃刀量 a_p

车槽为横向进给车削，背吃刀量是垂直于已加工表面方向所量得的切削层宽度的数值。所以车槽时的背吃刀量等于车槽刀主切削刃宽度。

2. 进给量 f 和切削速度 v_c

车槽时进给量 f 和切削速度 v_c 的选择见表 3-9。

表 3-9 车槽时进给量和切削速度的选择

刀具材料 工件材料	高速钢车槽刀		硬质合金车槽刀	
	刚料	铸铁	刚料	铸铁
进给量 f/(mm/r)	0.05～0.1	0.1～0.2	0.1～0.2	0.15～0.25
切削速度 v_c/(m/min)	30～40	15～25	80～120	60～100

二、车槽和切断的方法

1. 工件的切断

切断时的切削用量和车槽时的切削用量基本相同。但由于切断刀的刀头刚度比车槽刀更差些，在选择切削用量时，应适当减小其数值。当用高速钢切断刀切断时，应浇注切削液，用硬质合金刀切断时，中途不准停车，以免刀刃崩碎。

对于工件的切断方法及操作要领详见表 3-10。

表 3-10　工件的切断方法

方法	图　示	说　明
直进法	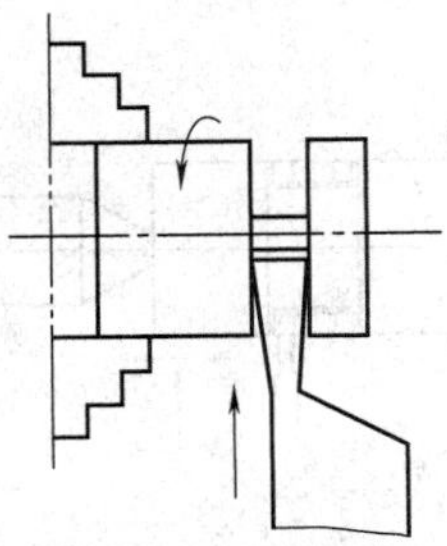	直进法是指垂直于工件轴线方向进给切断工件，靠双手均匀摇动中滑板手柄来实现 直进法切断的效率高，但对车床、切断刀的刃磨和装夹都有较高的要求；否则容易造成切断刀折断
左右借刀法	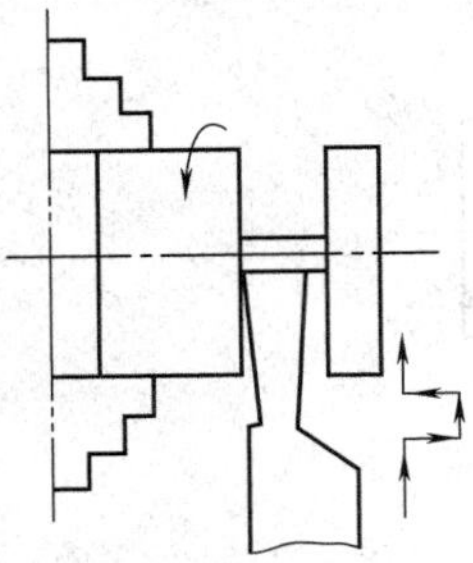	左右借刀法是指切断刀在工件轴线方向反复地往返移动，随之两侧径向进给，直至工件被切断 左右借刀法常用在切削系统（刀具、工件、车床）刚度不足的情况下，用来对工件进行切断
反切法	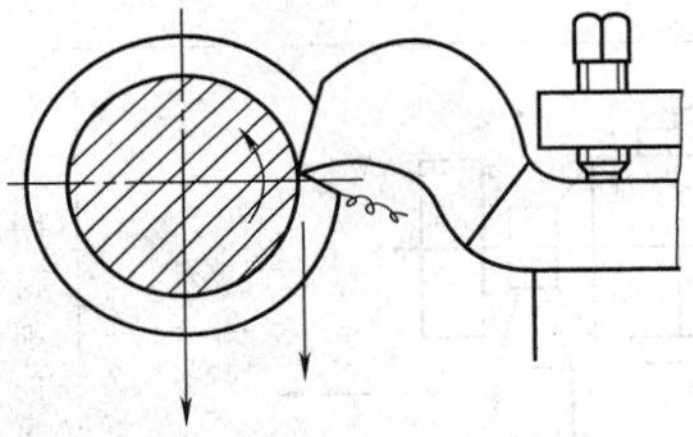	反切法是指车床主轴和工件反转，车刀反向装夹进行切削 反切法适用于较大直径工件的切断

2．车外圆槽（表 3-11）

表 3-11　车外圆槽的方法

类型	图　示	说　明
直进法车矩形槽	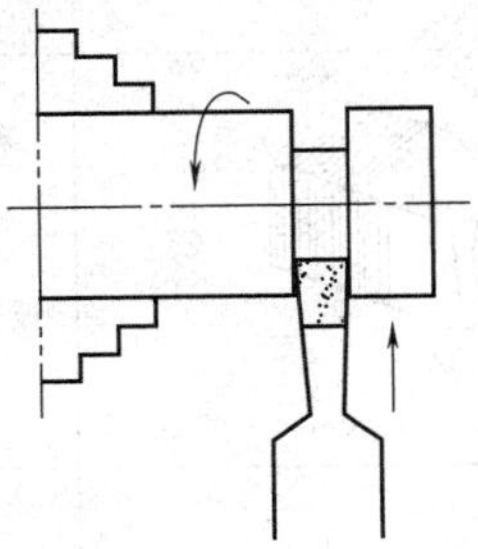	车精度不高且宽度较窄的矩形槽时，可用刀宽等于槽宽的切断刀，采用直进法一次进给车出
精度要求高的矩形槽的车削	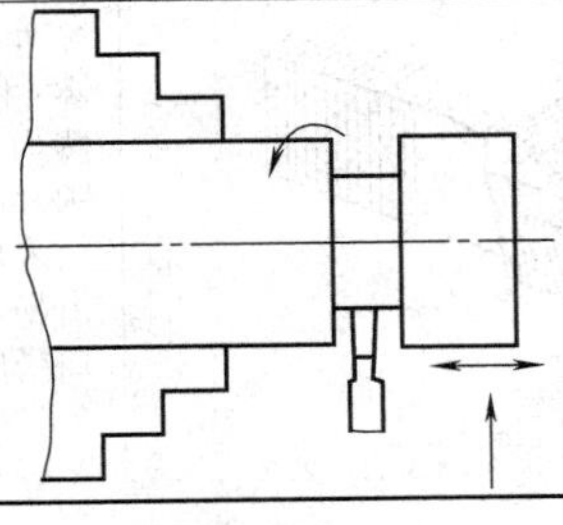	车精度要求较高的矩形槽时，一般采用 2 次进给车成 第 1 次进给时，槽壁两侧留有精车余量，第 2 次进给时，用与槽宽相等的切断刀修整；也可用原车槽刀根据槽深和槽宽进行精车

续表

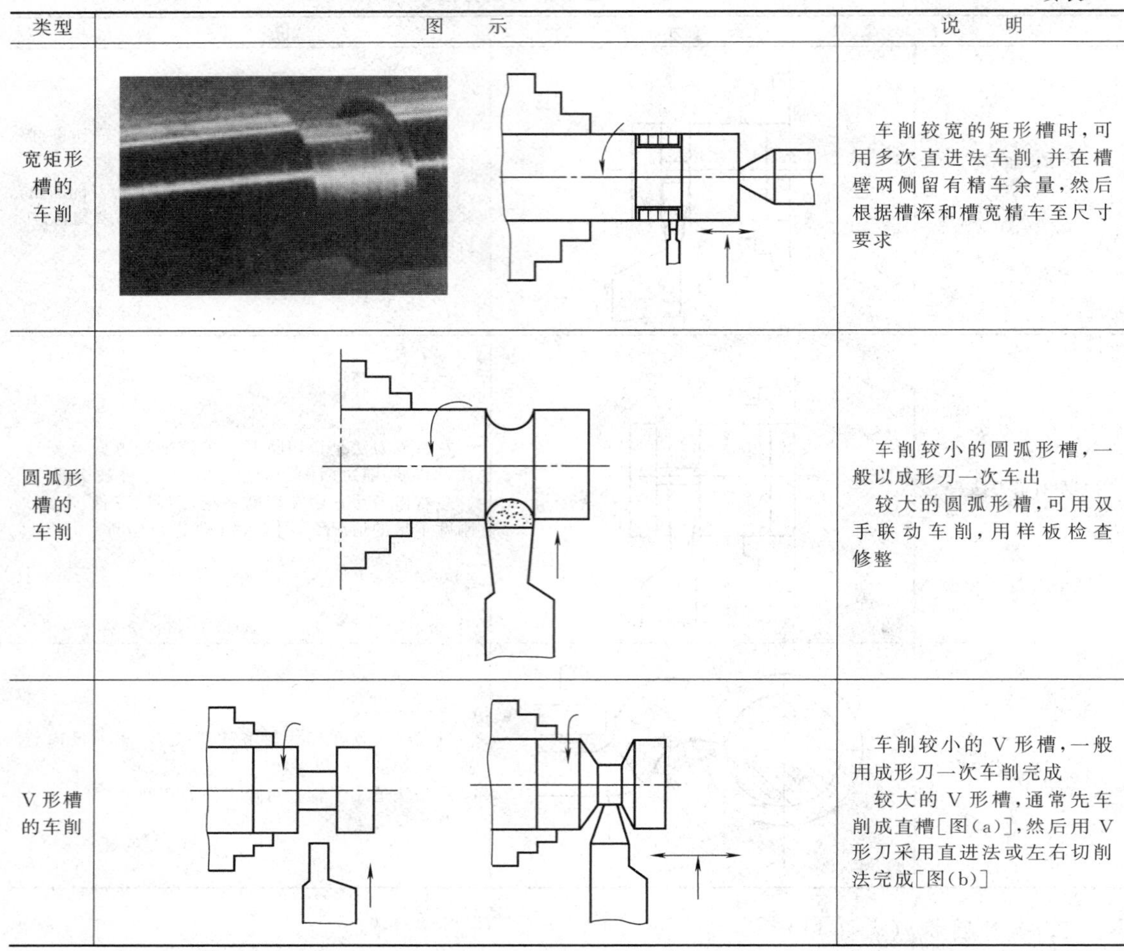

类型	图示	说明
宽矩形槽的车削		车削较宽的矩形槽时，可用多次直进法车削，并在槽壁两侧留有精车余量，然后根据槽深和槽宽精车至尺寸要求
圆弧形槽的车削		车削较小的圆弧形槽，一般以成形刀一次车出 较大的圆弧形槽，可用双手联动车削，用样板检查修整
V形槽的车削		车削较小的V形槽，一般用成形刀一次车削完成 较大的V形槽，通常先车削成直槽[图(a)]，然后用V形刀采用直进法或左右切削法完成[图(b)]

3. 车轴肩槽（表3-12）

表3-12　车轴肩槽的方法

类型	图示	说明
车45°轴肩槽		可用45°轴肩槽车刀进行 车削时，将小滑板转过45°，用小滑板进给车削成形
车外圆端面轴肩槽		外圆端面轴肩槽车刀形状较为特殊，车刀的前端磨成外圆切槽刀形式，侧面则磨成矩形端面切槽刀形式，刀尖 a 处副后面上应磨成相应的圆弧 R 采用纵、横向交替进给的车削方法，由横向控制槽底的直径，纵向控制端面槽的深度

类型	图示	说明
车圆弧轴肩槽	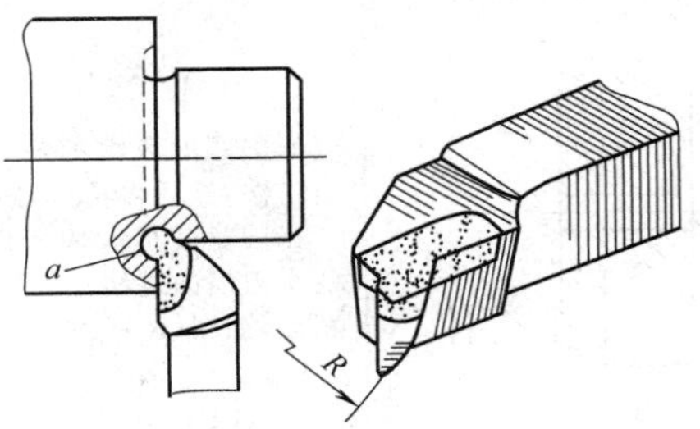	根据槽圆弧的大小，将车刀磨出相应的圆弧刀刃，其中切削端面的一段圆弧刀刃必须磨有相应的圆弧 R 后面车削方法与车45°轴肩槽相同

4．车矩形端面槽（表3-13）

表3-13　车矩形端面槽的方法

内容	图示	说明
矩形端面槽刀	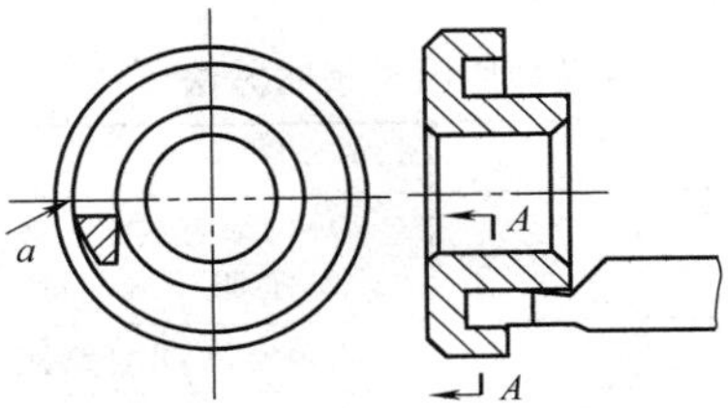	矩形端面槽刀左侧的刀尖相当于车内孔。右侧的刀尖，相当于在车外圆 装夹矩形端面槽刀时，其主切削刃与工件中心等高，且矩形端面槽刀的对称中心线与工件轴线平行
	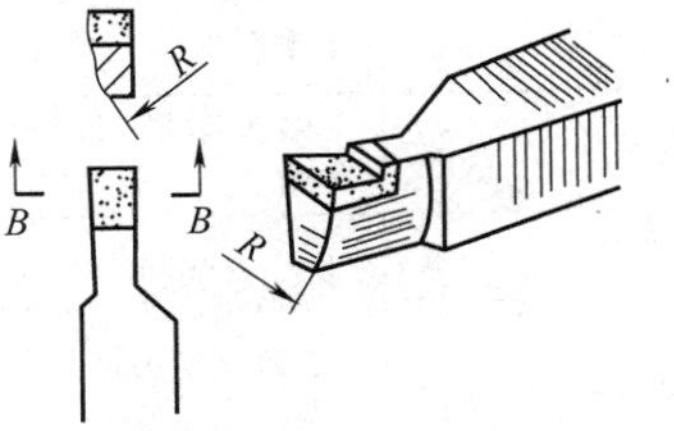	为了防止矩形端面槽刀的副后面与槽壁相碰，矩形端面槽刀的左侧副后面必须按矩形端面槽的圆弧大小刃磨成圆弧形，并带有一定的后角
端面槽刀位置的控制	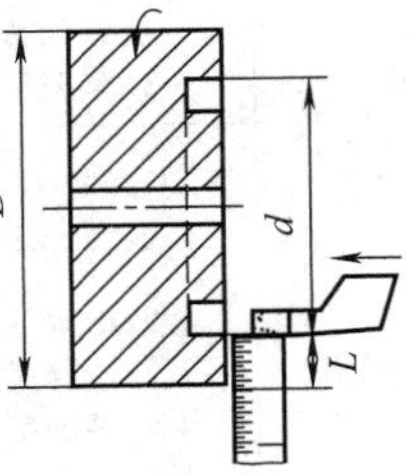	根据矩形端面槽外圆直径 d 按下式计算切断刀左侧刀尖与工件外圆之间的距离 L： $L=\frac{1}{2}(D-d)$ 按 L 调整端面槽的位置
车宽度较窄、深度较浅的槽	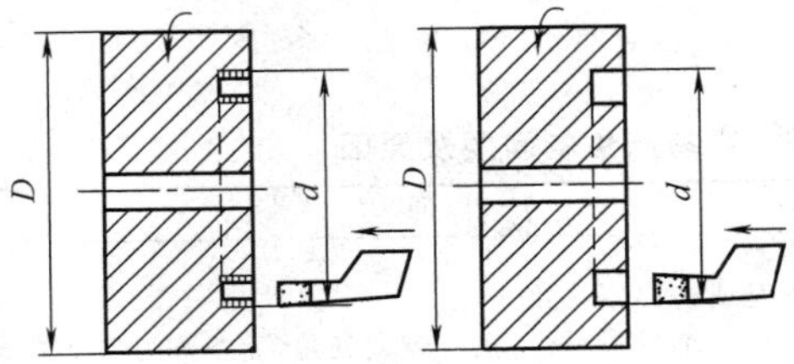 (a)　(b)	当槽精度要求较高时，采用先粗车（槽壁两侧留有精车余量），后精车的方法加工，如图(a)所示 当精度要求不高时，车宽度较窄、深度较浅的矩形端面槽，通常采用等宽的端面槽刀用直进法一次进给车出，如图(b)所示

续表

内容	图　示	说　明
车宽矩形端面槽	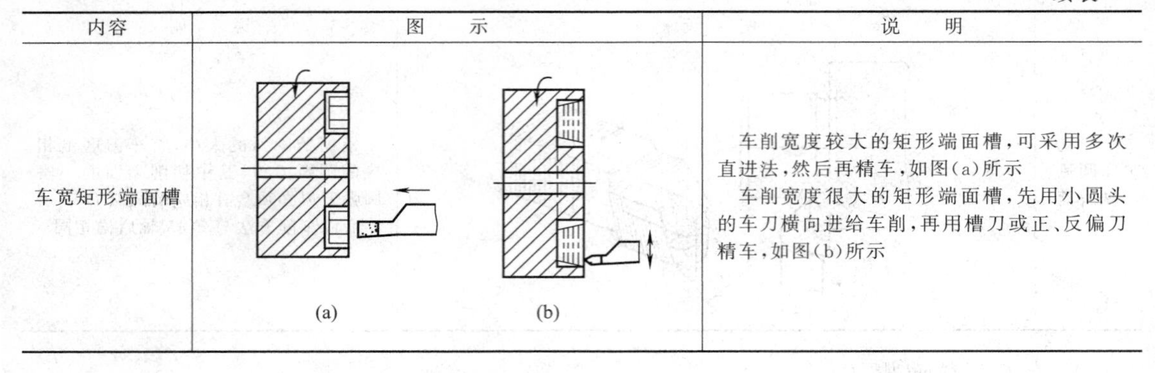 (a)　(b)	车削宽度较大的矩形端面槽，可采用多次直进法，然后再精车，如图(a)所示 车削宽度很大的矩形端面槽，先用小圆头的车刀横向进给车削，再用槽刀或正、反偏刀精车，如图(b)所示

三、车槽的质量分析

1. 车槽时的质量分析（表3-14）

表3-14　车槽时产生废品的原因与预防方法

废品种类	产生原因	预防方法
槽的宽度不正确	(1)车槽刀主切削刃刃磨得不正确 (2)测量不正确	(1)根据槽宽度刃磨车槽刀 (2)仔细、正确测量
槽位置不对	测量和定位不正确	正确定位，并仔细测量
槽深度不正确	(1)没有及时测量 (2)尺寸计算错误	(1)车槽过程中及时测量 (2)仔细计算尺寸，对留有磨削余量的工件，车槽时必须把磨削余量考虑进去
槽底一侧直径大，一侧直径小	车槽刀的主切削刃与工件轴线不平行	装夹车槽刀时必须使主切削刃与工件轴线平行
槽底与槽壁相交处出现圆角和槽底中间直径小、靠近槽壁处直径大	(1)车槽刀主切削刃不直或刀尖圆弧太大 (2)车槽刀磨钝	(1)正确刃磨车槽刀 (2)车槽刀磨钝后应及时修磨
槽壁与工件轴线不垂直，出现内槽狭窄处大，呈喇叭形	(1)车槽刀磨钝让刀 (2)车槽刀角度刃磨不正确 (3)车槽刀的中心线与工件轴线不垂直	(1)车槽刀磨钝后应及时刃磨 (2)正确刃磨车槽刀 (3)车刀装夹时使其中心线与工件轴线垂直
槽底与槽壁产生小台阶	多次车削时接刀不当	正确接刀，或留有一定的精车余量
表面粗糙度达不到要求	(1)两副偏角太小，产生摩擦 (2)切削速度选择不当，没有加切削液润滑 (3)切削时产生振动 (4)切屑拉毛已加工表面	(1)正确选择两副偏角的数值 (2)选择适当的切削速度，并浇注切削液润滑 (3)采取防振措施 (4)控制切屑的形状和排出方向

2. 切断时的质量分析（表3-15）

表3-15　容易产生的问题及原因

问　题	产生原因
端面凹凸不平	(1)切断刀两侧的刀尖刃磨或磨损不一致 (2)斜刃切断刀的主切削刃与轴线不平行，且有较大夹角，而左侧刀尖又有磨损现象(图3-7) (3)车床主轴有轴向窜动 (4)切断刀装夹歪斜或副刀刃没有磨直

续表

问　　题	产 生 原 因
切断时产生振动	(1)切断刀两侧的刀尖刃磨或磨损不一致 (2)斜刃切断刀的主切削刃与轴线不平行，且有较大夹角，而两侧刀尖又有磨损现象 (3)切断的棒料太长，在离心力的作用下产生振动 (4)切断刀远离工件支承点或切断刀伸出过长 (5)工件细长，切断刀刃口太宽
切断刀切断(图 3-8)	(1)工件装夹不牢靠，切割点远离卡盘，在切削力作用下，工件被抬起 (2)切断时排屑不畅，切屑堵塞 (3)切断刀的副偏角、副后角磨得太大，削弱了切削部分的强度 (4)切断刀装夹与工件轴线不垂直，主刀刃与工件回转中心不等高 (5)切断刀前角和进给量过大 (6)床鞍、中滑板、小滑板松动，切削时产生"扎刀"

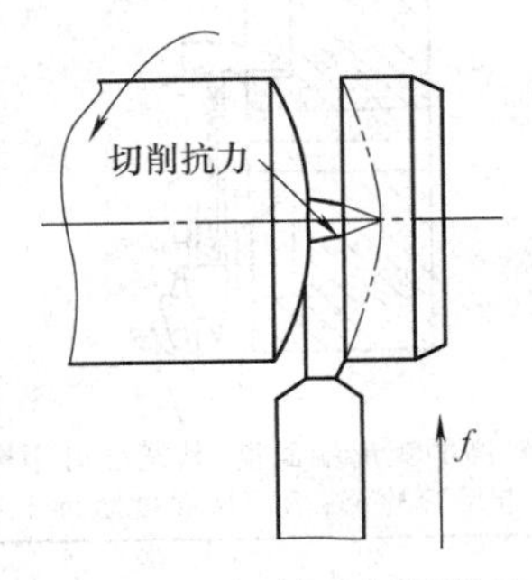

图 3-7　斜刃切断刀与切削抗力

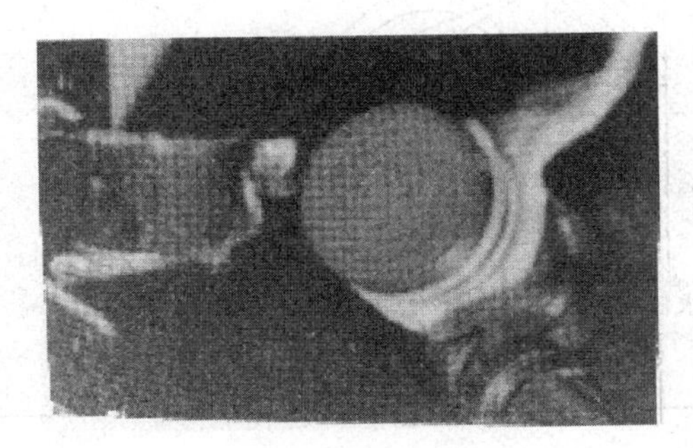
图 3-8　切断刀折断

四、槽的检测（表 3-16）

表 3-16　槽的测量

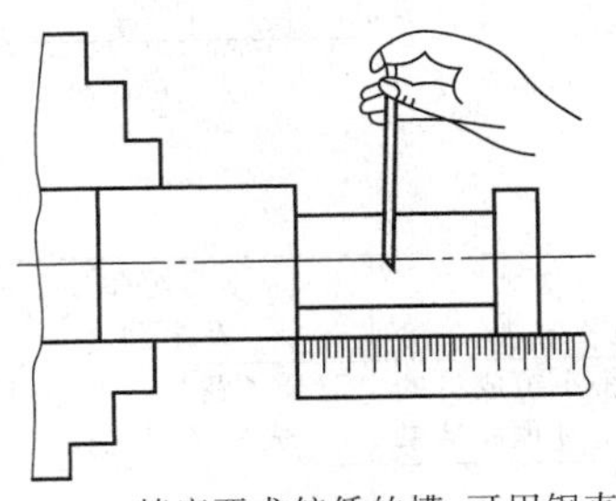
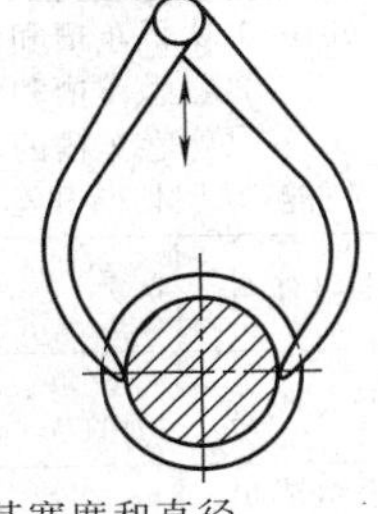
精度要求较低的槽，可用钢直尺和外卡钳分别检测其宽度和直径

通常用千分尺检测精度要求较高的槽直径

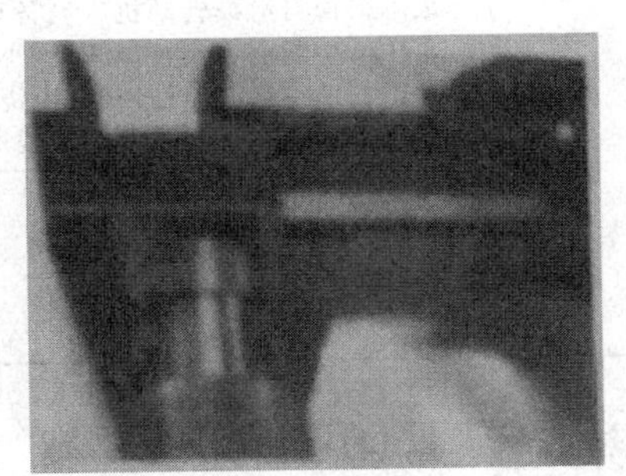
用游标卡尺测量精度要求一般的窄槽直径

 用塞规检测精度要求较高的槽宽度	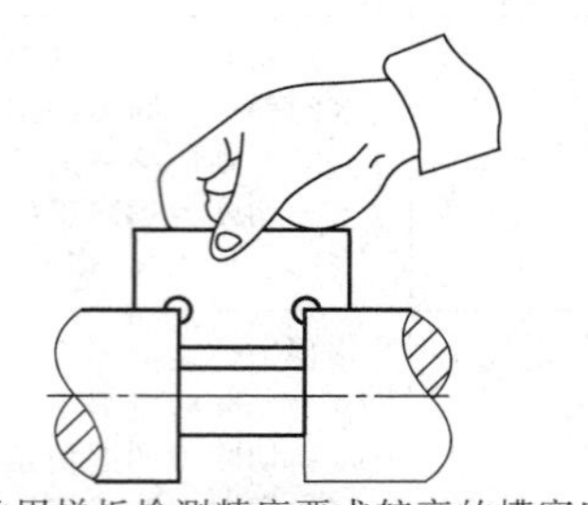 通常用样板检测精度要求较高的槽宽度
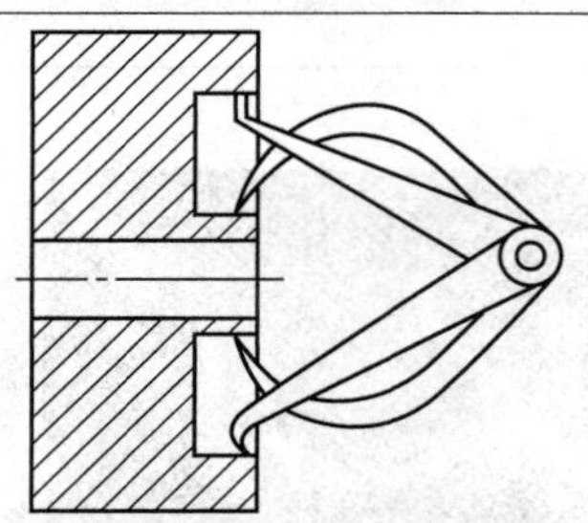 精度要求低的矩形端面槽，一般用卡钳测量宽度；用外卡钳测量槽内圈直径；用内卡钳测量槽外圈直径；槽深用钢直尺测量	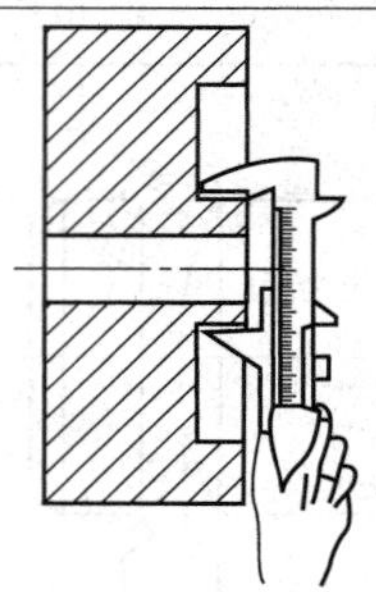 精度要求较高的矩形端面槽，其宽度可用样板、卡尺和游标卡尺等检测；槽深用深度游标卡尺检测

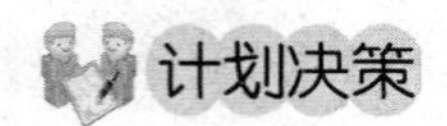

计划决策

表 3-17 计划和决策表

<table>
<tr><td>情　境</td><td colspan="6">学习情境三　车槽与切断</td></tr>
<tr><td>学习任务</td><td colspan="4">任务二　车槽与切断</td><td>完成时间</td><td></td></tr>
<tr><td>任务完成人</td><td>学习小组</td><td></td><td>组长</td><td></td><td>成员</td><td></td></tr>
<tr><td>需要学习的知识和技能</td><td colspan="6">知识：1.认识车槽和切断时的切削用量
2.熟悉车槽和切断的方法
3.熟悉车槽的质量检测
技能：掌握切断和车槽的方法</td></tr>
<tr><td rowspan="3">小组任务分配</td><td>小组任务</td><td>任务实施准备工作</td><td>任务实施过程管理</td><td colspan="2">学习纪律及出勤</td><td>卫生管理</td></tr>
<tr><td>个人职责</td><td>设备、工具、量具、刀具等前期工作准备</td><td>记录每个小组成员的任务实施过程和结果</td><td colspan="2">记录考勤并管理小组成员学习纪律</td><td>组织值日并管理卫生</td></tr>
<tr><td>小组成员</td><td></td><td></td><td colspan="2"></td><td></td></tr>
<tr><td>安全要求及注意事项</td><td colspan="6">1.进入车间要求听指挥，不得擅自行动，不得在车间内大声喧哗、嬉戏打闹
2.不得擅自触摸转动机床设备和正在加工的工件
3.车槽切断前应调整床鞍、中小滑板的间隙，以防间隙过大产生振动和“扎刀”现象
4.用高速钢切断刀切断时，应浇注切削液，用硬质合金刀切断时，中途不准停车，以免刀刃崩碎
5.尽量避免车槽刀主切削刃线不平行而造成车出的沟槽槽底一侧直径大，另一侧直径小</td></tr>
<tr><td>完成工作任务的方案</td><td colspan="6"></td></tr>
</table>

任务实施

组织学生在车槽前进行图纸分析，并按照工艺要求和尺寸精度进行加工。

表 3-18　任务实施表

情　境	学习情境三　车槽与切断					
学习任务	任务二　车槽与切断				完成时间	
任务完成人	学习小组		组长		成员	
任务实施步骤及具体内容						
步骤	操作步骤					
车槽前准备工作	装卡工件毛坯，依据学习情境二加工方法加工台阶轴工件 车槽刀的装夹：刀尖对准工件的中心，并将车刀装正 选取进给量 f=________mm/r，车床主轴转速 n=________r/min					
对刀	(1)左手摇动床鞍手轮，右手摇动中滑板手柄使刀尖逐渐趋近并轻轻接触工件右端面 (2)反向摇动中滑板手柄，使车槽刀向______退出，并记住________刻度盘刻度					
试车槽	(1)确定槽的位置：车刀向左侧移动__________mm (2)摇动中滑板手柄，使车刀轻轻接触工件 ϕ35mm 外圆处，记下中滑板刻度，或把此位置调整至中滑板刻度盘的________位置，以作为横向进给的______ (3)算出中滑板的横向进刀量，中滑板进给约________格 (4)横向进给车削工件_______mm 左右，横向快速退出车刀 (5)停车，测量槽左侧槽壁与工件右端面之间的距离，根据测量结果，利用__________刻度盘相应调整车刀位置，直至测量结果符合要求					
车槽	按照上述方法依次车削其他沟槽					
倒角	车各倒角为 C1.5					
检测	(1)游标卡尺测量槽的位置 (2)游标卡尺测量槽的宽度 (3)游标卡尺测量槽的直径					

分析评价

表 3-19　分析评价表

序号	检测内容	检测项目及分值		出现的实际质量问题及改进方法			
		检测项目	分值	自己检测结果	准备改进措施	教师检测结果	改进建议
1	主要尺寸	70±0.15	10				
2		40±0.1	10				
3		148±0.1	10				
4		$\phi 40_{-0.06}^{-0.02}$	10				
5		$\phi 35_{-0.05}^{0}$	15				
6	槽的尺寸	ϕ21×12	15				
7	设备及工、量、刃具的使用维护	常用工、量、刃具的合理使用与保养	5				
		正确操作车床并及时发现一般故障	5				
		车床的润滑	5				
		车床的保养	5				
8	安全文明生产	正确执行安全技术操作规程	5				
		工作服穿戴正确	5				
总分							
教师评价							

课后习题

一、填空题

1. 切断的关键是切断刀的__________、__________和选择合理的__________。

2. 切断中碳钢材料时，切断刀的前角为__________到__________，切断铸铁材料时，切断刀的前角为__________到__________。

3. 用刀头宽度为4mm的切断刀，切断直径为60mm的实心工件，选择的背吃刀量为______。

4. 用高速钢切断刀切断钢材料时，进给量选__________到__________ mm/r，切断铸铁料时，进给量选__________到__________ mm/r。

二、判断题

1. 切断刀的两个副后角和两个副偏角都应该磨得对称。 ( )

2. 使用硬质合金切断刀比使用高速钢切断刀，要选用较大的切削用量。 ( )

3. 切断刀副切削刃较短，刀头较长。 ( )

4. 为防止切断时在工件端面中心处留有小凸台及使切断空心工件不留飞边，可把主切削刃磨成人字形。 ( )

5. 切断刀的中心线应装得与工件中心线垂直，以保证两副后角相等。 ( )

三、选择题

1. 使用反向切断工件时，工件应__________转。

A. 正　　B. 反　　C. 高速

2. 切断时的背吃刀量应等于__________。

A. 工件的半径　　B. 刀头宽度　　C. 刀头长度

3. 反切法适用于__________的切断。

A. 大直径工件　　B. 细长轴　　C. 硬工件

四、简答题

1. 反向切断有什么优点？反向切断时应注意哪些问题？

2. 使用弹性切断刀有哪些好处？

3. 为防止切断时的振动，可采取哪些措施？

4. 防止切断刀折断有哪些方法？

5. 试述高速钢切断刀的刃磨步骤。

五、计算题

1. 切断直径为ϕ64mm的实心工件，求切断刀的主切削刃宽度和切入深度h。

2. 切断外径为ϕ50mm，孔径为ϕ28mm的空心工件，试计算切断刀的主切削刃宽度和刀头长度。

六、完成以下零件的加工

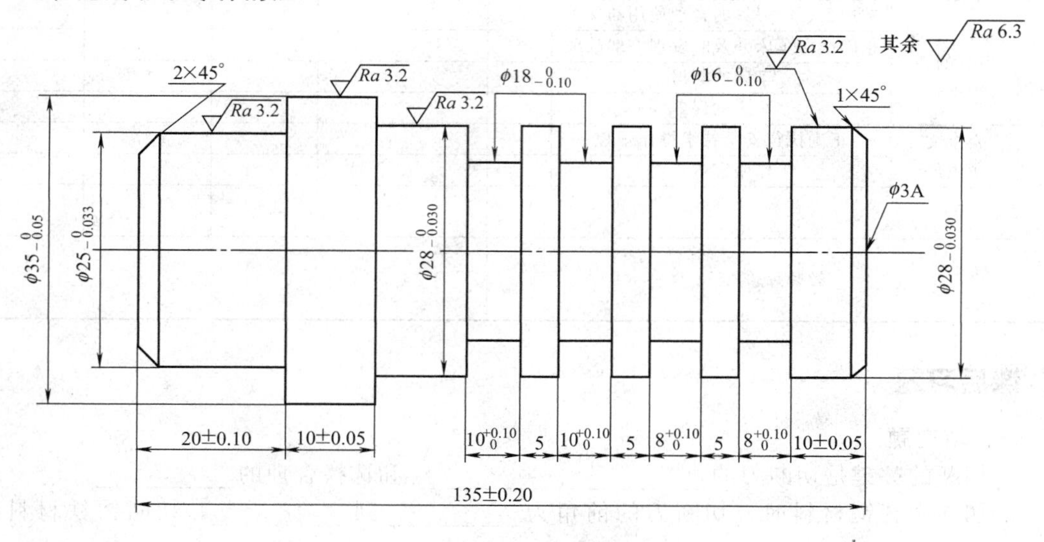

学习情境四 套类零件的加工

【学习目标】

知识目标：

- 熟悉套类零件的含义和分类
- 掌握套类零件的装夹方法
- 掌握检测套类零件常用量具的使用方法
- 熟悉车削套类零件常用的刀具及其使用
- 掌握钻孔、扩孔、车孔、铰孔、内沟槽和端面沟槽的车削加工方法

能力目标：

- 具备对麻花钻及扩孔钻的刃磨和修磨技能
- 具备钻孔及扩孔的基本操作技能
- 具备对车孔刀的选择及刃磨技能
- 具备车孔及铰孔的基本操作技能

素质目标：

- 培养学生对车削加工的兴趣
- 培养学生良好的职业行为规范
- 培养学生严格执行工作规范和安全文明操作规程的职业素养

情境导入

套类零件一般由内外圆柱面、端面、台阶面及倒角和槽等表面组成。其主要特点是内外圆柱面和端面间的几何精度要求较高。通常内孔与轴配合，起支承或导向作用。加工套类零件的内孔时，在排屑、冷却和测量等方面都比车削外圆要困难。

任务一 钻孔与扩孔

任务描述

完成如图 4-1 所示的零件的钻孔和扩孔加工。

知识链接

一、钻孔

用钻头在实体材料上加工孔叫钻孔。各种零件的孔加工，除去一部分由车、镗、铣等机床完成外，很大一部分是由钳工利用钻床和钻孔工具（钻头、扩孔钻、铰刀等）完成的。

在钻床上钻孔时，一般情况下，钻头应同时完成两个运动：主运动，即钻头绕轴线的旋转运动（切削运动）；辅助运动，即钻头沿着轴线方向对着工件的直线运动（进给运动）。钻

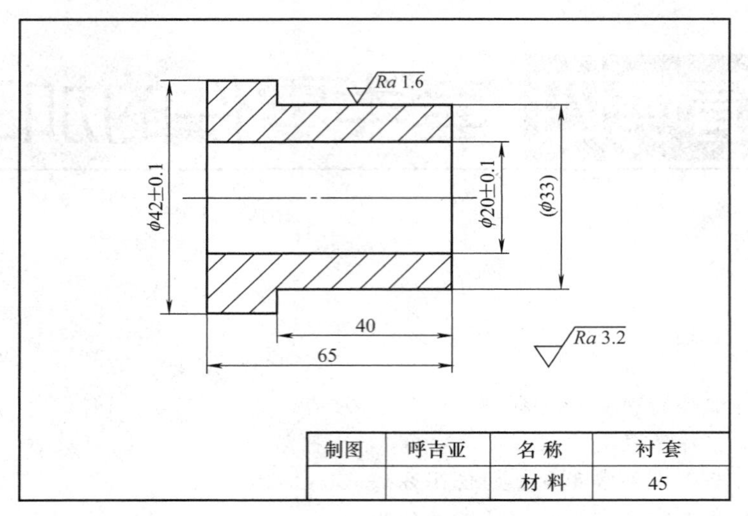

制图	呼吉亚	名 称	衬 套
		材 料	45

图 4-1　内孔加工任务图

孔时，主要由于钻头结构上存在的缺点，影响加工质量，加工精度一般在 IT10 级以下，表面粗糙度为 Ra12.5μm 左右，属粗加工。

1. 麻花钻的结构

麻花钻主要用于在实体材料上钻孔，是目前孔加工中应用最广的刀具。

(1) 麻花钻的类型及材料

麻花钻分为直柄麻花钻、锥柄麻花钻、镶硬质合金麻花钻 3 类。麻花钻通常由高速钢制成，在一些特定加工中，如高速钻削时，也使用硬质合金钢制成的麻花钻，因为硬质合金钢制成的麻花钻，其红硬性较好。

(2) 麻花钻的组成及其作用

麻花钻由三部分组成：工作部分（包括切削部分和导向部分）、颈部和柄部，如图 4-2 所示。

① 柄部　柄部是被机床或电钻夹持的部分，柄部装夹时起定心作用，切削时起传递转矩的作用，柄部分为锥柄和直柄两种。一般 12mm 以下的麻花钻用直柄，12mm 以上用锥柄。

直柄麻花钻传递扭矩较小，用于直径在 13mm 以下的钻孔。

锥柄麻花钻采用莫氏锥度，锥柄的扁尾既能增加传递的扭矩，又能避免工作时钻头打滑，还能供拆卸钻头时敲击用。

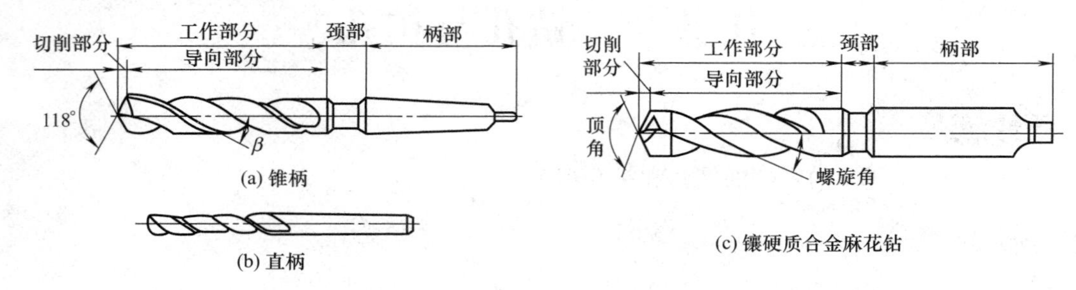

图 4-2　麻花钻的组成

② 颈部　颈部位于柄部和工作部分之间，其作用是在磨削钻头时，供砂轮退刀用，还可用来刻印商标和规格说明。直径小的钻头没有颈部。

③ 工作部分　工作部分是钻头的主要部分，由切削部分和导向部分组成。切削部分承担主要的切削工作；导向部分在钻孔时，起引导钻削方向和修磨孔壁的作用，同时也是切削

部分的备用段。

(3) 麻花钻工作部分的几何参数　麻花钻工作部分结构如图 4-3 所示，有两条对称的主切削刃、两条副切削刃和一条横刃。

麻花钻钻孔时，相当于两把反向的车孔刀同时切削，所以其几何角度的概念与车刀基本相同，但也具有其特殊性。

① 螺旋槽　钻头的工作部分有两条螺旋槽，其作用是构成切削刃、排除切屑和进入切削液。

② 螺旋角 β　位于螺旋槽内不同直径处的螺旋线展开成直线后与钻头轴线都有一定夹角，此夹角通称螺旋角。越靠近钻心处螺旋角越小，越靠近钻头外缘处螺旋角越大。标准麻花钻的螺旋角为 18°～30°。钻头上的名义螺旋角是指外缘处的螺旋角。

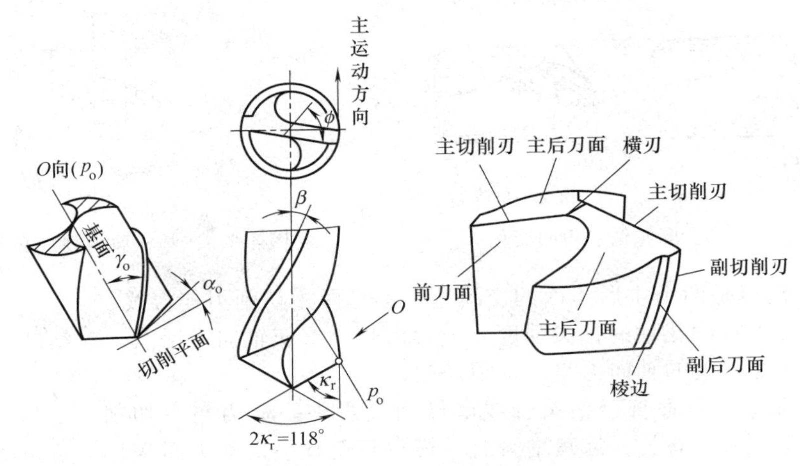

图 4-3　麻花钻的几何形状

③ 前刀面　前刀面指切削部分的螺旋槽面，切屑从此面排出。

④ 主后刀面　指钻头的螺旋圆锥面，即与工件过渡表面相对的表面。

⑤ 主切削刃　指前刀面与主后刀面的交线，担负着主要的切削工作。钻头有两个主切削刃。

⑥ 顶角 $2\kappa_r$　顶角是两主切削刃之间的夹角。一般标准麻花钻的顶角为 118°。

当顶角为 118°时，两主切削刃为直线；当顶角大于 118°时，两主切削刃为凹曲线；当顶角小于 118°时，两主切削刃为凸曲线，如图 4-4 所示。

刃磨钻头时，可据此大致判断顶角大小。

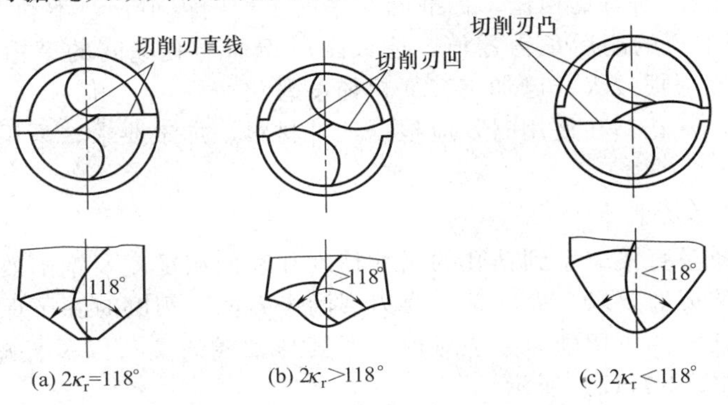

(a) $2\kappa_r$=118°　(b) $2\kappa_r$>118°　(c) $2\kappa_r$<118°

图 4-4　麻花钻顶角与切削刃的关系

顶角大，主切削刃短，定心差，钻出的孔径容易扩大。但顶角大时，前角也增大，切削省力。顶角小时则反之。

⑦ 前角 γ_o　主切削刃上任一点的前角是该点的基面与前刀面之间的夹角。

麻花钻前角的大小与螺旋角、顶角、钻头直径等因素有关，其中影响最大的是螺旋角。由于螺旋角随直径大小而改变，所以主切削刃上各点的前角也是变化的，如图 4-5 所示。靠近外缘处的前角最大，自外缘向中心逐渐减小，大约在 1/3 钻头直径以内开始为负前角，前角的变化范围为－30°～＋30°。

⑧ 后角 α_o　主切削刃上任一点的后角是过该点切削平面与主后刀面之间的夹角。

后角也是变化的，靠近外缘处最小，接近中心处最大，变化范围为 8°～14°。实际后角就在圆柱面内测量，如图 4-6 所示。

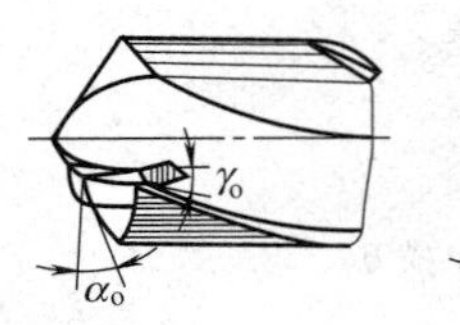

(a) 外缘处前角　(b) 钻心出前角

图 4-5　麻花钻前角的变化

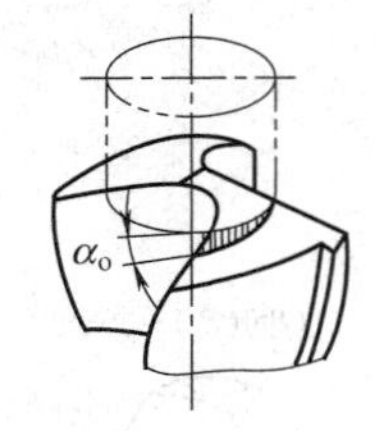

图 4-6　在圆柱面内测量麻花钻的后角

⑨ 横刃　横刃是两个主后刀面的交线，也就是两主切削刃连接线。

横刃太短会影响麻花钻的钻尖强度。横刃太长，会使轴向力增大，对钻削不利。试验表明，钻削时有 1/2 以上的轴向力是因横刃产生的。

⑩ 横刃斜角 ψ　在垂直于钻头轴线的端面投影中，横刃与主切削刃之间所夹的锐角。横刃斜角的大小与后角有关。后角增大时，横刃斜角减小，横刃亦变长。后角小时，情况相反。横刃斜角一般为 55°。

⑪ 棱边　棱边也称刃带，既是副切削刃，也是麻花钻的导向部分。在切削过程中能保持确定的钻削方向、修光孔壁，还可作为切削部分的后备部分。为了减小切削过程中棱边与孔壁的摩擦，导向部分的外径常磨有倒锥。

（4）麻花钻的缺点　麻花钻的几何形状虽比扁钻合理，但尚存在着以下缺点：

① 标准麻花钻主切削刃上各点处的前角数值内外相差太大。钻头外缘处主切削刃的前角约为＋30°；而接近钻心处，前角约为－30°，近钻心处前角过小，造成切屑变形大，切削阻力大；而近外缘处前角过大，在加工硬材料时，切削刃强度常不足。

② 横刃长，横刃的前角是很大的负值，达－54°～－60°，从而将产生很大的轴向力。

③ 与其他类型的切削刀具相比，标准麻花钻的主切削刃很长，不利于分屑与断屑。

④ 刃带处副切削刃的副后角为零值，造成副后刀面与孔壁间的摩擦加大，切削温度上升，钻头外缘转角处磨损较大，已加工表面粗糙度恶化。

针对上述缺点，麻花钻在使用时，应根据工件材料、加工要求，采用相应的修磨方法进行修磨。

2. *麻花钻的刃磨及装卡*

麻花钻的刃磨质量直接关系到钻孔的尺寸精度和表面粗糙度及钻削效率。

（1）对麻花钻的刃磨要求　麻花钻主要刃磨两个刀面，刃磨时除了保证顶角和后角的大小适当外，还应保证两条主切削刃必须对称（即其与轴线的夹角以及长短都应相等），并使横刃斜角为 55°，如图 4-7（a）所示。

（2）麻花钻刃磨对钻孔的质量影响

① 麻花钻顶角不对称会使钻出的孔扩大和倾斜，如图 4-7（b）所示。

② 麻花钻顶角对称但切削刃长度不等使钻出的孔径扩大，如图 4-7（c）所示。

③ 顶角不对称且切削刃长度又不相等钻出的孔不仅孔径扩大，而且还会产生台阶，如图 4-7（d）所示。

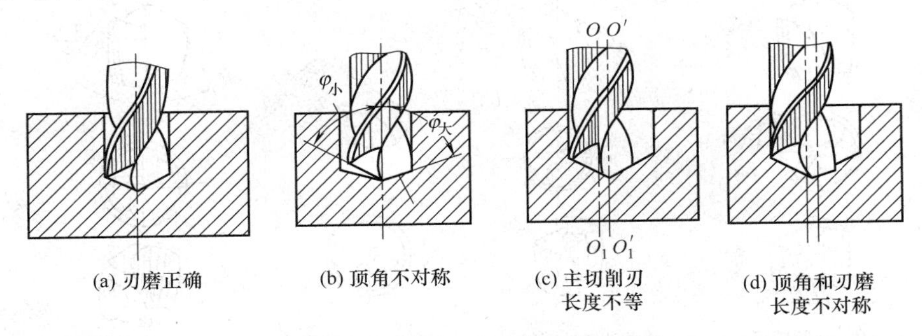

图 4-7　麻花钻刃磨对钻孔的质量影响

（3）麻花钻的刃磨方法

① 握法。双手交叉握住钻头，右手握住钻头前端，在距钻尖 30mm 处为支承点。左手握住钻头柄部。

② 刃磨前钻头与砂轮的位置。麻花钻的中心略高于砂轮中心，主切削刃置于水平位置，麻花钻中心线与砂轮外圆表面母线的夹角约为 59°，同时使柄部向下倾斜，如图 4-8（a）所示。

③ 刃磨时，将主切削刃置于比砂轮中心稍高一点的水平位置接触砂轮，以钻头前端的支承点为圆心，右手缓慢地使钻头绕其轴线由下向上转动，同时施加适当的压力，这样可使整个后面都能磨到。右手配合左手向上摆动，作缓慢地同步下压运动（略带转动），刃磨压力逐渐增大，于是磨出后角，如图 4-8（b）所示。

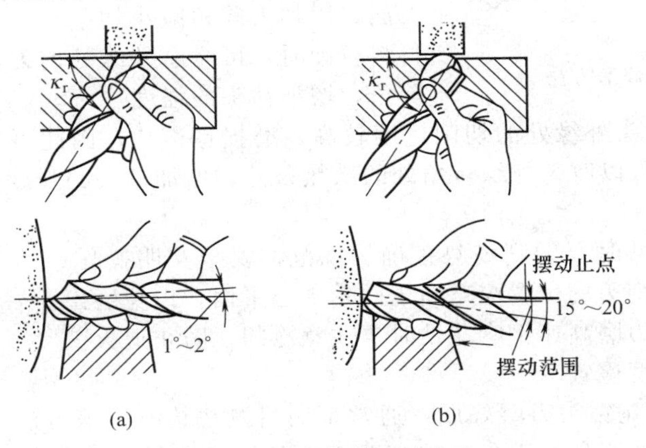

图 4-8　麻花钻的刃磨方法

注意左手的摆动幅度不能太大，以防磨出负后角或将另一面的主切削刃磨掉。其下压的速度和幅度随要求的后角而变。

为保证能在钻头近中心处磨出较大后角，还应做适当的右移运动。

④ 当一个左后刀面刃磨后，将钻头转过去 180°刃磨另一个后刀面时，人和手要保持原来的位置和姿势，这样才能使磨出的两个主切削刃对称。

按此法不断反复，两个主后刀面经常交换磨，边磨边检查，直至达到要求为止。

(4) 麻花钻的修磨

① 修磨横刃　修磨横刃就是要缩短横刃的长度，增大横刃处前角，减小轴向力，如图4-9 (a) 所示。

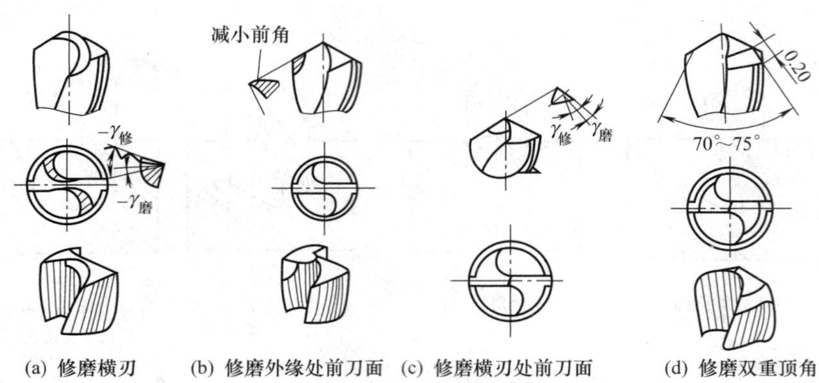

(a) 修磨横刃　(b) 修磨外缘处前刀面　(c) 修磨横刃处前刀面　(d) 修磨双重顶角

图 4-9　麻花钻的修磨

一般情况下，工件材料较软时，横刃可修磨得短些；工件材料较硬时，横刃可少修磨些。

修磨时，钻头轴线在水平面内与砂轮侧面左倾约15°，在垂直平面内与刃磨点的砂轮半径方向约55°。修磨后应使横刃长度为原长的1/5～1/3，如图4-10所示。

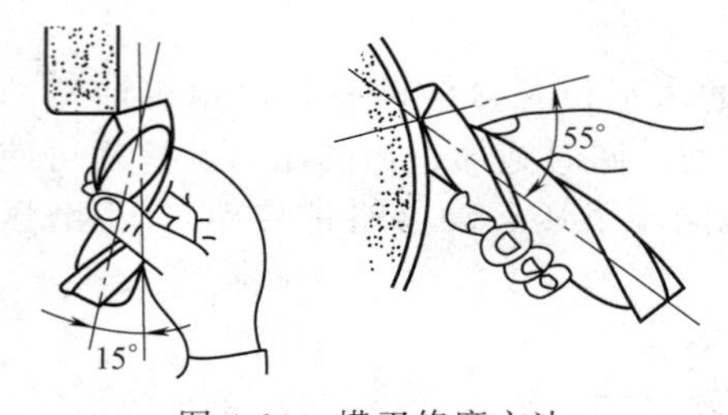

图 4-10　横刃修磨方法

② 修磨前刀面　修磨外缘处前刀面和修磨横刃处前刀面。修磨外缘处前刀面是为了减小外缘处的前角，如图4-9 (b) 所示；修磨横刃处前刀面是为了增加横刃处的前角，如图4-9 (c) 所示。

一般情况下，工件材料较软时，可修磨横刃处前刀面，以加大前角减小切削力，使切削更轻快；工件材料较硬时，可修磨外缘处前刀面，以减小外缘处的前角，增加钻头的强度。

③ 双重刃磨　钻头外缘处的切削速度较高，磨损也最快，因此可磨出双重顶角，如图4-9 (d) 所示。这样可以改善外缘转角处的散热条件，增加钻头的强度，并可减小孔的表面粗糙度值。

注意，麻花钻刃磨时要做到姿势正确、规范，安全文明操作；用力要均匀，应经常检查，随时修正；主切削刃的位置应略高于砂轮中心平面，以免磨出负后角；根据麻花钻材料的不同来选择砂轮，刃磨高速钢麻花钻时要注意冷却，防止退火。

(5) 麻花钻的角度检查

① 目测法　当麻花钻头刃磨好后，通常采用目测法检查。该方法是将钻头垂直竖在与眼睛等高的位置上，在明亮的阳光下观察两刃的长短和高低及后角等，如图4-11所示。由于视觉差异，往往会感到左刃高、右刃低，此时则应将钻头转过180°再观察，看是否仍然是左刃高、右刃低，这样反复观察对比，直到觉得两刃基本对称时方可使用，钻削时如发现有偏差，则需再次修磨。

② 使用角度尺检查　使用角度尺检查时，只需将尺的一边贴在麻花钻的棱边上，另一边搁在主切削刃上，测量其刃长和角度，如图4-12所示，然后转过180°，用同样的方法检查另一个主切削刃。

③ 用样板进行检测　把刃磨好的钻头与样板比对，看是否一致，如图4-13所示。

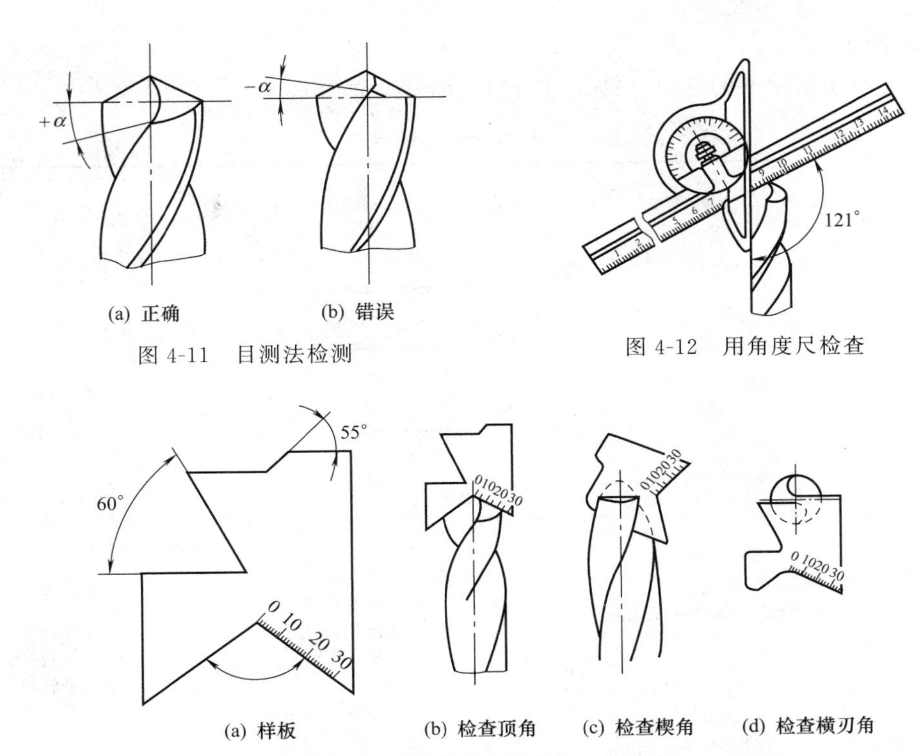

图 4-11　目测法检测

图 4-12　用角度尺检查

图 4-13　用样板检测麻花钻的角度

④ 在钻削过程中检查　若麻花钻的刃磨正确，切屑会从两侧的螺旋槽内均匀排出，如果两个主切削刃不对称，切屑则会从主切削刃较高的那一侧螺旋槽向外排出。据此可卸下钻头，将较高的主切削刃磨低一些，以避免钻孔尺寸变大。

（6）麻花钻的选用及安装

① 麻花钻的选用　对于精度要求不高的内孔，可用麻花钻直接钻出；对于精度要求较高的内孔，钻孔后还要再经过车削或扩孔、铰孔才能完成，因此在选择麻花钻时应留出下道工序的加工余量。

选择麻花钻的长度时，一般应使麻花钻的螺旋槽部分略长于孔深；麻花钻过长则刚性差，麻花钻过短则排屑困难，也不利于钻穿孔。

② 麻花钻的安装　一般情况下，直柄麻花钻用钻夹头装夹，再将钻夹头的锥柄插入尾座锥孔内；锥柄麻花钻可直接或用莫氏过渡锥套插入尾座锥孔中，如图 4-14 所示。锥柄麻花钻可用专用工具安装，如图 4-15 所示。

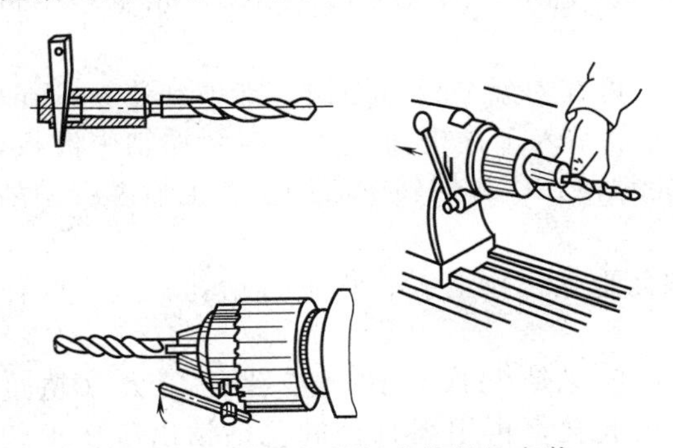

图 4-14　直柄与锥柄麻花钻的安装

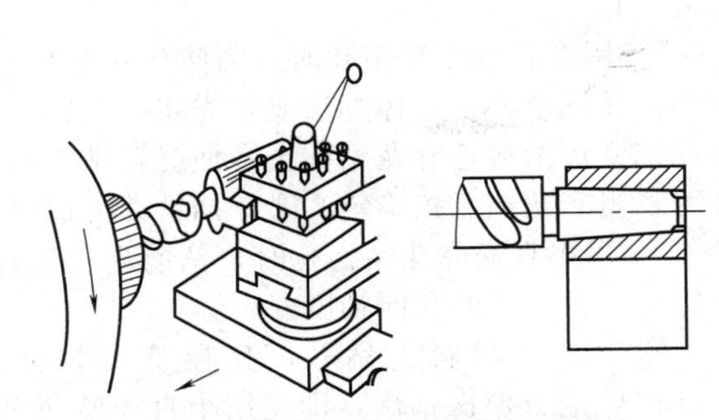

图 4-15　用专用工具安装锥柄麻花钻

3. 钻孔的方法

（1）钻孔时切削用量的选择　钻孔时的切削用量见表 4-1。

表 4-1　钻孔时的切削用量

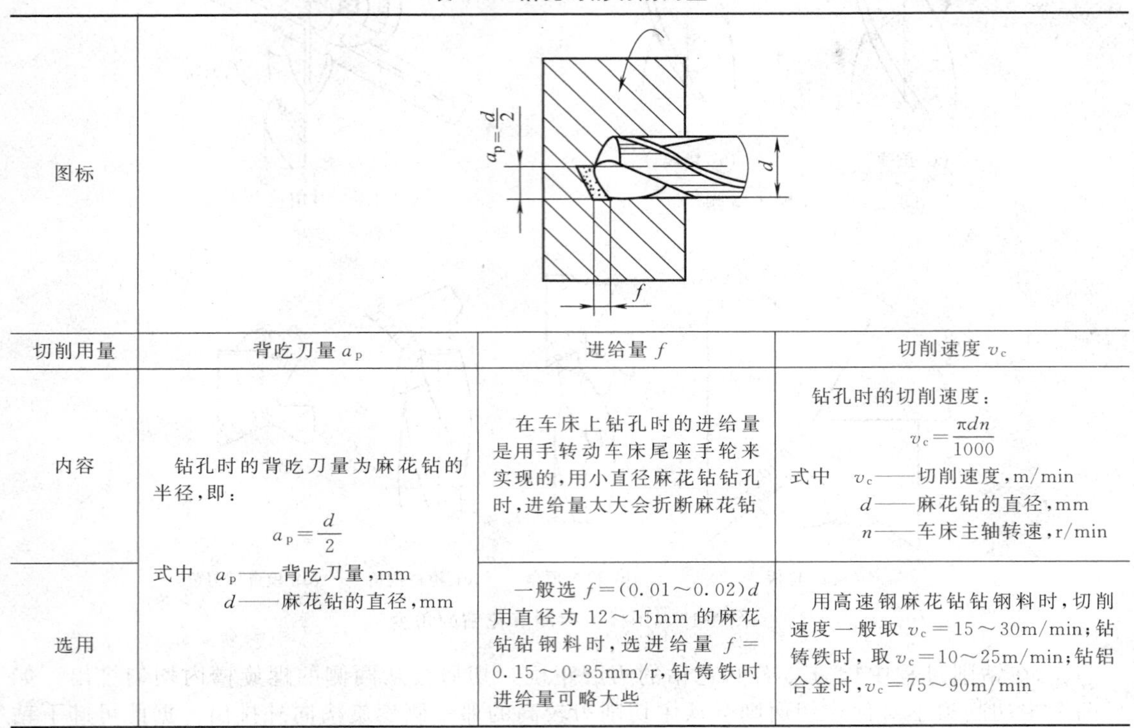

切削用量	背吃刀量 a_p	进给量 f	切削速度 v_c
图标			
内容	钻孔时的背吃刀量为麻花钻的半径，即： $a_p=\frac{d}{2}$ 式中　a_p——背吃刀量，mm d——麻花钻的直径，mm	在车床上钻孔时的进给量是用手转动车床尾座手轮来实现的，用小直径麻花钻钻孔时，进给量太大会折断麻花钻	钻孔时的切削速度： $v_c=\frac{\pi dn}{1000}$ 式中　v_c——切削速度，m/min d——麻花钻的直径，mm n——车床主轴转速，r/min
选用		一般选 $f=(0.01\sim0.02)d$ 用直径为 12～15mm 的麻花钻钻钢料时，选进给量 $f=0.15\sim0.35$mm/r，钻铸铁时进给量可略大些	用高速钢麻花钻钻钢料时，切削速度一般取 $v_c=15\sim30$m/min；钻铸铁时，取 $v_c=10\sim25$m/min；钻铝合金时，$v_c=75\sim90$m/min

［例 4-1］　直径为 25mm 的麻花钻钻孔，工件材料 45 钢，若选用车床主轴转速为 400r/min，求背吃刀量 a_p 和切削速度 v_c。

$$a_p=\frac{d}{2}=\frac{25}{2}=12.5\ (\text{mm})$$

根据公式，钻孔时的切削速度为：

$$v_c=\frac{\pi dn}{1000}=\frac{3.14\times25\times400}{1000}=3.14\ (\text{m/min})$$

（2）钻孔的方法

① 钻孔前，先将工件端面车平，中心处不允许留有凸台，以利于麻花钻正确定心。

② 找正尾座，使麻花钻中心对准工件回转轴线，否则可能会将孔径钻大、钻偏甚至折断麻花钻。

③ 用细长麻花钻钻孔时，为防止麻花钻晃动，可在刀架上夹一挡铁，支顶麻花钻头部，帮助麻花钻定心。具体办法是：先将麻花钻尖端少量钻入工件平面，然后缓缓摇动中滑板，移动挡铁逐渐接近麻花钻前端，使麻花钻中心稳定地落在工件回转中心的位置上后继续钻削即可，当麻花钻已正确定心时，挡铁即可退出。

④ 用小直径麻花钻钻孔时，钻前先在工件端面上钻出中心孔，再进行钻孔，这样既便于定心，且钻出的孔同轴度好。

⑤ 在实体材料上钻孔，孔径不大时可以用麻花钻一次钻出，若孔径较大（超过 30mm），应分两次钻出，即先用小直径麻花钻钻出底孔，再用大直径麻花钻钻出所要求的尺寸。通常第一次所用麻花钻，其直径为所要求孔径的 0.5～0.7 倍。

⑥ 钻盲孔与钻通孔的方法基本相同，只是钻孔时需要控制孔的深度。常用的控制方法是：钻削开始时，摇动尾座首轮，当麻花钻切削部分切入工件端面时，用钢直尺测量尾座套筒的伸出长度，钻孔时用套筒伸出的长度加上孔深来控制尾座套筒的伸出量，如图4-16所示。

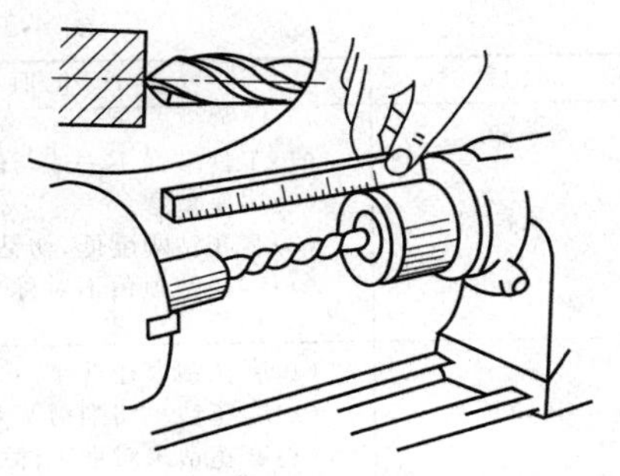

图 4-16 钻盲孔钻孔深度的控制方法

(3) 钻孔时切削液的选择　在车床上钻孔属于半封闭加工，切削液很难深入到切削区域，因此，对钻孔时切削液的要求也比较高，其选用见表 4-2。在加工过程中，切削液的浇注量和压力也要大一些；同时还应经常退出钻头，以利于排屑和冷却。

表 4-2 钻孔时切削液的选用

麻花钻的种类	被钻削的材料		
	低碳钢	中碳钢	淬硬钢
高速钢麻花钻	用 1%～2%的低浓度乳化液、电解质水溶液或矿物油	用 3%～5%的中等浓度乳化液或极压切削油	用极压切削油
镶硬质合金麻花钻	一般不用，如用可选 3%～5%的中等浓度乳化液		用 10%～20%的高浓度乳化液或极压切削油

钻孔时的注意事项：

① 钻孔前，必须将工件的端面车平，中心处不允许有凸台，否则麻花钻不能正确定心。

② 要找正尾座，以防孔径扩大和麻花钻折断。

③ 钻到一定的深度时，应退出麻花钻，停车测量孔径，以防孔径扩大。

④ 钻较深的孔时，应经常退出麻花钻，清除切屑。

⑤ 起钻时，进给量要小，待钻头进入工件后，才可正常钻削。

⑥ 当孔将要钻穿时，应减小进给量，以防麻花钻折断。

⑦ 钻钢件时，要充分浇注切削液，使麻花钻冷却。

⑧ 钻铸铁时，可以不用切削液。

⑨ 在用细长麻花钻钻孔时，要防止麻花钻晃动，避免所加工孔的轴心线歪斜。其方法有两个：用中心钻先钻一个中心孔定位再进行钻孔；在刀架上夹一个挡铁，辅助钻头定心，如图 4-17 所示。

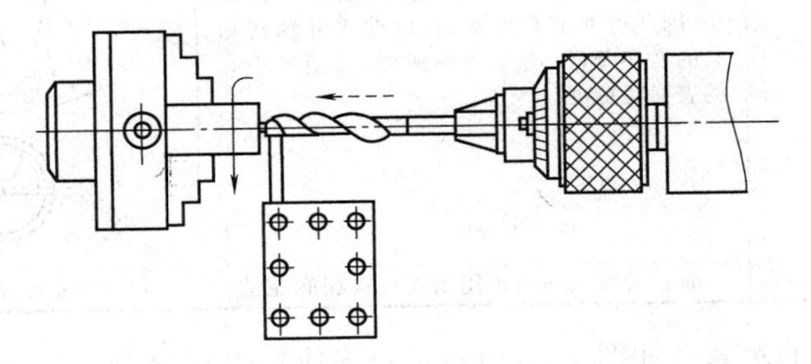

图 4-17 用细长麻花钻钻孔时，在刀架上夹一个挡铁

4. 钻孔的质量分析

钻孔产生的质量问题有孔歪斜和孔径扩大两种。其产生的质量问题和预防措施见表4-3。

表 4-3 钻孔产生的质量问题和预防措施

问题种类	产 生 原 因	预 防 措 施
孔歪斜	(1)工件端面不平或与轴线不垂直 (2)尾座偏移 (3)麻花钻刚度低,初钻时进给量过大 (4)麻花钻顶角不对称	(1)钻孔前车平端面,中心不能有凸台 (2)找正、调整尾座 (3)选用较短的麻花钻或用中心钻钻出导向孔,初钻时进给量要小 (4)正确刃磨麻花钻
孔径扩大	(1)麻花钻直径选错 (2)麻花钻主切削刃不对称 (3)麻花钻未对准工件中心	(1)看清图样,检查麻花钻直径 (2)刃磨麻花钻使主切削刃对称 (3)检查麻花钻、钻夹头及莫氏锥套安装是否正确

二、扩孔

在实心工件上钻孔时,如果孔径较大,钻头直径也较大,横刃加长,轴向切削力增大,钻削时会很费力,这时可以钻削后用扩孔刀具对孔进行扩大加工。用扩孔刀具扩大工件孔径的加工方法即称为扩孔。

1. 用麻花钻扩孔

应根据扩孔的要求对麻花钻进行修磨、检验(表 4-4),然后选择适当的切削用量进行扩孔。

表 4-4 修磨扩孔用麻花钻

步 骤	内 容	图 示
刃磨扩孔用麻花钻	和刃磨麻花钻基本相同	
修磨外缘处前角	因麻花钻外缘处的前角大,扩孔时容易把麻花钻拉出来,使其柄部在尾座套筒内打滑。因此在扩孔时,应把钻头外缘处的前角修磨得小些	$\gamma_{o修}$ $\gamma_{o原}$
修磨出双重顶角	麻花钻外缘处的切削速度最高,磨损最快,因此可磨出双重顶角,以改善外缘转角处的散热条件,增加钻头强度,并能减小孔的表面粗糙度	118° 0.20d d 70°～75°
研磨、检测麻花钻	油石研磨主切削刃用角度尺检测麻花钻	和刃麻花钻基本相同

用麻花钻钻扩孔的示意图如图 4-18 所示,首先应钻出直径为 $(0.5\sim0.7)D$ 的孔,然后再扩削到所需的孔径 D。

[例 4-2] 加工直径为 50mm 的孔,先用 ϕ30mm 的麻花钻钻孔,选用车床主轴转速为 320r/min;然后用同等的切削速度,用 ϕ50mm 的麻花钻将孔扩大,求:

(1) 扩孔时的背吃刀量;

（2）扩孔时车床的主轴转速。

解：

（1）用 ϕ50mm 的麻花钻扩孔时，背吃刀量为：

$$a_p=\frac{D_1-D_2}{2}=\frac{50-30}{2}=10\ (\text{mm})$$

（2）用 ϕ30mm 的麻花钻钻孔时，切削速度为：

$$v_{c1}=\frac{\pi D_2 n_1}{1000}=\frac{3.14\times30\times320}{1000}=30.14\ (\text{m/min})$$

由于 $v_{c2}=v_{c1}$

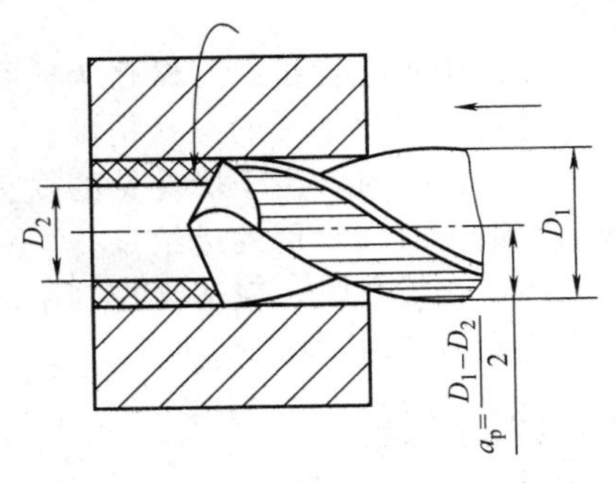

图 4-18　用麻花钻钻扩孔的示意图

所以用 ϕ50mm 的麻花钻扩孔时，车床的主轴转速为：

$$n_2=\frac{1000v_{c2}}{\pi D_2}=\frac{1000\times30.14}{3.14\times50}=192\ (\text{r/min})$$

如果在 CA6140A 型卧式车床上扩孔，则选取 200r/min 车床主轴的实际转速。

2. 用扩孔钻扩孔

扩孔钻有高速钢扩孔钻和镶硬质合金扩孔钻两种，其结构如图 4-19 所示。扩孔钻在自动车床和镗床上用得较多，特点主要有：

（1）扩孔钻的钻心粗，刚度高，且扩孔时背吃刀量小，切削少，排屑容易，可提高切削速度和进给量。

（2）扩孔钻的刃齿一般有 3～4 齿，周边的棱边数量增多，导向性比麻花钻好，可以校正孔的轴线偏差，改善加工质量。

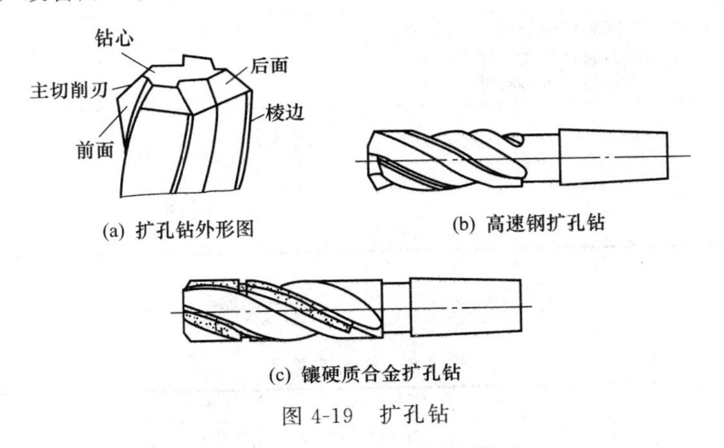

(a) 扩孔钻外形图　(b) 高速钢扩孔钻

(c) 镶硬质合金扩孔钻

图 4-19　扩孔钻

（3）扩孔时可避免横刃引起的不良影响，提高生产效率。

用扩孔钻扩孔的示意图如图 4-20 所示。

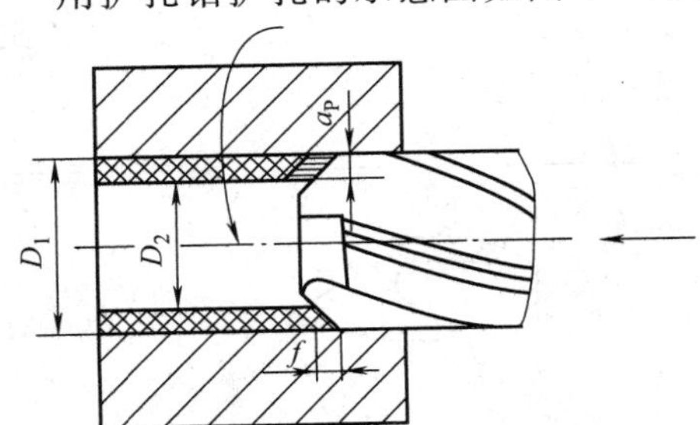

图 4-20　用扩孔钻扩孔的示意图

扩孔时的注意事项：

（1）扩孔精度一般可达 IT10～IT11，表面粗糙度值达 Ra6.3～12.5μm，可作为孔的半精加工。

（2）在实体材料上钻孔，孔径不大时可以用麻花钻一次钻出，若孔径较大（超过 30mm），应进行扩孔。

（3）常用的扩孔刀具有麻花钻和扩孔钻，精度要求较低的孔一般用麻花钻；精度要求较高的孔的半精加工则采用扩孔钻。

（4）用扩孔钻扩孔，常作为铰孔前的半精加工，钻孔后进行扩孔，可以找正孔的轴线偏差，使其获得较正确的形状精度。

（5）扩孔时，由于麻花钻的横刃不参加切削，进给力 F_f 减小，进给省力，故可采用比麻花钻钻孔时大一倍的进给量。

（6）在扩孔时，应适当控制手动进给量，不要因为钻削轻松而盲目地加大进给量，尤其是孔将要钻穿时。

计划决策

表 4-5 计划和决策表

情境	学习情境四 套类零件的加工					
学习任务	任务一 钻孔与扩孔				完成时间	
任务完成人	学习小组		组长		成员	
需要学习的知识和技能	知识：1. 了解麻花钻的结构特点 2. 掌握麻花钻扩孔时切削用量的选择 3. 掌握钻孔与扩孔的方法步骤 技能：1. 掌握麻花钻及扩孔钻的刃磨、修磨技能 2. 掌握钻孔及扩孔的操作技能					
小组任务分配	小组任务	任务实施准备工作	任务实施过程管理	学习纪律及出勤	卫生管理	
	个人职责	设备、工具、量具、刀具等前期工作准备	记录每个小组成员的任务实施过程和结果	记录考勤并管理小组成员学习纪律	组织值日并管理卫生	
	小组成员					
安全要求及注意事项	1. 进入车间要求听指挥，不得擅自行动 2. 不得擅自触摸转动机床设备和正在加工的工件 3. 不得在车间内大声喧哗、嬉戏打闹					
完成工作任务的方案						

任务实施

表 4-6 任务实施表

任务实施（一）						
情境	学习情境四 套类零件的加工					
学习任务	任务一 钻孔与扩孔				完成时间	
任务完成人	学习小组		组长		成员	
任务实施步骤及具体内容						
内容			图示			
麻花钻的结构名称： 1. ________ 2. ________ 3. ________ 4. ________ 5. ________ 6. ________ 7. ________						

续表

刃磨内容	操作图示
根据图示麻花钻角度要求填写刃磨内容	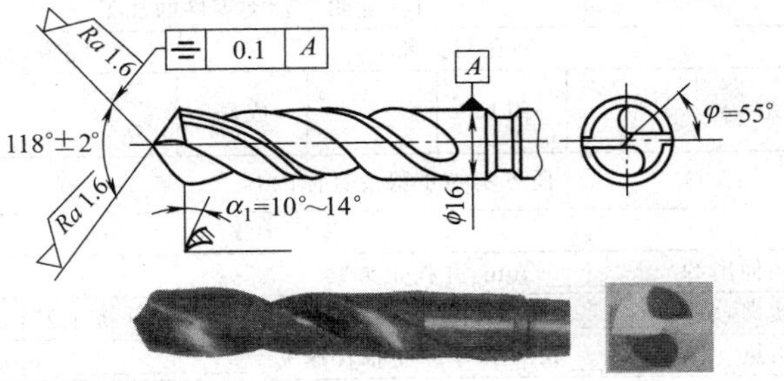
刃磨前摆正麻花钻的刃磨位置	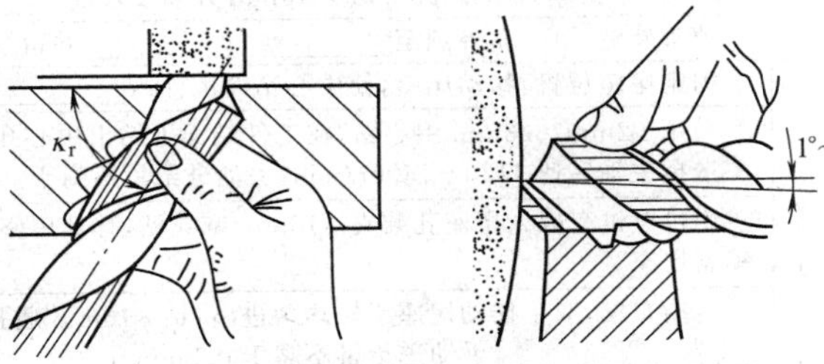
刃磨麻花钻的一条主切削刃	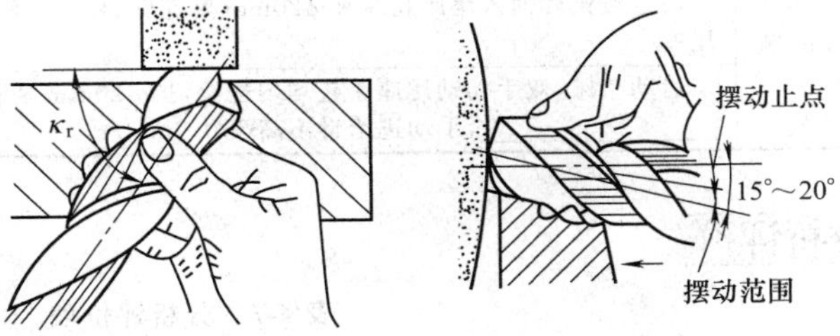
刃磨麻花钻的另一条主切削刃	方法同上(保证与前一条主切削刃对称)
采用__________法检测麻花钻的主后角	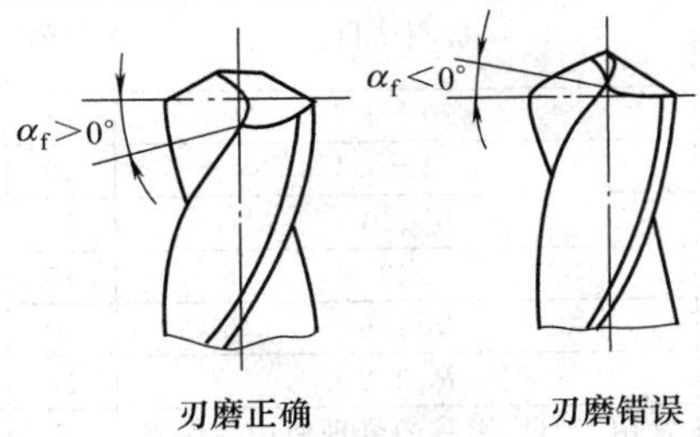 刃磨正确　刃磨错误
用________检测麻花钻的____	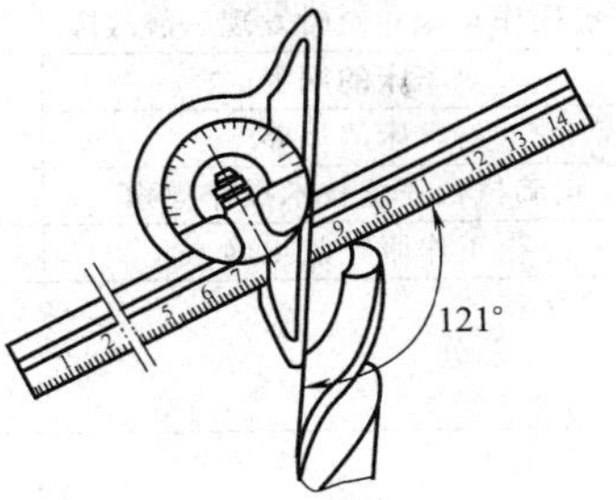
通常直径________ mm 以上的麻花钻横刃需修磨,修磨后应使横刃长度为原长的________	

续表

任务实施(二)						
情境	学习情境四　套类零件的加工					
学习任务	任务一　钻孔与扩孔				完成时间	
任务完成人	学习小组		组长		成员	
任务实施步骤及具体内容						
步骤	操作步骤					
钻孔前工艺准备	装卡毛坯伸出约__________mm，并找正夹紧					
	车刀的装夹：装夹______、______车刀，刀尖对准工件的中心并将车刀装正					
	选取进给量 $f=$________ mm/r，车床主轴转速 $n=$____________ r/min					
车端面、外圆及台阶	采用45°粗车刀手动车端面，车________ mm即可					
	采用90°粗车刀粗车 ϕ50mm×40mm外圆及长度至______________，并留余量					
	掉头装夹工件，车外圆至____________________并留余量					
钻中心孔	固定尾座位置：移动尾座，使中心钻离工件约____________ mm，锁紧尾座					
	采用B2mm/6.3mm中心钻，在工件端面上钻出中心孔，在麻花钻起钻时起__________作用 选择主轴转速1120～1400r/min，手动进给量不高于0.5mm/r					
钻 ϕ16mm通孔	用过渡锥套插入尾座孔装夹 ϕ16mm麻花钻，移动尾座，使麻花钻离工件端面约____________ mm，锁紧尾座					
	启动车床，双手摇动尾座手轮均匀进给，钻 ϕ16mm通孔，同时浇注乳化液作为切削液。主轴转速取________________，手动进给量不高于0.5mm/r					
扩 ϕ20mm通孔	用过渡锥套插入尾座孔装夹 ϕ20mm麻花钻，移动尾座，使麻花钻离工件端面约________ mm，锁紧尾座					
	启动车床，双手摇动尾座手轮均匀进给，扩 ϕ20mm通孔，同时浇注乳化液作为切削液。主轴转速取________________，手动进给量不高于0.5mm/r					

表4-7　分析评价表

序号	检测内容	检测项目及分值		出现的实际质量问题及改进方法			
		检测项目	分值	自己检测结果	准备改进措施	教师检测结果	改进建议
1	主要尺寸	ϕ20±0.1	15				
2		ϕ42±0.1	10				
3		65、40	10				
4		ϕ33	15				
5	表面质量	Ra1.6	10				
6		Ra3.2	10				
7	设备及工、量、刃具的使用维护	常用工、量、刃具的合理使用与保养	5				
		正确操作车床并及时发现一般故障	5				
		车床的润滑	5				
		车床的保养	5				
8	安全文明生产	正确执行安全技术操作规程	5				
		工作服穿戴正确	5				
总分							
教师总评意见							

任务二　车孔与铰孔

任务描述

本任务是在任务一的加工基础上所做的半精加工和精加工，所以尺寸精度及表面粗糙度要求相对较高。在 CA6140A 型车床上利用车孔刀、铰刀完成如图 4-21 所示零件的精加工。

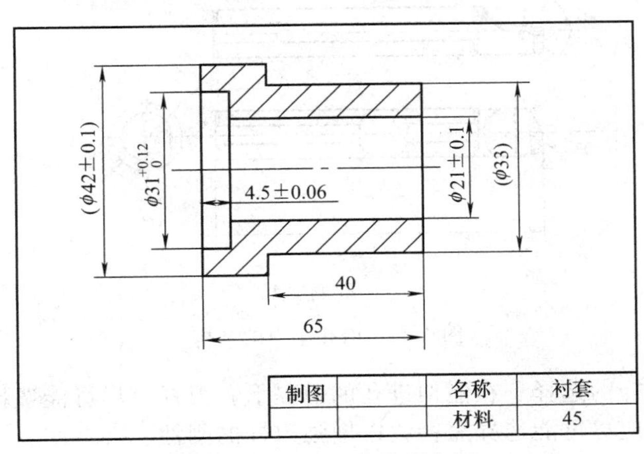

图 4-21　车孔、铰孔任务图

知识链接

一、车孔

铸造孔、锻造孔或用钻头钻出的孔，为了达到所要求的精度和表面粗糙度，还需要车孔。车孔是常用的孔加工方法之一，既可以作为粗加工，也可以作为精加工，加工范围很广。车孔精度一般可达 IT7～IT8，表面粗糙度 $Ra1.6\sim3.2\mu m$，精细车削可以达到更小 ($Ra0.8\mu m$)，车孔还可以修正孔的直线度。

1. 内孔车刀

(1) 内孔车刀的类型　车孔的方法基本上和车外圆相同，但内孔车刀和外圆车刀相比有差别。根据不同的加工情况，内孔车刀可分为通孔车刀和盲孔车刀两种，如图 4-22 所示。

(2) 内孔车刀的结构　内孔车刀的结构有整体式和机夹式两种形式，如图 4-23 所示。

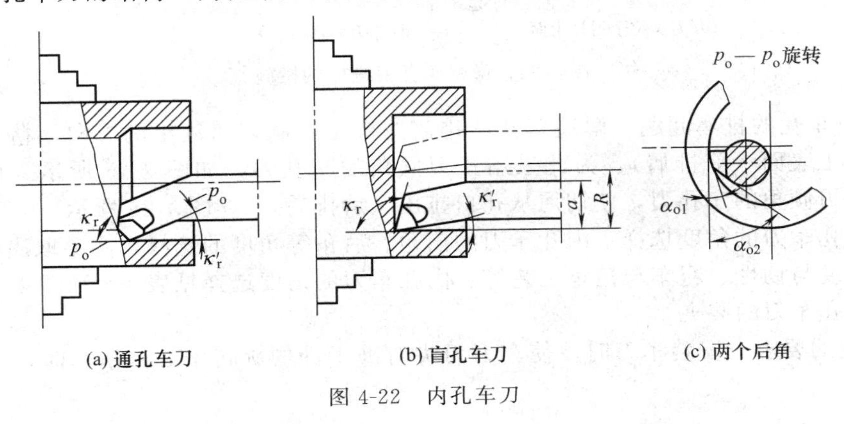

(a) 通孔车刀　(b) 盲孔车刀　(c) 两个后角

图 4-22　内孔车刀

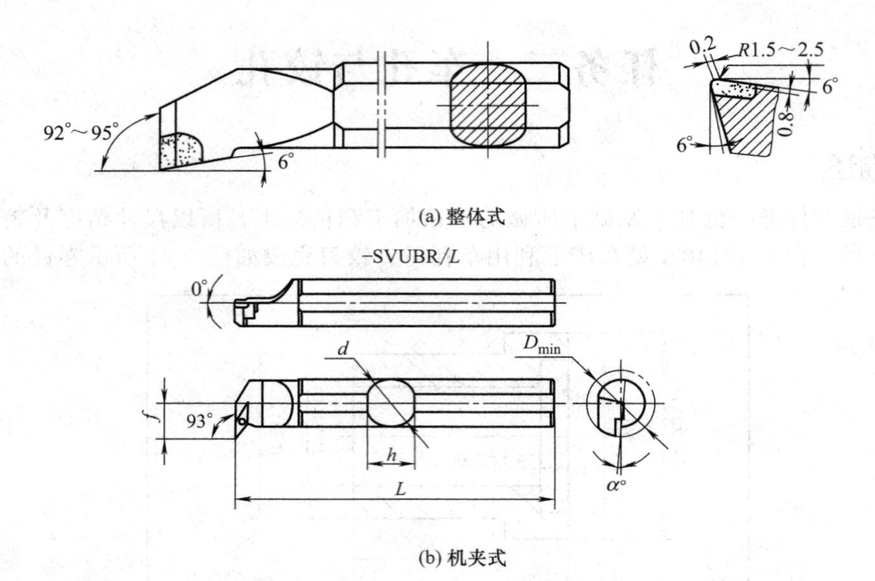

图 4-23 内孔车刀的结构

(3) 内孔车刀刀杆的选择 在能伸进孔的前提下，刀杆应尽可能选择粗些；在保证加工孔深的前提下，刀杆应尽可能选择短些，以增强刀杆的刚性。

(4) 车孔的关键技术 车孔的关键技术是解决车孔刀的刚度和排屑问题。

① 增强车孔刀刚度的措施

a. 尽量增加刀柄的截面积，使车孔刀的刀尖位于刃柄的中心线，如图 4-24 (a) 和 (b) 所示。

b. 尽量缩短刀柄的伸出长度，如图 4-24 (c) 所示。

c. 车刀外形如图 4-24 (d) 所示。

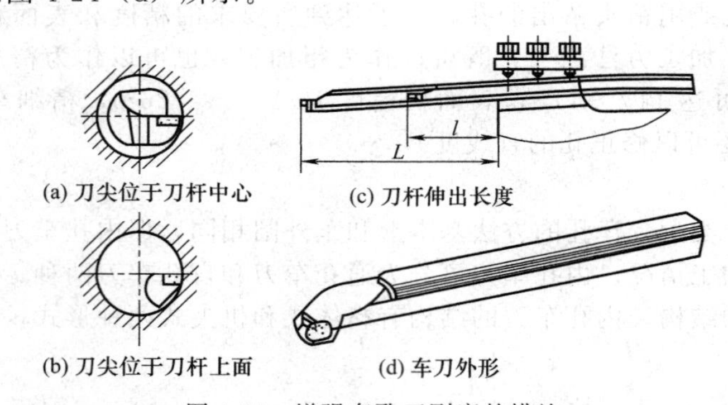

图 4-24 增强车孔刀刚度的措施

② 解决车孔的排屑问题 解决车孔的排屑主要是控制切屑流出的方向，精车时要求切屑流向待加工表面（前排屑），为此采用正刃倾角的车孔刀，如图 4-25 所示。加工不通孔时，采用负刃倾角的车孔刀，使切屑从孔口排出（后排屑），如图 4-26 所示。

(5) 内孔车刀的角度选择 内孔车刀的前角、后角等角度的选择，主要取决于所加工工件材料的硬度与韧性、粗车与精车工艺等。内孔车刀的角度选择见表 4-8 和图 4-27。

(6) 内孔车刀的装夹

① 刀尖的要求 安装车刀时，使车刀刀尖对准工件的旋转中心，精车时，刀尖略高于旋转中心。

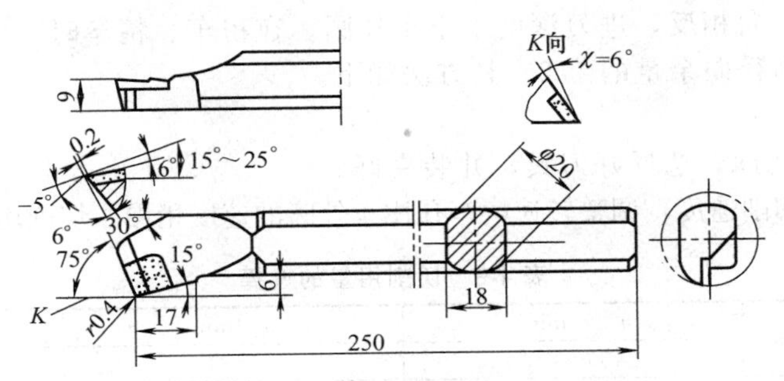

图 4-25　前排屑通孔车刀

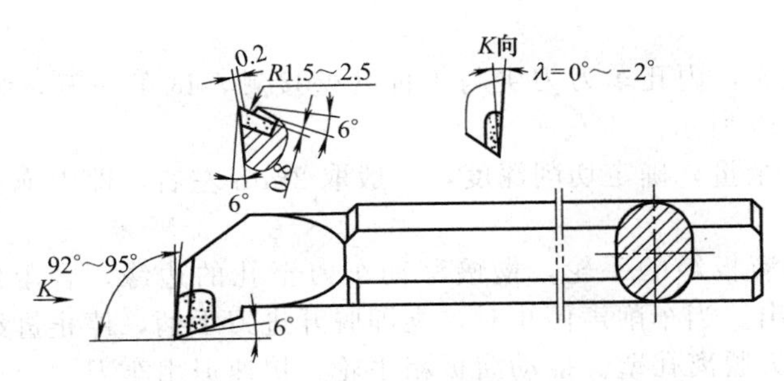

图 4-26　后排屑不通孔车刀

表 4-8　内孔车刀的角度选择

车刀	前角/(°)	主偏角/(°)	副偏角/(°)	后角/(°)
通孔车刀	10～20	45～75	10～45	6～12
盲孔车刀	10～20	92～95	3～6	6～12

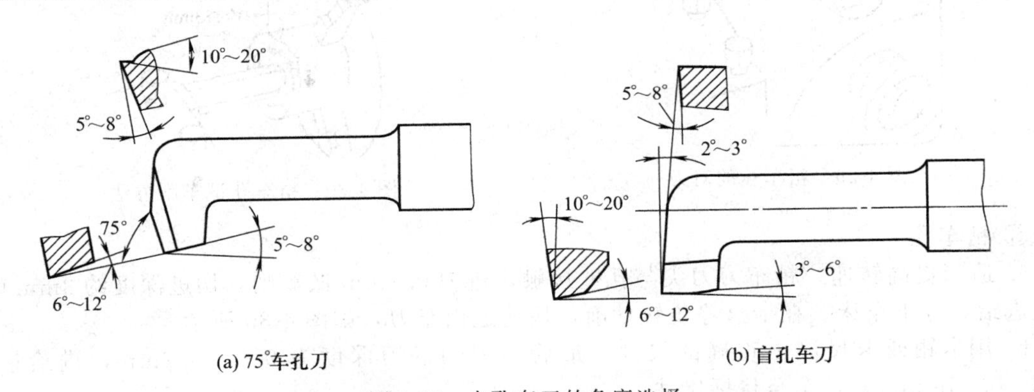

图 4-27　内孔车刀的角度选择

② 刀杆的要求　刀杆应平行于工件的轴心线，在满足加工要求的前提下，刀杆悬出长度尽量短，即悬出长度比工件长度长 5～10mm。刀杆和工件孔壁不能有擦碰。因此，装夹后，应摇动拖板使车刀在孔内试走一遍。

③ 装夹盲孔车刀的要求　盲孔车刀装夹时，内偏角的主切削刃与孔底平面成 3°～5°，并保证在车底面时有足够的横向退刀余地，如图 4-28 所示。

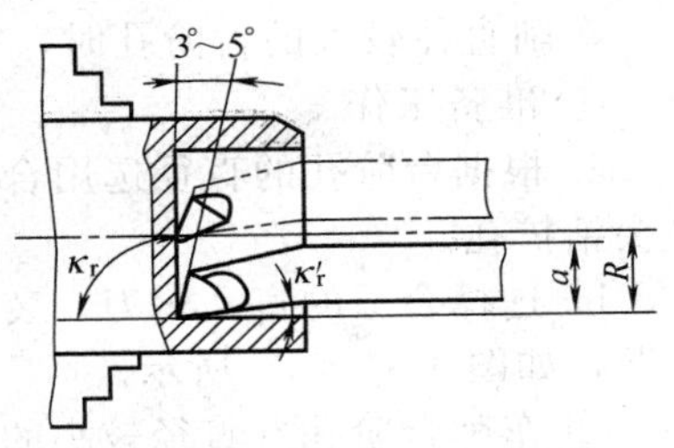

图 4-28　盲孔车刀的安装

2. 车孔的方法

(1) 车通孔　通孔的车削方法基本上与车外圆相似，

只是进刀和退刀的方向相反，进刀深度小于车外圆。在粗车、精车时，要进行试切削、试测量，其横向吃刀量为径向余量的1/2。其方法如下。

① 准备工作

a. 根据孔径，孔深，选择好刀具，并装夹好。

b. 选择合理的切削速度，调整转速，车孔比车外圆的速度稍慢。切削用量的选择见表4-9。

表4-9 切削用量的选择

类型	n/(r/min)	a_p/mm	f/(mm/r)
粗车	400～600	1～3	0.2～0.3
精车	600～800	0.1～0.2	0.1～0.15

② 粗车孔

a. 对刀。开动机床，内孔车刀刀尖与工件孔壁接触，试车一刀，纵向退出车刀，中滑板刻度置零，如图4-29所示。

b. 根据孔的加工余量，确定切削深度，一般取2mm左右，即中拖板操纵手柄处刻度盘进2mm。

c. 车削孔。摇动溜板箱的手轮，慢慢移动车刀至孔的边缘，合上纵向自动进给手柄，观察切屑能否顺利排出。当车削声停止时，立即脱开进刀手柄，停止进给。再摇动横向进给手柄，使内孔车刀刀尖脱离孔壁。摇动溜板箱手轮，快速退出车刀。

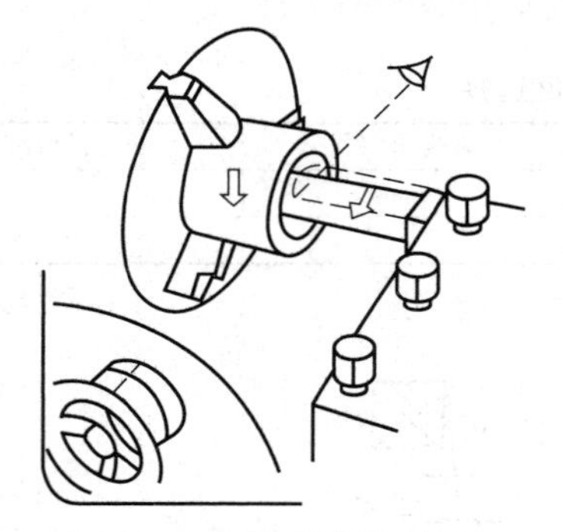

图4-29 粗车孔的对刀

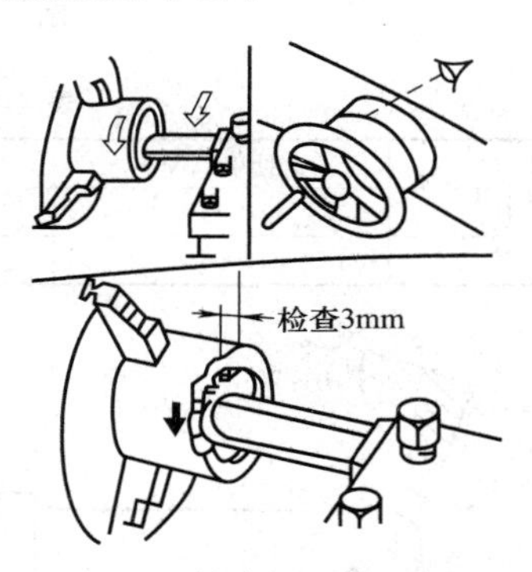

图4-30 精车孔试车削方法

③ 精车孔

a. 适当提高转速，精车刀刀尖与孔壁接触，进刀0.1mm试车削，切进深度约3mm时，停止进给，停下车床。在卡盘停止转动前，快速退出车刀，如图4-30所示。

b. 用卡钳或卡尺测出正确的尺寸，最后一刀的进刀深度为0.1～0.2mm，进给量是0.08～0.15mm/r，精车至目标尺寸。

(2) 车台阶孔　车削直径较小的台阶孔时，由于观察困难，尺寸不易掌握，通常采用先粗车、精车小孔，再粗车、精车大孔的方法。

车削直径较大的台阶孔时，一般先粗车大孔和小孔，再精车大孔和小孔。

① 准备工作

a. 根据台阶孔的直径选用合适的钻头：钻底孔的钻头和平头钻。用钻头钻底孔，再用平头钻扩孔。

b. 选择合适的盲孔车刀，装夹调试好。刀杆外侧与孔壁留有一定空隙，以防刀杆碰伤孔壁，如图4-31 (a) 所示。

② 车削台阶孔（直径较小的台阶孔）

a. 粗车小孔。车削方法与车通孔相同，精车余量为0.3～0.5mm。

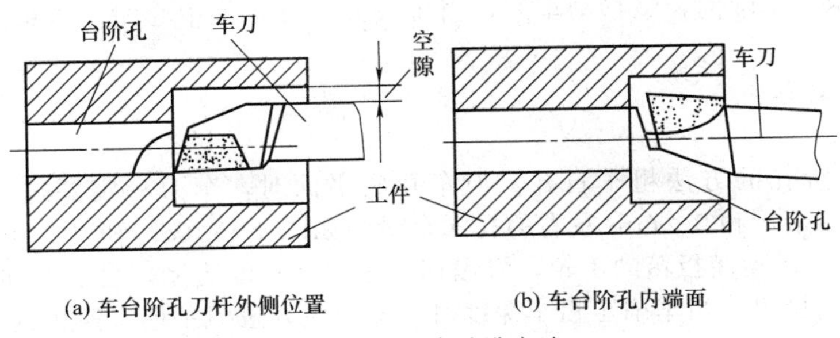

图 4-31　车台阶孔方法

b. 粗车大孔。具体方法如下。

开动机床，用内孔刀车平端面，小滑板刻度调至零位，床鞍刻度调置零位。粗车用床鞍刻度盘控制，精车用小滑板刻度盘控制。

移动中滑板，刀尖与孔壁接触，纵向退出车刀，中滑板刻度置零位。

移动中滑板，调整好粗车切削深度，留 0.3～0.5mm 的精车余量，纵向自动进给粗车孔刀。床鞍刻度接近孔深时，停止自动进给，用手动进给至台阶孔的尺寸时进给停止，摇动中滑板手柄，横向进给，车台阶孔的内端面如图 4-31（b）所示。

③ 精车台阶孔

a. 用车通孔的方法精车小孔至目标尺寸。

b. 精车大孔。先进行试车削，测量孔径，确定尺寸正确后，纵向自动进给，精车孔。当床鞍刻度值接近孔深时，改用手动进给，刀尖刚接触台阶面时退出车刀。

④ 倒角　用内孔车刀内外倒角。

⑤ 车台阶孔控制孔深度的方法

a. 粗车时，在刀柄上刻线痕作记号，如图 4-32（a）所示。

b. 粗车时，放限位铜片，如图 4-32（b）所示。

c. 粗车时，用床鞍刻度盘刻线来控制，如图 4-32（c）所示。

d. 粗车时，用小滑板刻度盘或游标深度尺来控制。

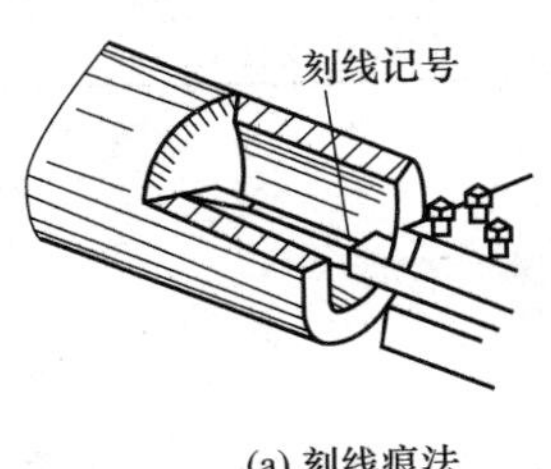

(a) 刻线痕法

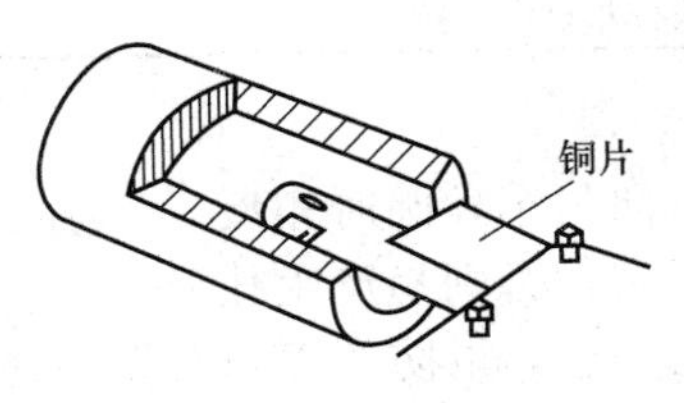

(b) 放限位铜片

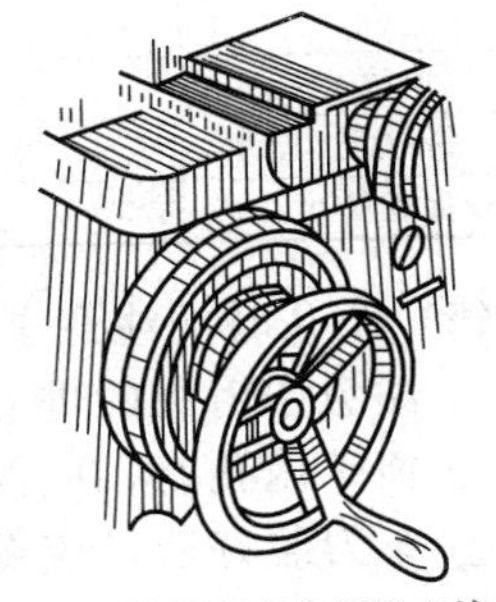

(c) 用床鞍刻度盘刻线来控制

图 4-32　车台阶孔控制孔深度的方法

（3）车盲孔

① 准备工作

a. 装夹工件，并找正。

b. 钻底孔。用比盲孔直径小 1～2mm 的钻头钻孔，深度从钻尖计算，留 1mm 的余量。用相同直径的平头钻扩平孔底，其深度应比设计要求的深度浅 1mm，作为车削余量。

c. 装夹盲孔车刀。刀尖对准工件中心，刀尖到刀杆外侧的距离要小于孔径的一半，如

图 4-33（a）所示。车削前，试移动车刀，当车刀刀尖过工件中心时，观察刀杆外侧与孔壁是否有擦碰。

d. 调整主轴转速。

② 粗车盲孔

a. 用粗车台阶孔的方法粗车盲孔。但车孔底平面时，车刀一定要过工件的中心。留0.5～1mm 的孔径余量和0.2mm 左右的孔深余量，如图 4-33（b）和（c）所示。

b. 车削盲孔。摇动溜板箱的手轮，慢慢移动车刀至孔的边缘，合上纵向自动进给手柄，观察切屑能否顺利排出。当车削至粗车深度时，立即脱开进刀手柄，停止进给，使内孔车刀刀尖脱离孔壁，快速退出车刀。

c. 精车盲孔。先进行试车削，测量孔径，确定尺寸正确后，自动进给精车盲孔。床鞍刻度值离孔深 2～3mm 时，改用手动进给，刀尖刚接触孔底时，用小滑板手动进给，当切削深度等于精车孔深余量时，用中滑板进刀车平盲孔底面，如图 4-33（d）所示。

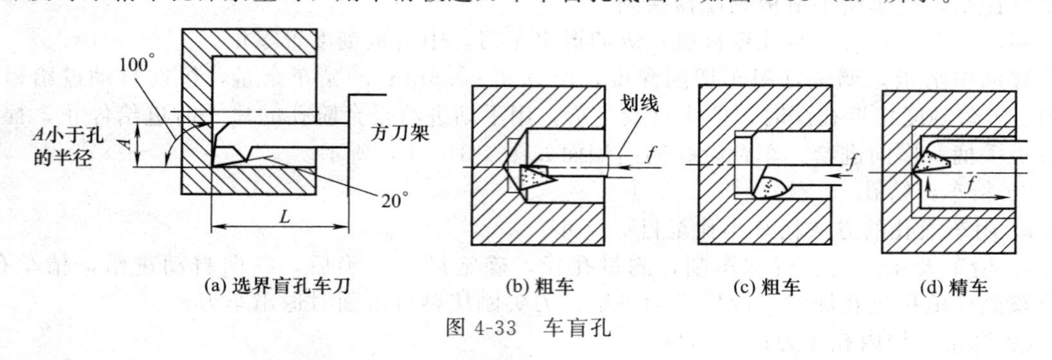

图 4-33　车盲孔

（4）检测方法　车孔的检测项目有孔径、孔深、圆度、圆柱度、表面粗糙度 5 种，其检测项目和方法见表 4-10。

表 4-10　车孔的检测项目及检测方法

检测项目	检测量具	检测方法
孔径	游标卡尺、塞规、内径百分表、千分尺	直接测量
孔深	深度游标卡尺	直接测量
圆度	内径百分表、杠杆百分表	同一截面内多点测量
圆柱度	内径百分表	不同截面内多点测量
表面粗糙度	表面粗糙度样板	比较法或目测

（5）车孔时的注意事项

① 注意中滑板的进刀、退刀方向与车外圆时相反。

② 精车内孔时，应保持刀刃锋利，否则易产生扎刀。

③ 车刀装好后，应在孔内试走一遍，以防车刀与孔壁碰撞。

（6）车孔时的质量分析　车孔产生的问题有尺寸超差、内孔有锥度、内孔不圆、表面粗糙度达不到要求等。其产生原因及预防方法见表 4-11。

表 4-11　车孔产生问题的原因及预防方法

问题种类	产生原因	预防方法
尺寸超差	(1)测量不正确 (2)车刀安装不对，刀柄与孔壁相碰 (3)产生积屑瘤，增加了刀尖强度，使孔车大	(1)要仔细测量，并进行试车削 (2)选择合理的刀杆直径，车刀装好后，最后将车刀在孔内走一遍，检查是否相碰 (3)研磨前面，使用切削液，增大前角，选择合理的切削速度

续表

问题种类	产生原因	预防方法
内孔有锥度	(1)工件没找正中心 (2)刀杆刚度低，产生“让刀”现象 (3)刀具加工时磨损	(1)仔细找正工件的中心 (2)增加刀杆的刚度 (3)选择合理的刀具，减小切削用量
内孔不圆	(1)夹紧力太大，工件变形 (2)轴承间隙太大 (3)工件加工余量不够	(1)选择合理的装夹方法 (2)调整机床轴承的间隙 (3)分粗车和精车
表面粗糙度达不到要求	(1)切削用量的选择不当 (2)刀具刃磨不良 (3)车刀几何角度不正确，车刀刀尖低于工件的中心	(1)选择合理的切削用量 (2)保证刀刃锋利，研磨车刀前刀面 (3)选择合理的刀具角度，装刀时使刀尖略高于工件中心

3. 车内槽

(1) 内槽车刀　内槽车刀与切断刀的几何形状相似，但装夹方向相反。在小孔中车内槽的车刀做成整体式，而在大直径内孔中车内槽的车刀常为机械夹固式，如图 4-34 所示。

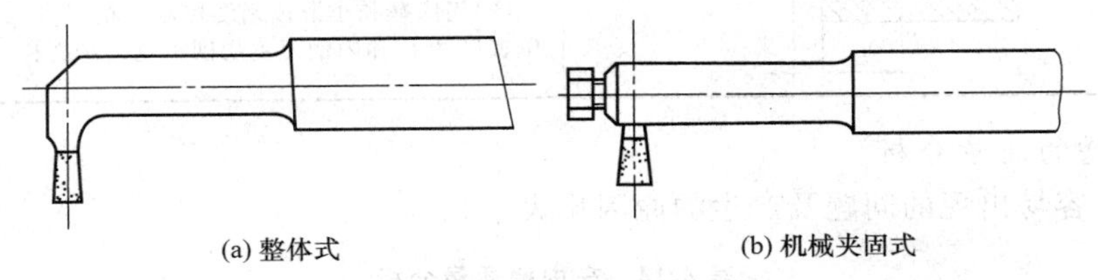

图 4-34　内槽车刀

由于内槽通常与孔轴线垂直，因此要求内槽车刀的刀体与刀柄轴线垂直。装夹内槽车刀时，应使主切削刃与内孔中心等高或略高，两侧副偏角必须对称。

(2) 内槽的车削方法

① 内槽的车削方法见表 4-12。

表 4-12　内槽的车削方法

项目	直进法		成形法	纵向进给法
图示				
应用	宽度较小和要求不高的内槽	要求较高或较宽的内槽	对于内 V 形槽等成形槽	深度较浅，宽度很大的内槽
方法	可用主切削刃宽度等于槽宽的内槽车刀一次车出	可用直进法分几次车出。粗车时，槽壁和槽底应留精车余量，然后根据槽宽、槽深要求进行精车	一般先用内孔车槽刀车出直槽，然后用内成形刀车削成形	用车孔刀先车出凹槽，再用内槽车刀车槽两端的垂直面

② 内槽尺寸的控制见表 4-13。

表 4-13　车内槽时控制内槽深度和位置的方法

内容	图　示	说　明
控制内槽深度		(1)摇动床鞍与中滑板，将内槽刀伸入孔中，使主切削刃与孔壁刚好接触，此时中滑板刻度盘刻线为"0"位(即横向起始位置) (2)根据内槽深度计算出中滑板的进给格数，并在进给终止相应刻度位置用记号笔做出标记或记下该刻度值
控制内槽的轴向尺寸	L　b	(1)移动床鞍和中滑板，使内槽刀的左刀尖与工件端面轻轻接触。此时将床鞍刻度盘的刻度对到位(即纵向起始位置) (2)内槽轴向尺寸的小数部分用小滑板刻度控制，也要将小滑板刻度调整到"0"位 (3)用床鞍和小滑板刻度控制内槽刀进入孔的深度：内槽位置尺寸 L 和内槽刀主切削刃宽度 b 之和，即 $L+b$

4. 车内槽的质量分析

车内槽时容易出现的问题及产生的原因见表 4-14。

表 4-14　车内槽质量分析

出现问题	产生原因
槽侧面不平	(1)内槽刀两侧的刀尖刃磨或磨损不一致 (2)内槽刀的主切削刃与轴线不平行，且有较大夹角，而两侧刀尖又有磨损现象 (3)车床主轴有轴向窜动 (4)内槽刀装夹歪斜或副刀刃没有磨直
车内槽产生振动	(1)主轴与轴承之间间隙太大 (2)车槽时转速过高，进给量过小 (3)车槽的工件悬伸太长，在离心力的作用下产生振动 (4)内槽刀远离工件支承点或车槽刀伸出过长 (5)工件细长，车槽刀刃口太宽
内槽刀折断	(1)工件装夹不牢靠，切割点远离卡盘，在切削力作用下工件被抬起 (2)车槽时排屑不畅，切屑堵塞 (3)内槽刀的副偏角、副后角磨得太大，削弱了切削部分的强度 (4)内槽刀装夹与工件轴线不垂直，主刀刃与工件回转中心不等高 (5)内槽刀前角和进给量过大 (6)床鞍、中滑板、小滑板松动，车槽时产生"扎刀"

二、铰孔

1. 铰刀

铰孔是用铰刀对未淬硬孔进行精加工的一种方法。铰刀是一种尺寸精确的多刃刀具。铰孔加工精度高，尺寸精度可达 IT7～IT9，表面粗糙度值 Ra 可达 0.4～1.6μm。铰孔具有效率高、质量好、操作方便等特点，在批量生产中得到广泛运用。铰刀的用途就是铰孔。

(1) 铰刀的几何形状

① 铰刀的形状如图 4-35 所示，它由工作部分、颈部和柄部组成。铰刀的柄部有圆柱形、圆锥形和圆柄方榫形三种。

② 铰刀的工作部分由引导部分 l_1、切削部分 l_2、修光部分 l_3 和倒锥 l_4 组成，各部分的主要作用和几何参数，见表 4-15。

③ 铰刀最容易磨损的部位是切削部分和修光部分的过渡处，而且这个部分直接影响工件的表面粗糙度，因而该处不能有尖棱。

④ 铰刀的刃齿数一般为 4～10 齿，为了便于测量直径，应采用偶数齿。

(2) 铰刀的种类

① 铰刀按使用方式可分为机用铰刀［图 4-35 (a)、(b)］和手用铰刀［图 4-35 (c)、(e)］，其柄部、工作部分和主偏角的差异，见表 4-16。

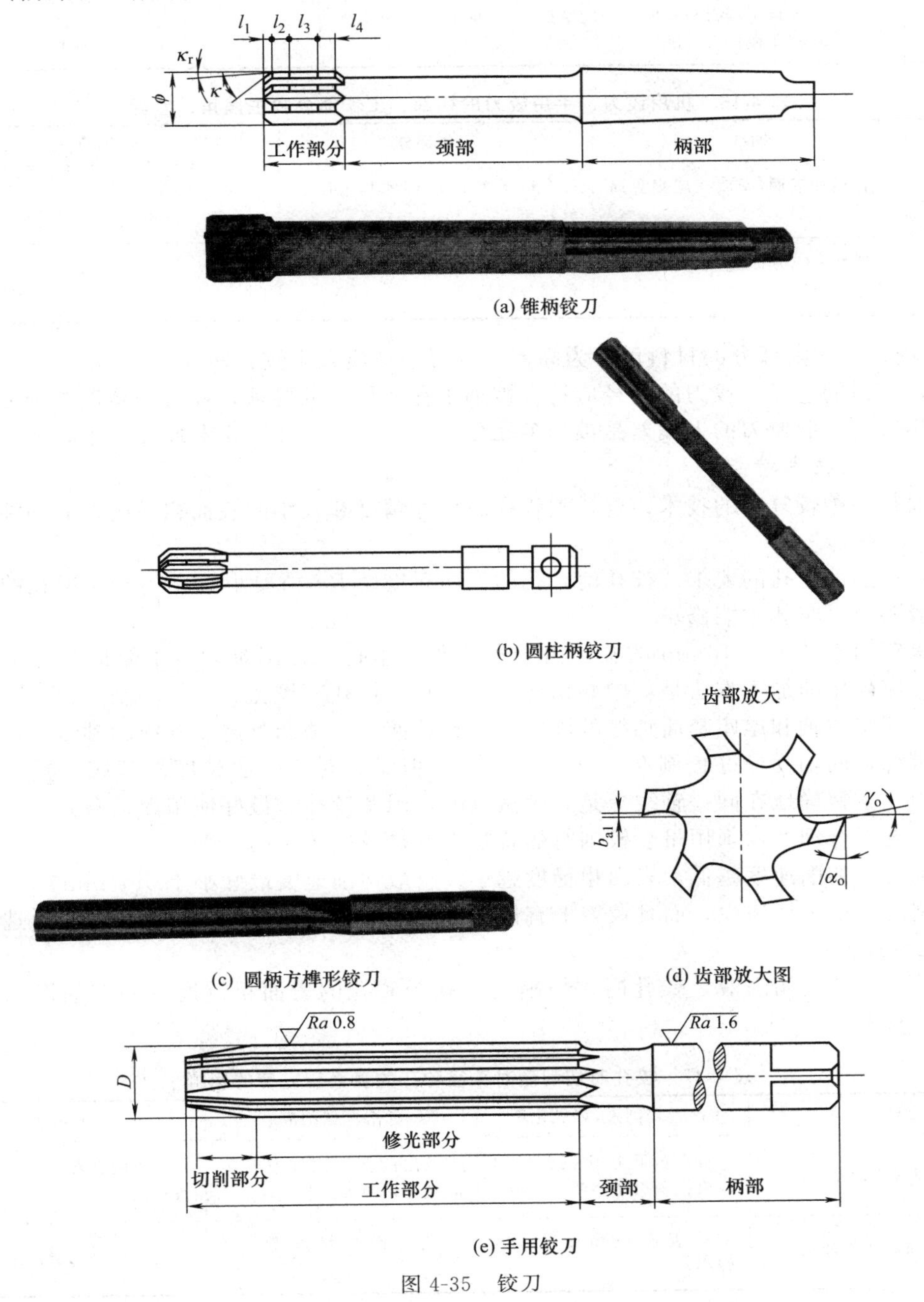

(a) 锥柄铰刀

(b) 圆柱柄铰刀

(c) 圆柄方榫形铰刀

(d) 齿部放大图

(e) 手用铰刀

图 4-35 铰刀

表 4-15 铰刀工作部分的组成及其主要作用和几何参数一览表

工作部分	符号	主要作用	几何参数的一般取值
引导部分	l_1	铰刀开始进入孔内的导向部分	导向角 $\kappa=45°$
切削部分	l_2	担负主要切削工作，其主偏角较小，因此铰削时定心好，切屑薄	前角 $\gamma_o=0°$，铰钢料时 $\gamma_o=0.5°\sim10°$ 后角 $\alpha_o=6°\sim8°$。 主偏角 $\kappa_r=3°\sim15°$
修光部分	l_3	修光部分上有棱边[图 4-35(d)中 b_{a1}]，它起定向、修光孔壁、控制铰刀直径和便于测量等作用	棱边宽度 $b_{a1}=0.15\sim0.25$mm
倒锥部分	l_4	可减小铰刀与孔壁之间的摩擦，还可防止产生喇叭形孔和孔径扩大等缺陷	

表 4-16 机用铰刀、手用铰刀的柄部、工作部分和主偏角的差异

铰刀	柄部	工作部分	主偏角 κ_r
机用铰刀	直柄和锥柄，安放在尾座套筒内进行铰削	车床尾座定向，因此其工作部分较短	较大，标准机用铰刀的主偏角 $\kappa_r=15°$
手用铰刀	柄部做成方榫形，以便套入铰杠进行铰削	没有车床尾座定向，因此其工作部分较长	较小，一般 $\kappa_r=40'\sim4°$

② 铰刀按切削部分的材料可分为高速钢铰刀和硬质合金铰刀两种。

(3) 铰刀的选择　铰刀的直径应符合被加工孔径尺寸的要求，铰刀的精度等级要和铰孔的精度相符，一般铰刀的上偏差是被加工孔公差的 1/3，下偏差是被加工孔公差的 1/3。

2. 铰削的技术特点

铰削是一种较复杂的技术，要达到较高的尺寸精度和较小的表面粗糙度，必须注意以下事项：

(1) 铰削前对孔的要求　铰孔前，孔的表面粗糙度 Ra 值要小于 3.2μm。但孔的直线度误差一般要经过车孔才能修正。

如果铰削直径小于 10mm 的孔，由于孔径小，车孔非常困难，为了保证孔的直线度和同轴度，应采用的加工方法是：中心钻定心—钻孔—扩孔—铰孔。

(2) 调整主轴和尾座套筒轴线的同轴度　铰孔前，必须调整尾座套筒的轴线，使之与主轴轴线重合，同轴度最好控制在 0.02mm 之内。但是，对于一般精度的车床，要求主轴与尾座套筒非常精确地在同一轴线上是比较困难的，因此铰孔时最好使用浮动套筒。

(3) 选择合理的铰削用量　铰削时的背吃刀量是铰削余量的一半。

铰削时，切削速度越低，表面粗糙度越小。一般切削速度最好小于 5m/min。

铰削时，由于切屑少，而且铰刀上有修光部分，进给量可取大些。铰钢料时，选用进给量为 0.2～1.0mm/r。

(4) 合理选用切削液　铰孔时，切削液对孔径和孔的表面粗糙度有一定的影响，见表 4-17。

表 4-17 铰孔时切削液对孔径和孔的表面粗糙度的影响

切削液对孔的影响	水溶性切削液(如乳化液)	油溶性切削液	干切削
对孔径的影响	铰出的孔径比铰刀的实际直径稍微小一些	铰出的孔径比铰刀的实际直径稍微大一些	铰出的孔径比铰刀的实际直径大一些
对孔表面粗糙度的影响	孔表面粗糙度 Ra 值较小	孔表面粗糙度 Ra 值次之	孔表面粗糙度 Ra 值最差

根据切削液对孔径的影响，当使用新铰刀铰削钢料时，可选用10%～15%的乳化液作切削液，这样孔径不容易扩大。铰刀磨损到一定程度时，可用油溶性切削液，使孔稍微扩大一些。

根据切削液对表面粗糙度的影响和铰孔实验证明，铰孔时必须加注充分的切削液。铰削铸件时，可采用煤油作为切削液。铰削青铜或铝合金工件时，可用L-FD-2轴承油或煤油。

3. 铰孔方法

(1) 铰削余量的确定　铰孔是对已有的孔进行精加工的工艺，对铰削余量的要求较高。余量多了，铰出的孔壁粗糙，其他精度也不能达到要求；余量少了，铰孔时不能消除上道工序的缺陷。一般铰孔余量为0.08～0.15mm。用高速钢铰刀时，铰削余量取小值；用硬度合金铰刀时，取大值。

注意：当孔径较小，不能用车孔纠正钻孔时的轴线不直、径向圆跳动等缺陷时，必须保证钻孔质量。铰孔前的内孔表面粗糙度 Ra 不得大于6.3μm。

(2) 铰孔的方法

① 准备工作

a. 找正尾座的中心位置。用试棒和百分表找正尾座的中心位置，保证尾座的中心与主轴中心线重合。

b. 调整切削用量，选择主轴转速。铰孔时，切削速度越低，表面粗糙度值越小。一般切削速度小于5m/min时，进给量可取大些，可取0.2～1mm/r，铰孔切削用量的选择见表4-18。

表4-18　铰孔切削用量的选择

主轴转速 n/(r/min)	12～30
进给量 f/(mm/r)	0.2～1.0
背吃刀量 a_p/mm	0.04～0.06

c. 准备合适的切削液。

② 铰通孔　如图4-36所示，其方法如下。

a. 移动尾座，当铰刀即将接触孔口时，锁紧尾座。

b. 摇动尾座手轮，使铰刀的引导部分轻轻进入孔口深度2mm左右。

c. 开动车床，加足切削液，双手均匀摇动手轮。

d. 铰削结束，铰刀最好从孔的另一端取下，不要从孔中退出。

e. 将内孔擦净，检查内孔尺寸。

③ 铰不通孔　铰不通孔如图4-37所示，其方法如下。

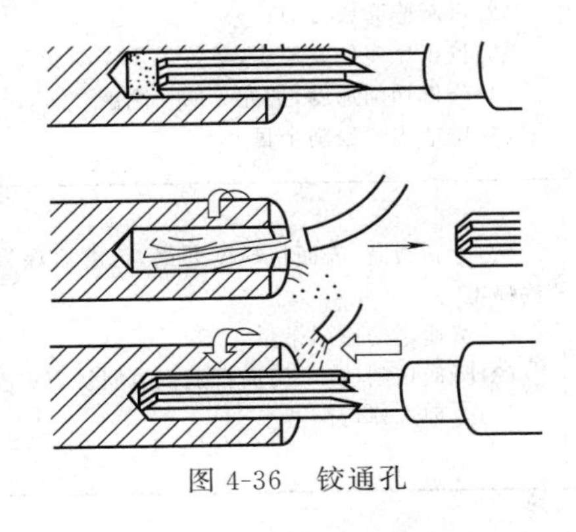

图4-36　铰通孔

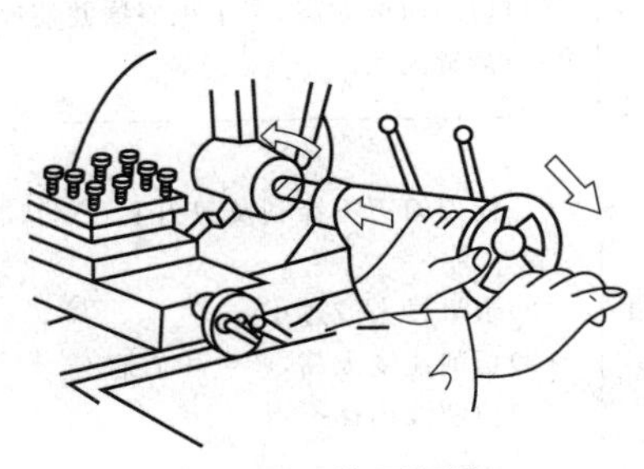

图4-37　铰不通孔

a. 移动尾座，铰刀即将接触孔口时，锁紧尾座。摇动手轮，使铰刀导向刃进入孔口2mm左右。

b. 启动车床，充分加注切削液，双手均匀地摇动尾座手轮进行铰孔。当感觉到轴向切削抗力明显增加时，说明铰刀的端部已到孔底，应当立即退出铰刀。

(3) 检测方法　铰孔的检测项目有孔径和表面粗糙度，其检测项目和方法见表4-19。

(4) 铰孔时的注意事项

表4-19　铰孔的检测项目及检测方法

检测项目	检测量具	检测方法
孔径	塞规、内径百分表	过　止　夹具
表面粗糙度	粗糙度样板	目测

① 选用铰刀时，检查刃口是否锋利，柄部是否光滑。只有完好无损的铰刀才能加工出高质量的孔。

② 铰刀的中心线必须与车床的主轴线重合。

③ 根据选定的切削速度和孔径大小，调整车床的主轴转速。

④ 安装铰刀时，应注意锥柄和锥套的清洁。

⑤ 铰刀由孔中退出时，车床主轴应仍保持正转不变，切不可反转，以防损坏铰刀刃口和已加工表面。

⑥ 应先试铰、试测量，以免造成废品。

4. 铰孔的质量分析

铰孔废品的种类包括孔径扩大、表面粗糙度差两种，产生原因和预防方法见表4-20。

表4-20　铰孔的质量分析

废品种类	产生原因	预防方法
孔径扩大	(1)铰刀直径太大 (2)铰刀刃口径向摇摆过大 (3)尾座偏，铰刀与孔中心不重合 (4)切削速度太高，产生积屑瘤并使铰刀温度升高 (5)余量太大	(1)仔细测量尺寸，根据孔径尺寸要求，研磨铰刀 (2)重新修磨铰刀刃口 (3)校正尾座使其对中，最好采用浮动套筒 (4)降低切削速度，加充分的切削液 (5)留适当的铰削余量
表面粗糙度	(1)铰刀刀刃不锋利及刀刃上有崩口、毛刺 (2)余量过大或过小 (3)切削速度太高，产生积屑瘤 (4)切削液选择不当	(1)重新刃磨，表面粗糙度要高，刃磨后保管好，不许碰毛 (2)留适当的铰削余量 (3)降低切削速度，用油石把积屑瘤从刀刃上磨去 (4)合理选择切削液

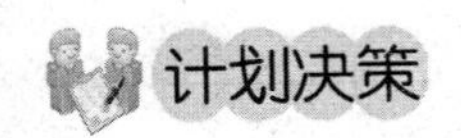

计划决策

表 4-21　计划和决策表

情　境	学习情境四　套类零件的加工					
学习任务	任务二　车孔与铰孔				完成时间	
任务完成人	学习小组		组长		成员	
需要学习的知识和技能	知识：1. 了解内孔车刀的种类及选用 2. 了解铰刀的类型及选用 3. 掌握车内孔的方法 4. 能合理确定铰削余量 技能：1. 掌握内孔车刀的刃磨方法 2. 掌握车孔及铰孔的基本技能 3. 能对孔进行质量分析					
小组任务分配	小组任务	任务实施准备工作	任务实施过程管理	学习纪律及出勤	卫生管理	
	个人职责	设备、工具、量具、刀具等前期工作准备	记录每个小组成员的任务实施过程和结果	记录考勤并管理小组成员学习纪律	组织值日并管理卫生	
	小组成员					
安全要求及注意事项	1. 进入车间要求听指挥，不得擅自行动 2. 不得擅自触摸转动机床设备和正在加工的工件 3. 不得在车间内大声喧哗、嬉戏打闹					
完成工作任务的方案						

任务实施

任务实施见表 4-22、表 4-23。

表 4-22　任务实施表（一）

情　境	学习情境四　套类零件的加工					
学习任务	任务二　车孔与铰孔				完成时间	
任务完成人	学习小组		组长		成员	
任务实施步骤及具体内容						
内孔车刀的刃磨						
步骤	刃磨内容					
粗磨主后刀面	刃磨要求：________ ________ 刃磨方法：________ ________					
粗磨副后刀面	刃磨要求：________ ________ 刃磨方法：________ ________					

续表

步骤	刃磨内容
粗磨前刀面和断屑槽	刃磨要求：________ ________ 刃磨方法：________ ________
精磨断屑槽	刃磨要求：________ ________ 刃磨方法：________ ________
修磨倒棱	刃磨要求：________ ________ 刃磨方法：________ ________
精磨主后刀面	刃磨要求：________ ________ 刃磨方法：________ ________
精磨副后刀面	刃磨要求：________ ________ 刃磨方法：________ ________
修磨刀尖圆弧	刃磨要求：________ ________ 刃磨方法：________ ________

表 4-23　任务实施表（二）

情　境	学习情境四　套类零件的加工					
学习任务	任务二　车孔与铰孔				完成时间	
任务完成人	学习小组		组长		成员	
任务实施步骤及具体内容						
步骤	操作步骤					
车孔前工艺准备	装卡任务一工件并找正夹紧，为防止车孔时工件窜动，便于多次装夹，可利用 $\phi45\times40$ 作为限位台阶					
	装夹通孔车刀：刀尖应与工件中心等高或稍高					
	选取进给量 f=________ mm/r，车床主轴转速 n=________ r/min					
车端面、外圆及台阶	采用45°粗车刀手动车端面，车________ mm 即可					
	采用90°粗车刀粗车 $\phi70$mm×$\phi70$mm 外圆及长度至________，并留余量					
	掉头装夹工件，车外圆至________________并留余量					
钻中心孔	固定尾座位置：移动尾座，使中心钻离工件约________ mm，锁紧尾座					
	采用 B2mm/6.3mm 中心钻，在工件端面上钻出中心孔，在麻花钻起钻时起________作用 选择主轴转速 1120～1400r/min，手动进给量不高于 0.5mm/r					

续表

步骤	操作步骤
钻 ϕ16mm 通孔	用过渡锥套插入尾座孔装夹 ϕ16mm 麻花钻，移动尾座，使麻花钻离工件端面约________mm，锁紧尾座
	启动车床，双手摇动尾座手轮均匀进给，钻 ϕ16mm 通孔，同时浇注乳化液作为切削液。主轴转速取________，手动进给量不高于 0.5mm/r
扩 ϕ25mm 通孔	用过渡锥套插入尾座孔装夹 ϕ25mm 麻花钻，移动尾座，使麻花钻离工件端面约________mm，锁紧尾座
	启动车床，双手摇动尾座手轮均匀进给，扩 ϕ25mm 通孔，同时浇注乳化液作为切削液。主轴转速取________，手动进给量不高于 0.5mm/r

分析评价

表 4-24 分析评价表

序号	检测内容	检测项目及分值		出现的实际质量问题及改进方法			
		检测项目	分值	自己检测结果	准备改进措施	教师检测结果	改进建议
1	主要尺寸	$\phi21\pm0.1$	15				
2		$\phi31^{+0.12}_{0}$	10				
3		65、40	10				
4		4.5 ± 0.06	10				
5		$\phi42\pm0.1$	15				
6	表面质量	$Ra1.6$	10				
7	设备及工、量、刃具的使用维护	常用工、量、刃具的合理使用与保养	5				
		正确操作车床并及时发现一般故障	5				
		车床的润滑	5				
		车床的保养	5				
8	安全文明生产	正确执行安全技术操作规程	5				
		工作服穿戴正确	5				
总分							
教师总评意见							

课后习题

一、填空题

1. 麻花钻的柄部在钻削时起________和________的作用，有________和________两种。
2. 麻花钻的工作部分由________部分和________部分组成。
3. 麻花钻主切削刃上各点的前角数值是变化的，靠________处最大，自________向________逐渐较小，约在钻头直径的________处，前角由________变为________。
4. 对麻花钻前角的变化影响最大的是________。________越大，前角也越大。
5. 横刃斜角的大小由________决定，________增大时，横刃斜角就减小，横刃变________；横刃斜角一般为________。
6. 刃磨不正确的麻花钻有________，________，________等情况。

7. 内孔车刀可分为________和________两种。

8. 车平底盲孔时，刀尖在刀柄的________刀尖与刀柄外端的距离应________内孔半径，否则孔底平面就无法车平。

9. 内槽车刀的几何形状与________刀相似，但装夹方向________。

10. 装夹内槽车刀时，注意使其主切削刃________。

11. 铰孔是对未淬火孔进行________的一种方法。

12. 铰孔特别适合加工直径________，长度________的通孔。

13. 铰刀最容易磨损的部位是________和________的过渡处，而且这个部位直接影响工件的表面粗糙度，而且该处不能有________。

14. 当使用新铰刀铰削钢料时，可选用________作切削液；铰刀磨损到一定程度时，可用________切削液。

二、选择题

1. 麻花钻上靠边缘处最小的角度是________。

A. 螺旋角　　B. 前角　　C. 后角　　D. 横刃斜角

2. 标准的麻花钻的螺旋角应为________。

A. 15°～20°　　B. 18°～30°　　C. 40°～50°　　D. －30°～30°

3. 麻花钻的横刃太短，会影响钻尖的________。

A. 耐磨性　　B. 强度　　C. 抗振性　　D. 韧性

4. 钻出的孔扩大并且倾斜，是因为麻花钻的________。

A. 顶角不对称　　B. 切削刃长度不等　　C. 顶角不对称且切削刃长度不等

5. 钻孔时的背吃刀量是麻花钻________。

A. 直径尺寸　　B. 半径尺寸　　C. 直径的一倍　　D. 半径的 1/2

6. 用麻花钻扩孔时，应把麻花钻外缘处的前角修磨得________些。

A. 小　　B. 大　　C. 和钻孔一样大

7. 通孔车刀的主偏角一般取________，盲孔车刀的主偏角一般取________。

A. 35°～45°　　B. 60°～75°　　C. 90°～95°

8. 铰出的孔径缩小是由于使用了________。

A. 水溶性切削液　　B. 油溶性切削液　　C. 干切削

9. 铰孔时的切削速度应取________mm/min 以下。

A. 10　　B. 5　　C. 20

三、判断题

1. 棱边是为了减少麻花钻与孔壁之间的摩擦。（　）

2. 钻孔时不宜选择较高的机床转速。（　）

3. 孔将要钻穿时，进给量可以取大些。（　）

4. 钻铸铁时进给量可比钻钢料略大些。（　）

5. 前排屑通孔车刀的刃倾角为正值，后排屑盲孔车刀的刃倾角为负值。（　）

6. 盲孔车刀的主偏角应大于 90°。（　）

7. 铰孔时，切屑速度越低，表面粗糙度值越小。（　）

8. 铰孔前，孔的表面粗糙度值要小于 $Ra6.3\mu m$。（　）

9. 使用浮动套筒能够改善孔的直线度和同轴度。（　）

四、思考题

1. 什么是横刃切角？

2. 钻孔时应注意什么？

3. 扩孔钻的主要特点有哪些？

4. 车孔的关键技术是什么？如何解决？

5. 轴肩槽有哪几种形式？

6. 铰孔时应注意什么？

五、计算题

1. 用直径为 ϕ15mm 的麻花钻来钻孔，工件材料为 45 钢，若选用车床主轴转速为 710r/min，求背吃刀量 a_p 和切削速度 v_c。

2. 加工直径为 ϕ50mm 的孔，先用 ϕ30mm 的麻花钻钻孔，选用车床主轴转速为 320r/min；然后用同等的切削速度，用 ϕ50mm 的麻花钻将孔扩大，求：

（1）扩孔时的背吃刀量；

（2）扩孔时车床的主轴转速。

六、完成以下零件的加工

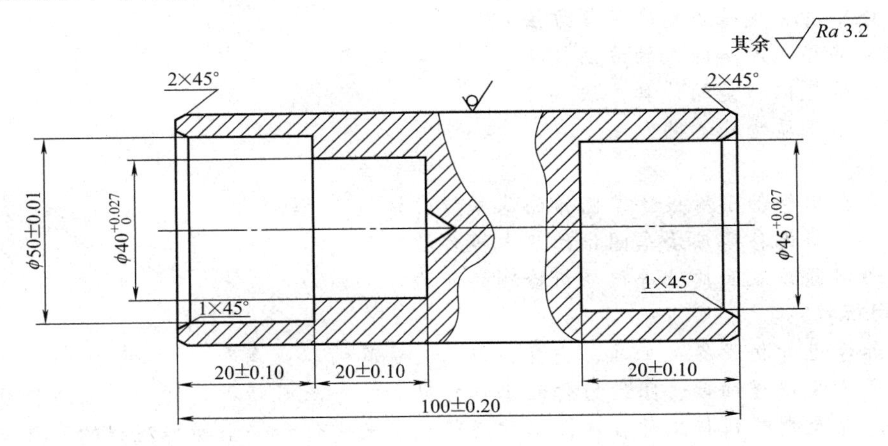

学习情境五 圆锥面的加工

【学习目标】

知识目标：

- 了解关于圆锥的基本参数及其计算
- 掌握转动小滑板车圆锥的方法
- 掌握小滑板旋转角度的计算方法
- 掌握偏移尾座车圆锥的方法
- 掌握尾座偏移量的计算方法
- 掌握圆锥质量检测的方法

能力目标：

- 具备利用转动小滑板法车圆锥的基本操作技能
- 具备利用偏移尾座法车圆锥的基本操作技能
- 具备对圆锥表面质量进行分析检测的能力

素质目标：

- 培养学生爱护设备及工具、夹具、刀具、量具的职业素养
- 培养学生严谨细致、团结协作的工作作风和吃苦耐劳精神，增强职业道德观念
- 培养学生严格执行工作程序、工作规范、工艺文件和安全操作规程的职业素养

情境导入

因锥面配合紧密，拆装方便，多次拆装后仍能保持精确的对中性，因此被广泛应用于要求定位准确，能传递一定转矩和经常拆卸的配合件上。在机床和一些工具中，使用圆锥配合的场合就较多，例如车床主轴锥孔与顶尖的配合，车床尾座锥孔与麻花钻锥柄的配合等。

任务一 外圆锥面的加工

任务描述

本任务要求在 CA6140A 型车床上，将 ϕ45mm×125mm 的 45 钢毛坯加工成如图 5-1 所示的莫氏锥柄工件。

知识链接

一、认识圆锥类零件

1. 圆锥的分类及应用

在机床和工具中，常使用的圆锥面配合以及常见的圆锥工件，见表 5-1。

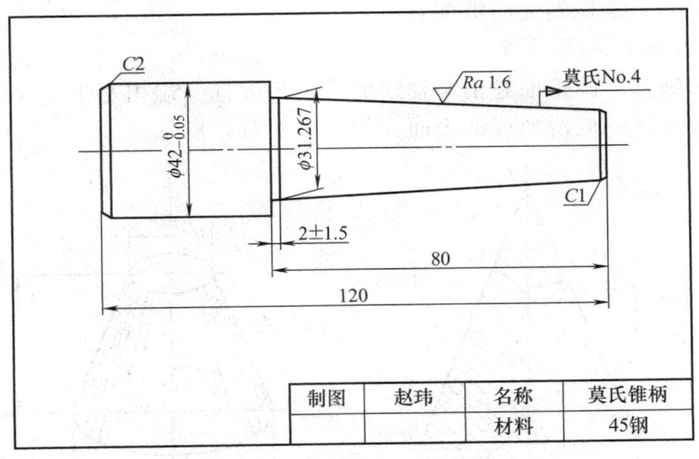

图 5-1　外圆锥加工任务图

表 5-1　常使用的圆锥面配合以及常见的圆锥工件

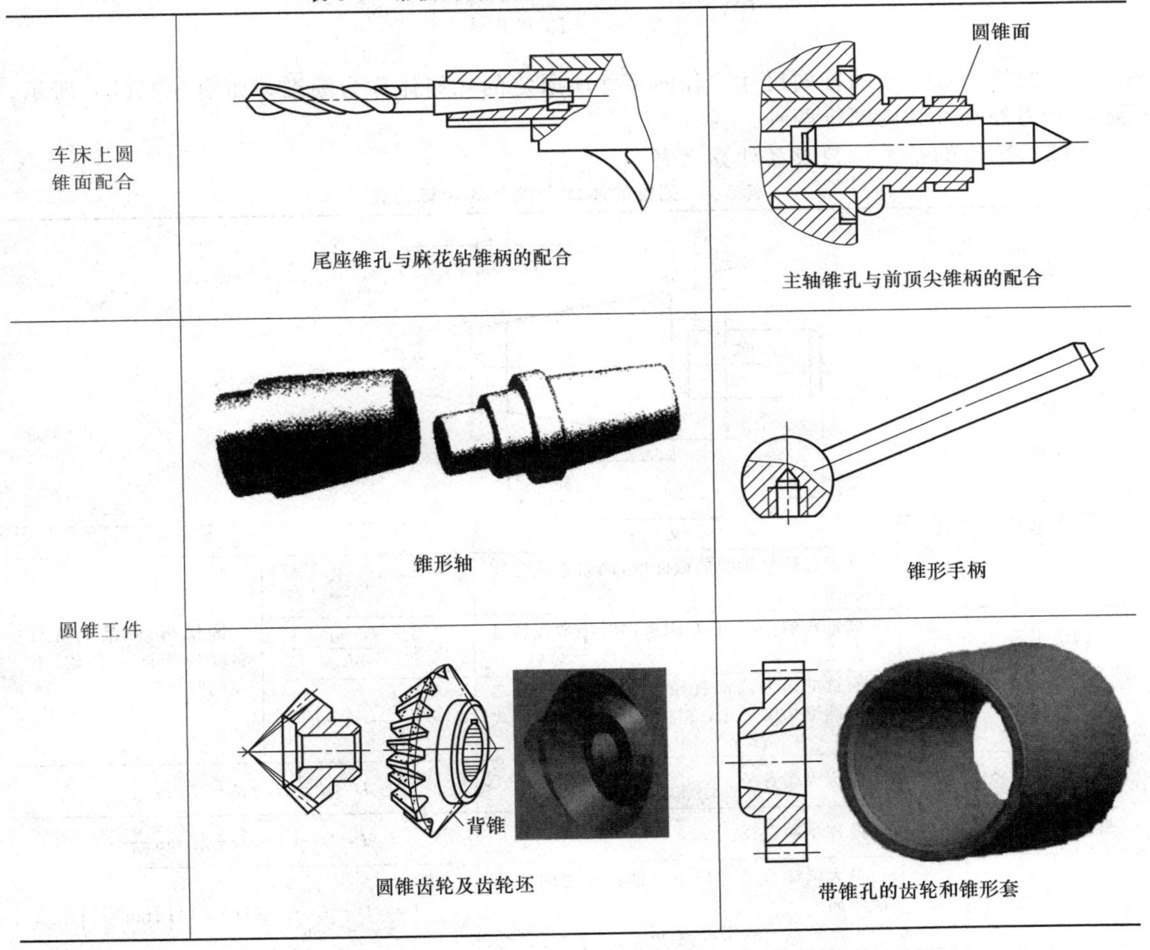

车床上圆锥面配合	尾座锥孔与麻花钻锥柄的配合	圆锥面 主轴锥孔与前顶尖锥柄的配合
圆锥工件	锥形轴	锥形手柄
	背锥 圆锥齿轮及齿轮坯	带锥孔的齿轮和锥形套

圆锥面的配合特点是：

（1）当圆锥角较小时（$\alpha \leqslant 3°$），可以传递很大的转矩。

（2）装卸方便，虽经过多次装卸，仍能保证精确的对中性。

（3）同轴度很高，能做到无间隙配合。

2. 圆锥的基本参数及其计算

（1）圆锥面和圆锥　圆锥面是由与轴线成一定角度且一端相交于轴线的一条直线段 AB（母线），绕该轴线旋转一周所形成的表面，如图 5-2（a）所示。

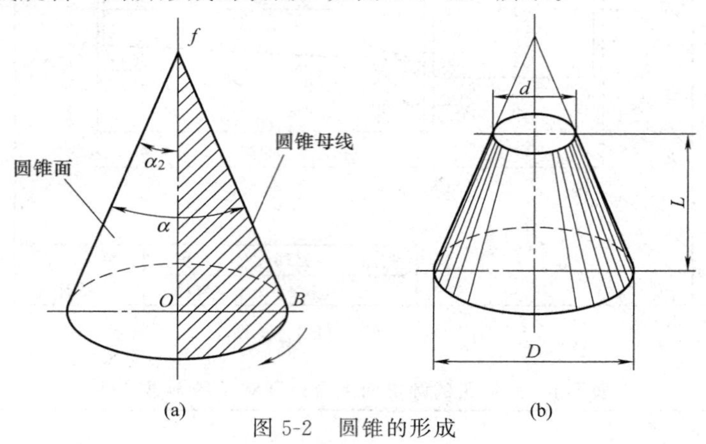

图 5-2　圆锥的形成

由圆锥面和一定的轴向尺寸、径向尺寸所限定的几何体称为圆锥，如图 5-2（b）所示。圆锥分为外圆锥和内圆锥两种。

（2）圆锥的基本参数及其计算（表 5-2）

表 5-2　圆锥的基本参数及其计算公式

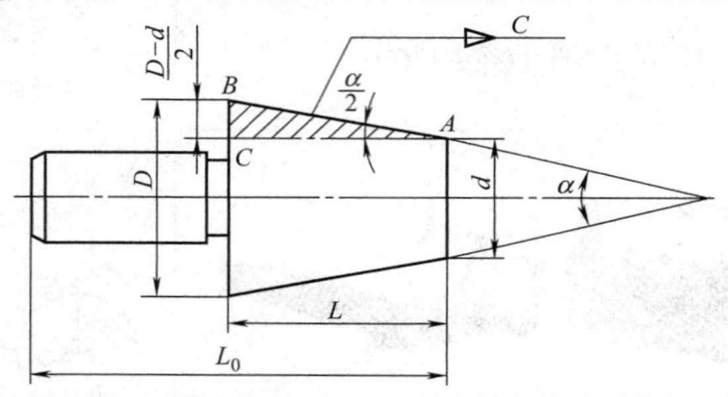

基本参数	代号	定义	计算公式	
圆锥角	α	在通过圆锥轴线的截面内，两条素线之间的夹角	—	圆锥角、圆锥半角与锥度属于同一参数，不能同时标注
圆锥半角	$\frac{\alpha}{2}$	圆锥角的一半，是车圆锥面时小滑板转过的角度	$\tan\frac{\alpha}{2}=\frac{D-d}{2L}=\frac{C}{2}$	
锥度	C	圆锥的最大圆锥直径和最小圆锥直径之差与圆锥长度之比，锥度用比例或分数形式表示	$C=\frac{D-d}{L}=2\tan\frac{\alpha}{2}$	
最大圆锥直径	D	简称大端直径	$D=d+CL=d+2L\tan\frac{\alpha}{2}$	
最小圆锥直径	d	简称小端直径	$d=D-CL=D-2L\tan\frac{\alpha}{2}$	
圆锥长度	L	最大圆锥直径与最小圆锥直径之间的轴向距离 工件全长一般用 L_0 表示	$L=(D-d)/C=(D-d)/\left(2\tan\frac{\alpha}{2}\right)$	

［例 5-1］　图 5-3 所示的磨床主轴圆锥，已知锥度 $C=1:5$，最大的圆锥直径 $D=45\text{mm}$，圆锥长度 $L=50\text{mm}$，求最小圆锥直径 d。

解：根据表 5-2 中的公式

$$d=D-CL=45-\frac{1}{5}\times 50=35\text{mm}$$

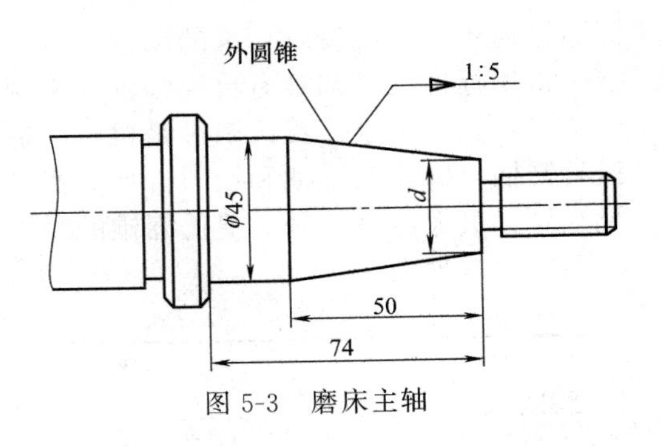

图 5-3　磨床主轴

［例 5-2］　车削一圆锥，已知圆锥半角 $\frac{\alpha}{2}=3°15'$，最小圆锥直径 $d=12\text{mm}$，圆锥长度 $L=30\text{mm}$，求最大圆锥直径 D。

解：根据表 5-2 中公式

$$\begin{aligned} D &= d+2L\tan\frac{\alpha}{2} \\ &= 12+2\times 30\tan 3°15' \\ &= 12+2\times 30\times 0.05678 \\ &= 15.4\text{mm} \end{aligned}$$

［例 5-3］　车削例 5-1 中的磨床主轴圆锥，已知锥度 $C=1:5$，求圆锥半角 $\frac{\alpha}{2}$。

解：

$$C=1:5=0.2$$

根据表 5-2 中的公式

$$\tan\frac{\alpha}{2}=\frac{C}{2}=\frac{0.2}{2}=0.1$$

$$\frac{\alpha}{2}=5°42'38''$$

应用公式计算时，必须利用三角函数表，不太方便。当圆锥半角 $\frac{\alpha}{2}<6°$时，可用下列近似公式计算：

$$\frac{\alpha}{2}\approx 28.7°\times\frac{D-d}{L} \tag{5-1}$$

采用近似计算公式计算圆锥角时的注意事项：

(1) 圆锥半角应在 6°以内。

(2) 计算出来的单位是度（°），度以下的小数部分是十进位的，而角度是 60 进位。应将含有小数部分的计算结果转化为分（′）和秒（″）。

［例 5-4］　有一外圆锥，已知 $D=70\text{mm}$，$d=60\text{mm}$，$L=100\text{mm}$，试分别用查三角函数表法和近似法计算圆锥半角。

解：(1) 用三角函数表法，根据表 5-2 中的公式

$$\tan\frac{\alpha}{2}=\frac{D-d}{2L}=\frac{70-60}{2\times 100}=0.05$$

$$\frac{\alpha}{2}=2°52'$$

(2) 用近似法计算，根据公式 (5-1)

$$\frac{\alpha}{2}\approx 28.7°\times\frac{D-d}{L}=28.7°\times\frac{70-60}{100}=2.87°=2°52'$$

不难看出，用两种方法计算出的结果相同。

3. 标准工具圆锥的认识

为了制造和使用方便，降低生产成本，机床上、工具上和刀具上的圆锥多已标准化，即圆锥的基本参数都符合几个号码的规定，使用时只要号码相同即能互换。标准工具圆锥已在

国际上通用，只要符合标准的圆锥都具有互换性。

常用标准工具圆锥有莫氏圆锥和米制圆锥两种。

（1）莫式圆锥　莫氏圆锥是机械制造业中应用最为广泛的一种，如车床上的主轴锥孔、顶尖锥柄、麻花钻锥柄和铰刀锥柄等都是莫氏圆锥。莫式圆锥有0～6号7种，其中最小的是0号，最大的是6号。莫氏圆锥的号码不同，其线性尺寸和圆锥半角均不相同，莫氏圆锥常用的数据见表5-3。

表 5-3　莫氏圆锥

莫氏圆锥号数（Morse No.）	锥度 C	圆锥角 α	圆锥角偏差	圆锥半角	量规刻线间距 m/mm
Morse No. 0	1∶19.212=0.052 05	2°58′54″	±120″	1°29′27″	1.2
Morse No. 1	1∶20.047=0.049 88	2°51′26″	±120″	1°25′43″	1.4
Morse No. 2	1∶20.020=0.049 95	2°51′41″	±120″	1°25′50″	1.6
Morse No. 3	1∶19.922=0.050 20	2°52′32″	±100″	1°26′16″	1.8
Morse No. 4	1∶19.254=0.051 94	2°58′31″	±100″	1°29′15″	2
Morse No. 5	1∶19.002=0.052 63	3°00′53″	±80″	1°30′26″	2
Morse No. 6	1∶19.180=0.052 14	2°59′12″	±70″	1°29′36″	2.5

（2）米制圆锥（如图5-4）　米制圆锥有7个号码，即4号、6号、80号、100号、120号、160号和200号。它们的号码是指圆锥的大端直径，而锥度固定不变，即 $C=1:20$；如100号米制圆锥的最大圆锥直径 $D=100$mm，锥度 $C=1:20$。米制圆锥的优点是锥度不变，记忆方便。

除了常用的莫氏圆锥和米制圆锥等工具圆锥外，还会遇到一般用途的圆锥和特定用途的圆锥等其他标准圆锥，见表5-4。其中，一般用途圆锥的锥度与锥角及其应用场合见表5-5。

表 5-4　标准圆锥

圆锥角 α	锥度 C	圆锥半角 $\alpha/2$（小滑板转动角度）	圆锥角 α	锥度 C	圆锥半角 $\alpha/2$（小滑板转动角度）
30°	1∶1.866	15°	251′51″	1∶20	1°25′56″
45°	1∶1.207	22°30′		（米制圆锥）	
60°	1∶0.866	30°	3°49′6″	1∶15	1°54′33″
75°	1∶0.625	37°30′	446′19″	1∶12	2°23′9″
90°	1∶0.5	45°	5°43′29″	1∶10	2°51′15″
120°	1∶0.289	60°	7°9′10″	1∶8	3°34′35″
0°17′11″	1∶200	0°8′36″	8°10′16″	1∶7	4°5′8″
0°34′23″	1∶100	0°17′11″	11°25′16″	1∶5	5°42′38″
1°8′45″	1∶50	0°34′23″	18°55′29″	1∶3	9°27′44″
1°54′35″	1∶30	0°57′17″	16°35′32″	7∶24	8°17′46″

表 5-5　一般用途圆锥的锥度与锥角

基本值		推算值				应用举例
系列1	系列2	圆锥角 α			锥度 C	
		(°)(′)(″)	(°)	rad		
120°		—	—	2.094 395 10	1∶0.288 675 1	螺纹的内倒角，中心孔的护锥
90°		—	—	1.570 796 33	1∶0.500 000 0	沉头螺钉、沉头铆钉、阀的锥度，重型工件的顶尖孔、重型机床顶尖，外螺纹、轴及孔的倒角
	75°	—	—	1.308 996 94	1∶0.651 612 7	直径小于（或等于）8mm 的丝锥及铰刀的反顶尖

续表

基本值		推算值				应用举例
		圆锥角 α			锥度 C	
系列 1	系列 2	(°)(′)(″)	(°)	rad		
60°		—	—	1.047 398 16	1 : 1.866 025 4	机床顶尖，工件中心孔
45°		—	—	0.785 398 16	1 : 1.207 106 8	管路连接中，轻型螺旋管接口的锥形密合
30°		—	—	0.523 598 78	1 : 1.866 025 4	传动用摩擦离合器，弹簧夹头
1 : 3		18°55′28.719 9″	18.924 644 42°	0.330 297 35	—	易于拆开的结合，具极限扭矩的摩擦离合器
	1 : 4	14°15′0.117 7″	14.250 032 70°	0.248 709 99	—	车床主轴法兰的定心锥面
1 : 5		11°25′16.270 6″	11.421 186 27°	0.199 337 30	—	锥形摩擦离合器，磨床砂轮主轴端部外锥
	1 : 7	8°10′164 408″	8.171 233 56°	0.142 614 93	—	管件的开关旋塞
	1 : 8	7°9′9.607 5″	7.152 668 75°	0.124 837 62	—	受径向力、轴向力的锥形零件的接合面
1 : 10		5°43′29317 6″	5.724 810 45°	0.099 916 79	—	主轴滑动轴承的调整衬套，受轴向力、径向力及扭矩的接合面，弹性圆柱销联轴器的圆柱销接合面
	1 : 12	4°46′18.797 0″	4.771 888 06°	0.083 285 16	—	部分滚动轴承内环的锥孔
	1 : 15	3°49′5.897 5″	3.818 304 87°	0.066 641 99	—	受轴向力的锥形零件的接和面，主轴与齿轮的配合面
1 : 20		2°51′51.092 5″	2.864 192 37°	0.049 989 59	—	米制工具圆锥，锥形主轴颈，圆锥螺栓
1 : 30		1°54′34.857 0″	1.909 982 51°	0.033 330 25	—	锥形主轴颈铰刀及扩孔钻锥柄的锥度
1 : 50		1°8′45.2″	1.145 877 40°	0.032 273 14	—	圆销、定位销、圆锥销孔的铰刀、镶条

注：应优先选用系列 1，其次选用系列 2。

二、车削外圆锥

在车床上车削外圆锥面的方法主要有宽刃刀车削法、偏移尾座法、转动小滑板法和仿形法 4 种。

1. 宽刃刀车削法车外圆锥

用宽刃刀车圆锥，实质上属于成形法车削，即用成形刀具对工件进行加工。它是在装夹车刀时，把主切削刃与主轴轴线的夹角调整到与工件的圆锥半角相等后，采用横向进给的方法加工出外圆锥，如图 5-4 所示。用宽刃刀车外圆锥时，切削刃必须平直，应取刃倾角，车床、刀具和工件等组成的工艺系统必须具有较高的刚度；而且背吃刀量应小于 0.1mm，切削速度宜低些，否则容易引起振动。宽刃刀车削法主要适用于较短圆锥的精车工序。当工件的圆锥面长度大于切削刃长度时，可以采用多次接刀的方法加工，但接刀处必须平直。

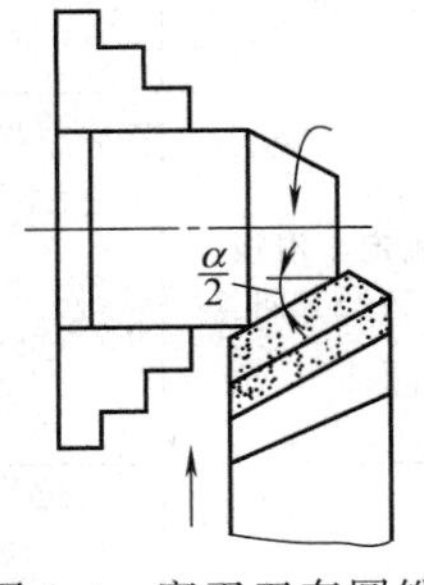

图 5-4　宽刃刀车圆锥

2. 转动小滑板法车外圆锥

(1) 转动小滑板车外圆锥的方法　转动小滑板法，是把小滑板按工件的圆锥半角要求转动一个相应的角度，再转动小滑板使车刀的运动轨迹与所要加工的圆锥素线平行，见表 5-6。

表 5-6 转动小滑板车外圆锥的方法

内容	图示	说明
选择、装夹车刀	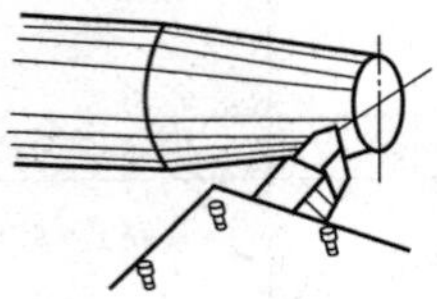 (a) 刀尖对准工件轴线 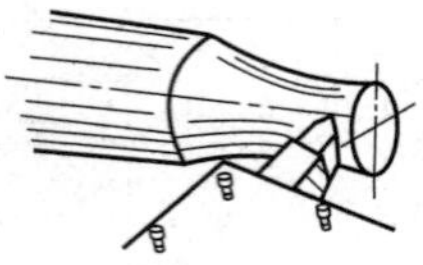 (b) 刀尖高于工件轴线 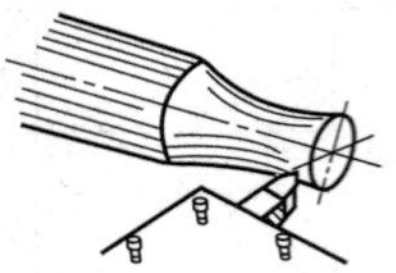 (c) 刀尖低于工件轴线	(1)精车外圆锥主要是提高工件的表面质量和控制外圆锥的尺寸精度 精车外圆锥时，车刀必须锋利、耐磨，一般使用90°精车刀 (2)车刀刀尖必须严格对准工件的轴线，车出的圆锥素线将是直线，如图(a)所示 车刀刀尖没有严格对准工件的轴线，车出的圆锥素线将不是直线，而是双曲线，如图(b)、(c)所示
小滑板镶条的调整	  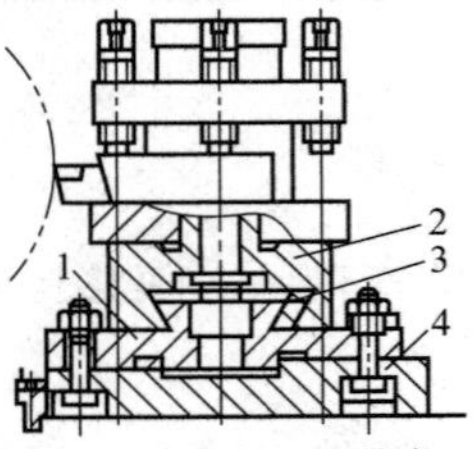 1—小滑板转盘；2—小滑板；3—镶条；4—中滑板	车圆锥前，应检查和调整小滑板导轨与镶条间的配合间隙 配合间隙调得过紧，手动进给强度大，小滑板移动不均匀 配合间隙过紧或过松均会使车出的锥面表面粗糙度值增大，且圆锥的素线不直 调整小滑板间隙，通过转动小滑板前后螺钉，移动小滑板内的斜铁，增大或减小小滑板与导轨的间隙，使小滑板移动灵活、均匀
确定小滑板转动方向	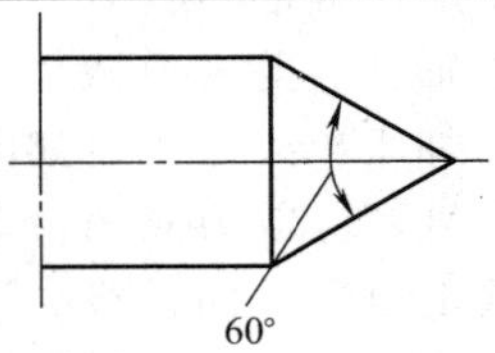 60°	车外圆锥和内圆锥工件时，如果最小圆锥直径靠近尾座方向，小滑板应逆时针方向转动一个圆锥半角($\alpha/2$)；反之，则应顺时针方向转动一个圆锥半角($\alpha/2$) 前顶尖的最大圆锥直径靠近主轴，故小滑板应逆时针方向转动
确定小滑板转动角度	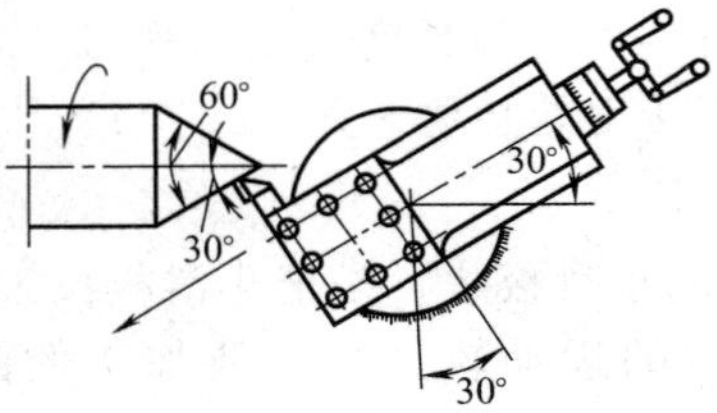 60° 30° 30° 30°	(1)图样上直接标注圆锥半角($\alpha/2$)，就是车床小滑板应转过的角度 (2)图样上没有直接标注出圆锥半角($\alpha/2$)，必须经过换算。换算的原则是把图样上所标注的角度，换算成圆锥素线与车床主轴轴线间的夹角($\alpha/2$)。$\alpha/2$就是车床小滑板应转过的角度 例如前顶尖的圆锥半角为：$\alpha/2=60°/2=30°$，故小滑板应转过$\alpha/2=30°$

续表

内容	图示	说明
试车圆锥	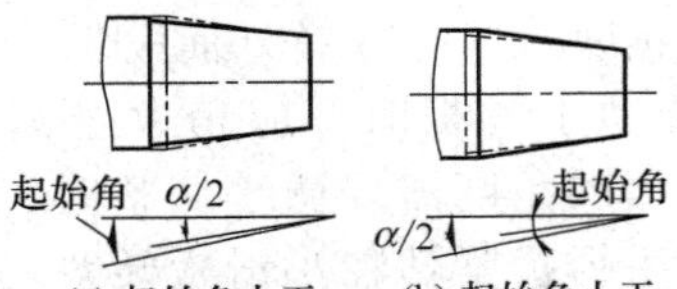 起始角 $\alpha/2$ (a) 起始角大于　(b) 起始角小于	(1)确定圆锥起始角 转动小滑板时，使小滑板起始角略大于圆锥半角 $\alpha/2$，但不能小于 $\alpha/2$，起始角偏小会使圆锥素线车长，难以保证圆锥长度尺寸
	$\frac{\alpha}{2}$	(2)确定起始位置 开动车床，移动中、小滑板，使车刀刀尖与轴右端外圆面轻轻接触，然后将小滑板向后退出至端面，中滑板刻度调至零位，作为粗车外圆锥的起始位置
		(3)试车外圆锥 中滑板移动背吃刀量，然后双手交替转动小滑板手柄，手动进给速度应保持均匀一致，不能间断。当车至终端后将中滑板返出，小滑板快速后退复位，完成试车，测量并逐步找正角度
精车外圆锥时背吃刀量的控制	用中滑板控制背吃刀量 (a) 用套规测量 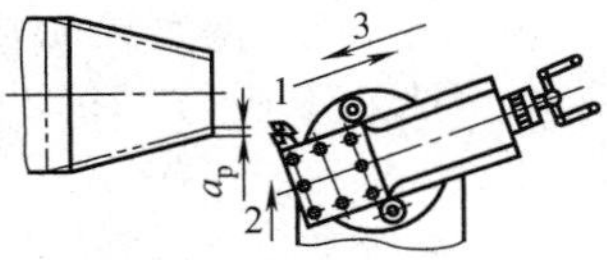 (b) 用中滑板调整背吃刀量a_p	(1)先测量出工件小断面至套规过端界面的距离 a[图(a)] (2)用下式计算出背吃刀量 a_p $a_p=a\tan\frac{\alpha}{2}$或$a_p=a\frac{C}{2}$ (3)移动中、小滑板，使刀尖轻轻接触圆锥的小端外缘后，退出小滑板，中滑板按 a_p 值进给 (4)用小滑板手动进给，精车外圆锥至尺寸要求[图(b)]
	移动床鞍法控制背吃刀量 退出小滑板 (a) 退出小滑板调整背吃刀量a_p 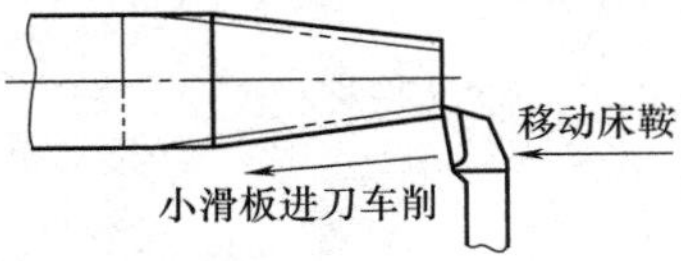 移动床鞍 小滑板进刀车削 (b) 移动床鞍调整背吃刀量a_p	根据量出的距离 a 用移动床鞍的方法控制背吃刀量 a_p (1)先让车刀刀尖轻轻接触圆锥小端外缘，向后退出小滑板，使车刀沿轴向离开工件端面一个距离 a[图(a)] (2)向前端移动床鞍，使车刀与工件端面接触[图(b)]，此时虽然没有移动中滑板，但车刀已经切入了一个所需要的背吃刀量 a_p

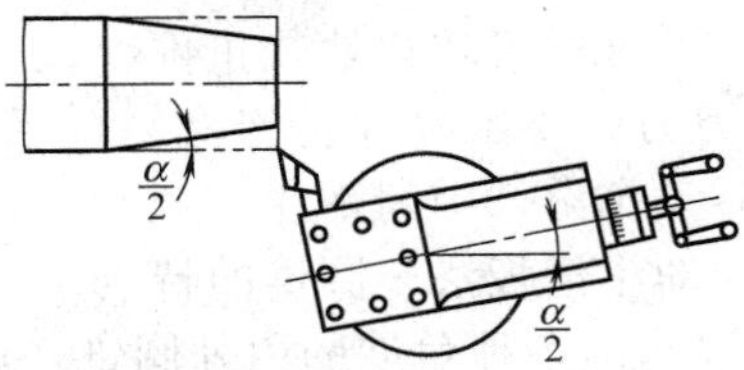

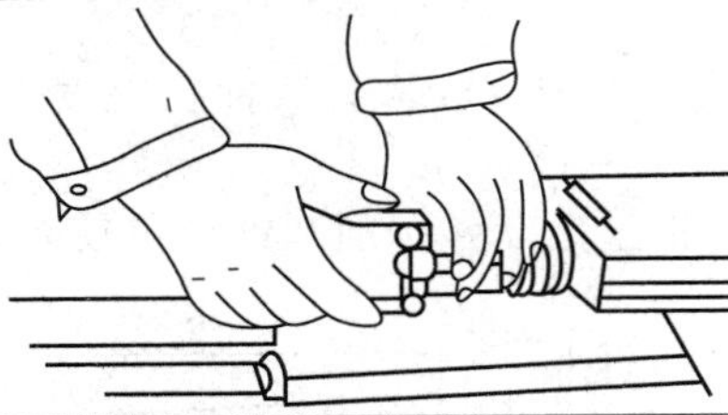

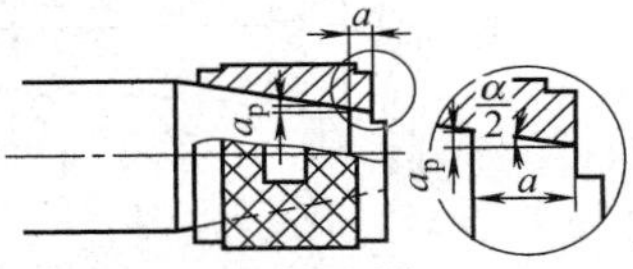

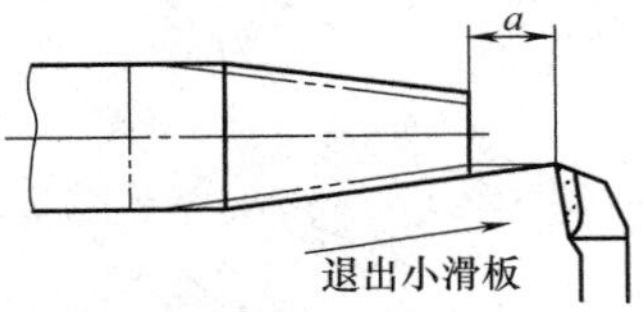

(2) 转动小滑板车外圆锥注意事项

① 车刀必须对准工件轴线，避免产生双曲线（圆锥素线的直线度）误差。当车刀在中途刃磨以后装夹时，必须重新调整，使刀尖严格对准工件轴线。

② 车外圆锥前，一般应按最大圆锥直径留余量 1mm 左右。

③ 防止活扳手在紧固小滑板螺母时打滑而撞伤手。

④ 当圆锥半角不是整数时，其小数部分用目测的方法估计，大致对准。

⑤ 车削前还应根据圆锥长度确定小滑板的行程长度。

⑥ 粗车时，背吃刀量不宜过大，应先校正锥度，以防工件车小而报废。一般留精车余量0.5mm。

图 5-5 用铜棒轻敲小滑板

⑦ 在转动小滑板时，应稍大于圆锥半角，然后逐步校正。当小滑板的角度需要微小调整时，只需把紧固螺母稍松一些，用左手拇指紧贴在小滑板转盘与中滑板底盘上，沿小滑板所需找正的方向用铜棒轻轻敲（图 5-5），凭手指的感觉决定微调量，这样可较快地找正锥度。

⑧ 车刀刀刃要始终保持锋利。两手应均匀移动小滑板，将圆锥面一刀车出，中间不能停顿。

（3）转动小滑板法车圆锥的特点

① 可以车削各种角度的内外圆锥，适用范围广。

② 操作简便，能保证一定的车削精度。

③ 由于小滑板法只能用手动进给，故劳动强度较大，表面粗糙度也较难控制；而且车削锥面的长度受小滑板行程限制。

④ 转动小滑板法主要适用于单件、小批量生产，车削圆锥半角较大但锥面不长的工件。

3. 偏移尾座法车外圆锥

采用偏移尾座法车外圆锥，把尾座横向移动一段距离 S 后，使工件回转轴线 1 与车床主轴线 2 相交，并使其夹角等于工件圆锥半角。由于床鞍是沿平行于车床主轴线 2 的进给方向 3 移动的，工件就车成了一个圆锥，如图 5-6 所示。

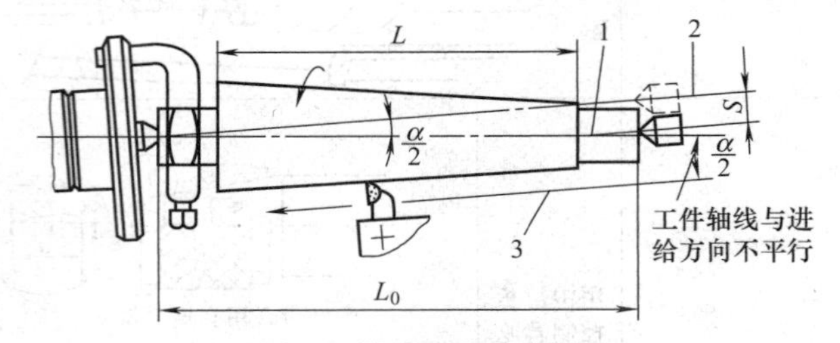

图 5-6 偏移尾座法车圆锥

1—工件回转轴线；2—车床主轴线；3—进给方向

（1）尾座偏移量的计算 用偏移尾座法车外圆锥时，尾座的偏移量不仅与圆锥长度 L 有关，而且还与两顶尖之间的距离（近似看做工件全长 L_0）有关。尾座偏移量 S 可以根据下列近似公式计算：

$$S=L_0\tan\frac{\alpha}{2}=L_0\times\frac{D-d}{2L} \tag{5-2}$$

或

$$S=\frac{C}{2}L_0 \tag{5-3}$$

式中 S——尾座偏移量，mm；

D——最大圆锥直径，mm；

d——最小圆锥直径，mm；

L——圆锥长度，mm；

L_0——工件全长，mm；

C——锥度，mm。

［例 5-5］ 在两顶尖之间用偏移尾座法车一个外圆锥工件，已知 $D=80$mm，$d=76$mm，$L=600$mm，$L_0=1000$mm，求尾座偏移量 S。

解： 根据公式（5-2）可得：

$$S=L_0\times\frac{D-d}{2L}=1000\times\frac{80-76}{2\times600}=3.3\text{mm}$$

［例 5-6］ 用偏移尾座法车一外圆锥工件，已知 $D=30$mm，$C=1:50$，$L=480$mm，

$L_0=500\text{mm}$，求尾座偏移量 S。

解：根据公式（5-3）可得：

$$S=\frac{C}{2}L_0=\frac{1/50}{2}\times 500=5\text{mm}$$

（2）偏移尾座的方法　先将前、后两顶尖对齐（尾座上、下层“0”线对齐），然后根据计算所得偏移量 S，采用以下几种方法偏移尾座，见表 5-7。

表 5-7　偏移尾座的方法

内容	图示	说明
利用尾座刻度偏移	(a)“0”线对齐 1,2—螺钉 (b) 偏移距离S	(1)先将尾座紧固螺母松开 (2)用六角扳手转动尾座上层两侧的螺钉 1 和 2 进行调整 车正锥时，先松螺钉 1，紧螺钉 2，使尾座上层向里（向操作者方向）移动一个 S 的距离；车倒锥时则相反 (3)偏移从 S 调整准确后，必须把尾座紧固螺母拧紧，以防在车削时偏移量 S 发生变化 该方法简单方便，尾座有刻度的车床都可以采用
利用中滑板刻度偏移		(1)在刀架上夹持一端比较平整的铜棒，摇动中滑板手柄，使铜棒端面与尾座套筒接触，记下此时中滑板刻度值 (2)把中滑板移动一个尾座偏移量 S 的距离 (3)横向移动尾座的上层，使尾座套筒与铜棒端面接触。这样尾座也就横向偏移了一个 S 的距离

续表

内容	图示	说明
利用百分表偏移	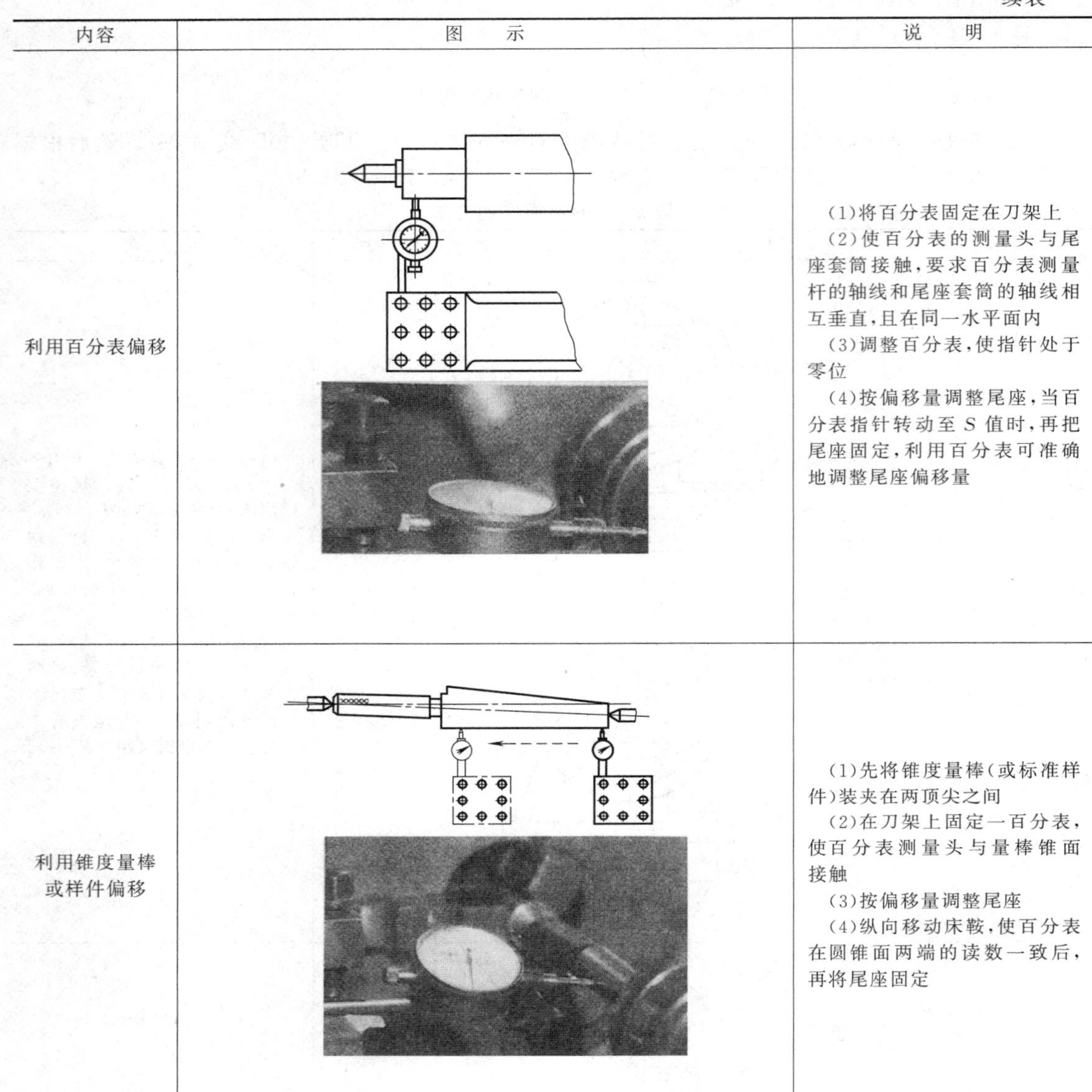	(1)将百分表固定在刀架上 (2)使百分表的测量头与尾座套筒接触,要求百分表测量杆的轴线和尾座套筒的轴线相互垂直,且在同一水平面内 (3)调整百分表,使指针处于零位 (4)按偏移量调整尾座,当百分表指针转动至 S 值时,再把尾座固定,利用百分表可准确地调整尾座偏移量
利用锥度量棒或样件偏移		(1)先将锥度量棒(或标准样件)装夹在两顶尖之间 (2)在刀架上固定一百分表,使百分表测量头与量棒锥面接触 (3)按偏移量调整尾座 (4)纵向移动床鞍,使百分表在圆锥面两端的读数一致后,再将尾座固定

4. *仿形法车削外圆锥面*

仿形法（靠模法）车圆锥是刀具按照仿形装置（靠模）进给对工件进行加工的方法，如图 5-7 所示。在卧式车床上安装一套仿形装置，该装置能使车刀作纵向进给的同时，又作横向进给，从而使车刀的运动轨迹与圆锥面的素线平行，加工出所需的圆锥面。

仿形法适用于加工长度较长、精度要求较高、批量较大的圆锥面工件。

(1) 仿形法车外圆锥的基本原理　在车床床身后面安装一固定靠模板 1，其斜角可以根据工件的圆锥半角调整；取出中滑板丝杠，刀架 3 通过中滑板与滑块 2 刚性连接。这样，当床鞍纵向进给时，滑块沿着固定靠模板中的斜槽滑动，带动车刀做平行于靠模板斜面的运动，使车刀刀尖的动轨迹平行于靠模板的斜面，这样就车出了外圆锥，如图 5-7 所示。

(2) 靠模的结构　如图 5-8 所示，底座 1 固定在车床床鞍上，它下面的燕尾导轨和靠模体 5 上的燕尾槽均为滑动配合。当需要加工圆锥工件时，用螺钉 11 通过挂脚 8、调节螺母 9

及拉杆 10 把靠模体固定在车床床身上。靠模体上标有角度刻度，它上面装有可以绕中心旋转到与车床主轴线相交成所需圆锥半角的锥度靠模板 2。螺钉 6 用来调整靠模板与车床主轴线相交的斜角，当调整到所需的圆锥半角后用螺钉 7 固定。抽出中滑板丝杠，用一连接板 3 一端与中滑板相连，另一端与滑块 4 连接，滑块可以沿靠模板中的斜槽自由滑动。当床鞍做纵向移动时，滑块 4 沿靠模板的斜槽滑动，同时通过连接板带动中滑板沿靠模板横向进给，使车刀合成斜进给运动，从而加工出所需的圆锥面。小滑板需旋转 90°，以便于横向进给以控制锥体尺寸。当不需要使用靠模时，将螺钉 11 松开，取下连接板，装上中滑板丝杠，床鞍将带动整个附件一起移动，从而使靠模失去作用。

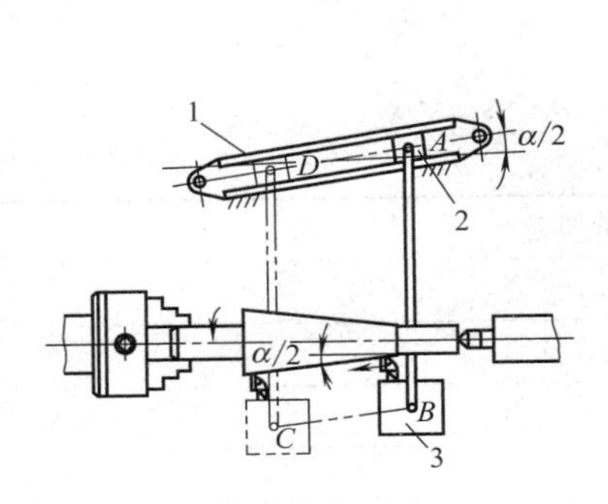

图 5-7 靠模法车圆锥的基本原理

1—靠模板；2—滑块；3—刀架

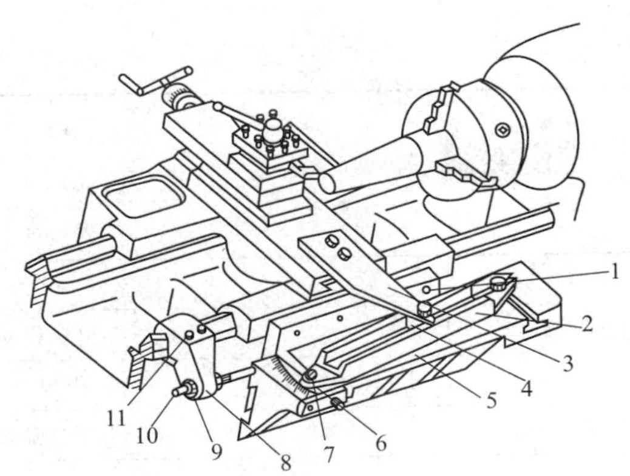

图 5-8 靠模结构

1—底座；2—靠模板；3—连接板；4—滑块；5—靠模体；6,7,11—螺钉；8—挂脚；9—调节螺母；10—拉杆

此外，还可以通过特殊结构的中滑板丝杠与滑块 4 相连，使中滑板既可以手动横向进给，又可以通过滑块沿靠模板横向进给。

（3）仿形法车外圆锥的特点

① 调整锥度准确、方便，生产效率高，因而适合于批量生产。

② 能够自动进给，表面粗糙度 Ra 值较小，表面质量好。

③ 靠模装置角度调整范围较小，一般适用于圆锥半角在 12°以内的工件。

计划决策

表 5-8 计划和决策表

情 境	学习情境五 圆锥面的加工					
学习任务	任务一 外圆锥面的加工				完成时间	
任务完成人	学习小组		组长		成员	
需要学习的知识和技能	知识：1. 了解圆锥的基本参数及计算 2. 掌握转动小滑板法车外圆锥的方法 3. 掌握偏移尾座法车外圆锥的方法 技能：1. 转动小滑板法车外圆锥的操作技能 2. 偏移尾座法车外圆锥的操作技能					
小组任务分配	小组任务	任务实施准备工作	任务实施过程管理	学习纪律及出勤	卫生管理	
	个人职责	设备、工具、量具、刀具等前期工作准备	记录每个小组成员的任务实施过程和结果	记录考勤并管理小组成员学习纪律	组织值日并管理卫生	
	小组成员					

续表

安全要求及注意事项	1. 进入车间要求听指挥,不得擅自行动 2. 不得擅自触摸转动机床设备和正在加工的工件 3. 不得在车间内大声喧哗、嬉戏打闹
完成工作任务的方案	

表 5-9　任务实施表

情　境	学习情境五　圆锥面的加工					
学习任务	任务一　外圆锥面的加工				完成时间	
任务完成人	学习小组		组长		成员	
任务实施步骤及具体内容						
步骤	操作内容					
找正并夹紧毛坯	用_______夹紧毛坯外圆,伸出长度_______ mm 左右,找正并夹紧					
车左端外圆	(1)选切削速度 v_c=_______,进给量_______,车端面,车平即可 (2)粗、精车外圆_______ mm 至图样尺寸,长度大于_______ mm,表面粗糙度达到图样要求 (3)用_______ mm 千分尺检测 $\phi 42_{-0.05}^{0}$ mm 外圆,控制尺寸在公差范围内 (4)倒角_______ mm					
掉头,找正并夹紧,车右端外圆	(1)夹住_______ mm 外圆,伸出长度大于_______ mm,车端面,保证总长_______ mm (2)车外圆_______ mm,长_______ mm					
调整小滑板间隙	调整小滑板间隙,通过转动小滑板前后螺钉,移动小滑板内的斜铁,增大或减小小滑板与_______的间隙,使小滑板移动灵活、均匀					
扳转小滑板,粗车外圆锥	(1)用手将_______松开,小滑板逆时针转动_______,使小滑板基准“0”线与圆锥半角刻线对齐,再锁紧转盘上的螺母 (2)粗车外圆锥					
用标准莫氏4号套规,找正圆锥角度	(1)首先在工件表面顺着圆锥素线薄而均匀地涂上周向均等的_______条显示剂 (2)用标准莫氏 4 号套规检测,手握套规轻轻套在工件上,稍加轴向推力,并将套规转动_______圈 (3)取下套规,观察工件表面显示剂擦去的情况。若小端擦着,大端未擦着,说明圆锥角_______了;若大端擦着,小端未擦着,说明圆锥角_______了;若两端显示剂擦去,中间不接触,说明形成了_______误差,原因是_______,需要_______;若三条显示剂全长擦痕均匀,表明圆锥接触良好,说明锥度_______					
精车外圆锥	(1)在检验_______正确的前提下,精车外圆锥 (2)用套规控制长度_______ mm (3)倒角_______ mm,去毛刺,卸下工件					

分析评价

表 5-10 分析评价表

序号	检测内容	检测项目及分值		出现的实际质量问题及改进方法			
		检测项目	分值	自己检测结果	准备改进措施	教师检测结果	改进建议
1	主要尺寸	ϕ31.267	10				
2		莫氏 4 号	20				
3		$\phi 42_{-0.05}^{0}$	10				
4		C1、C2	2				
5	表面质量	Ra1.6	4				
6		Ra3.2	4				
7	长度尺寸	120	5				
8		80	5				
9		(2±1.5)	10				
10	设备及工、量、刃具的使用维护	常用工、量、刃具的合理使用与保养	5				
		正确操作车床并及时发现一般故障	5				
		车床的润滑	5				
		车床的保养	5				
11	安全文明生产	正确执行安全技术操作规程	5				
		工作服穿戴正确	5				
总分							
教师总评意见							

任务二 内圆锥面的加工

任务描述

完成图 5-9 所示零件加工。

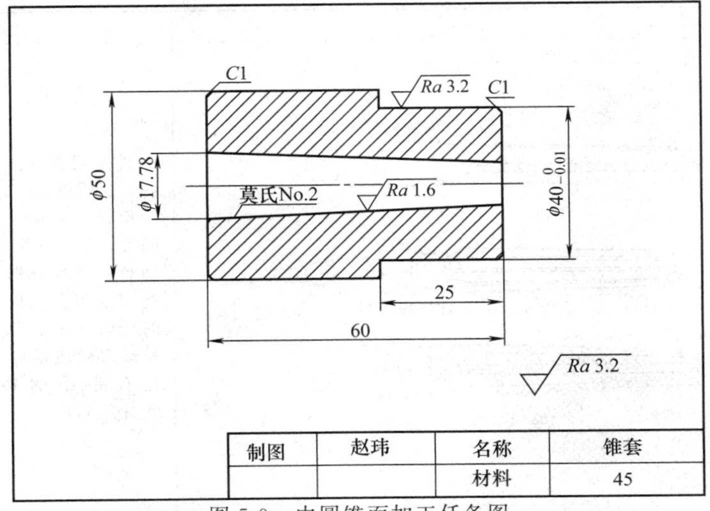

图 5-9 内圆锥面加工任务图

知识链接

一、宽刃刀法车削内圆锥

用宽刃刀车内圆锥主要适用于锥面较短、内圆锥直径较大、圆锥半角精度要求不高，而锥面的表面粗糙度值较小的内圆锥的车削（表 5-11）

表 5-11　用宽刃刀车内圆锥

内容	图　示	说　明
宽刃刀的刃磨与装夹	20°～30° 8°～10° $\frac{\alpha}{2}$	宽刃内圆锥车刀一般选用高速钢车刀，取前角 γ_o＝20°～30°，取后角 α_o＝8°～100°。车刀的切削刃必须刃磨平直，并且与刀柄底面平行，与刀柄纵向对称中心平面的夹角为 $\alpha/2$ 宽刃车刀装夹时，切削刃与工件回转轴线的夹角应为圆锥半角 $\alpha/2$，且与回转轴线等高
用宽刃刀车内圆锥的方法	$\alpha/2$	(1)先用内孔车刀粗车内圆锥，并留精车余量 0.15～0.25mm (2)换宽刃内圆锥刀精车，将宽刃刀的切削刃伸入孔内，其长度大于锥长，横向（或纵向）进给时，应采用低速车削 车削时，使用切削液润滑，可使车出内锥面的表面粗糙度 Ra 值达到 1.6μm

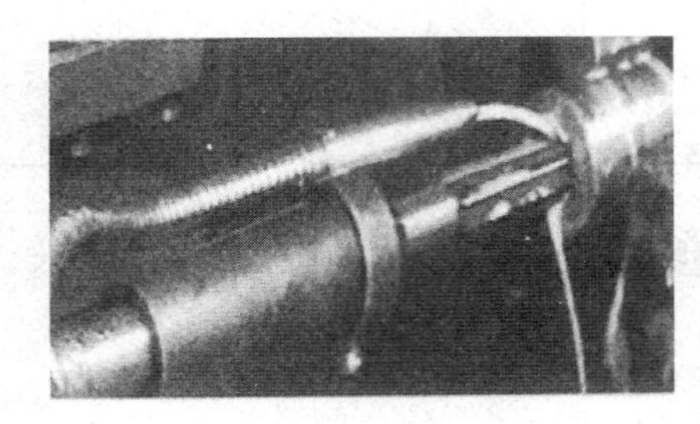

图 5-10　铰内圆孔

二、用锥形铰刀铰内圆锥（图 5-10）

1. 用锥形铰刀铰内圆锥的方法

在加工直径较小的内圆锥时，因为车刀柄的刚度差，加工出的内圆锥精度差，表面粗糙度差，这时可以用锥形铰刀加工，见表 5-12。用铰削方法加工的内圆锥精度比车削的高，表面粗糙度可达到 Ra1.6～0.8μm。

表 5-12　用锥形铰刀铰内圆锥的方法

内容	图示	说明
圆锥形铰刀	(a) (b) 切削液进口 (c)	圆锥形铰刀一般分为粗铰刀[图(a)、(c)]和精铰刀[图(b)]两种 粗铰刀的槽数比精铰刀少，容屑空间大，有利于排屑。粗铰刀的刀刃上切有一条螺旋形分屑槽，把原来很长的切削刃分割成若干短切削刃，铰削时把切屑分成几段，使切屑容易排出。精铰刀做成锥度很准确的直线刀齿，还有很小的棱边（b_{a1} ＝ 0.1 ～ 0.2mm），以保证内圆锥的质量

续表

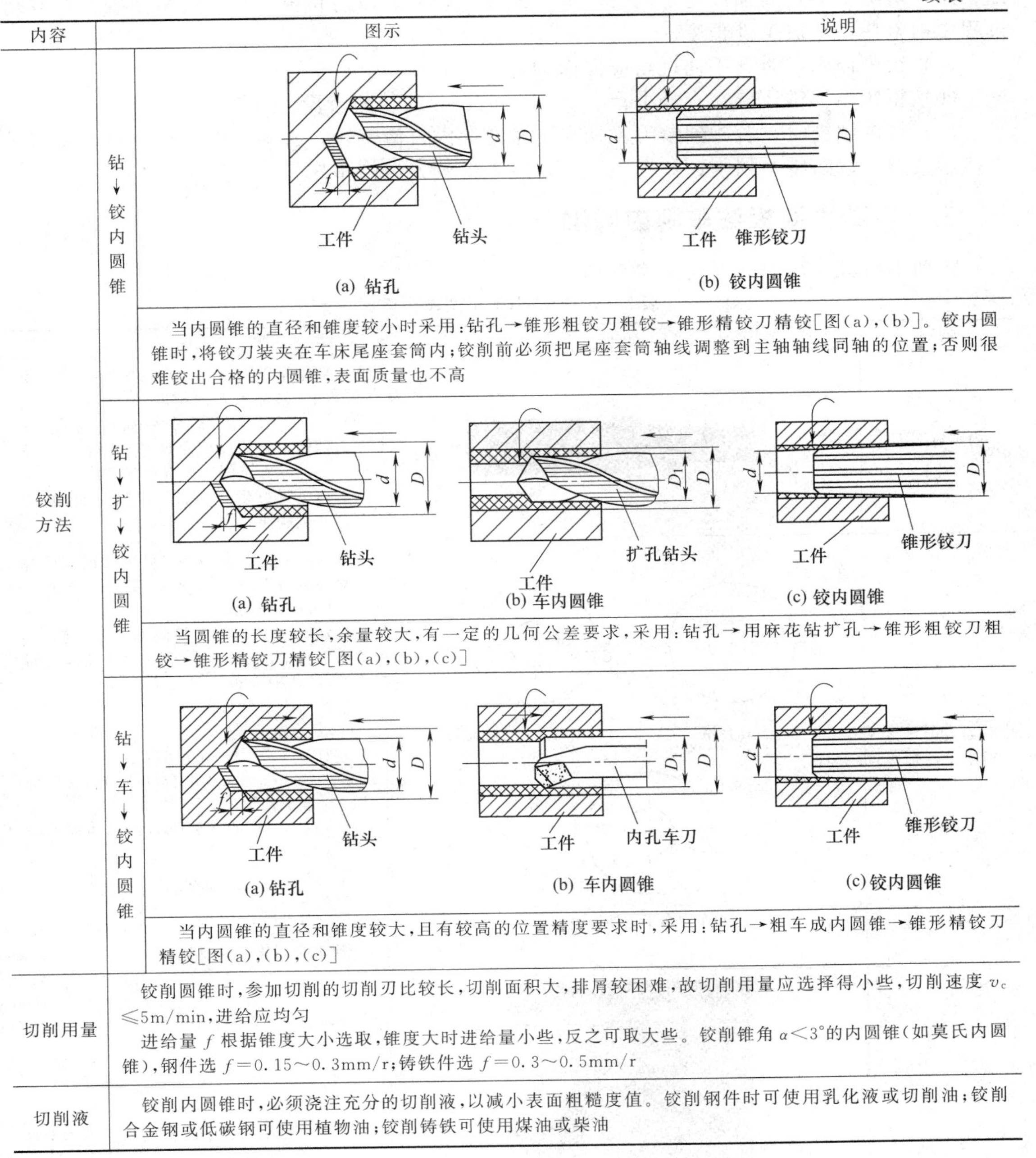

内容		图示	说明
铰削方法	钻→铰内圆锥	(a) 钻孔　(b) 铰内圆锥	当内圆锥的直径和锥度较小时采用：钻孔→锥形粗铰刀粗铰→锥形精铰刀精铰[图(a)，(b)]。铰内圆锥时，将铰刀装夹在车床尾座套筒内；铰削前必须把尾座套筒轴线调整到主轴轴线同轴的位置；否则很难铰出合格的内圆锥，表面质量也不高
	钻→扩→铰内圆锥	(a) 钻孔　(b) 车内圆锥　(c) 铰内圆锥	当圆锥的长度较长，余量较大，有一定的几何公差要求，采用：钻孔→用麻花钻扩孔→锥形粗铰刀粗铰→锥形精铰刀精铰[图(a)，(b)，(c)]
	钻→车→铰内圆锥	(a) 钻孔　(b) 车内圆锥　(c) 铰内圆锥	当内圆锥的直径和锥度较大，且有较高的位置精度要求时，采用：钻孔→粗车成内圆锥→锥形精铰刀精铰[图(a)，(b)，(c)]
切削用量	铰削圆锥时，参加切削的切削刃比较长，切削面积大，排屑较困难，故切削用量应选择得小些，切削速度 $v_c \leqslant 5\text{m/min}$，进给应均匀 进给量 f 根据锥度大小选取，锥度大时进给量小些，反之可取大些。铰削锥角 $\alpha < 3°$ 的内圆锥（如莫氏内圆锥），钢件选 $f=0.15 \sim 0.3\text{mm/r}$；铸铁件选 $f=0.3 \sim 0.5\text{mm/r}$		
切削液	铰削内圆锥时，必须浇注充分的切削液，以减小表面粗糙度值。铰削钢件时可使用乳化液或切削油；铰削合金钢或低碳钢可使用植物油；铰削铸铁可使用煤油或柴油		

2. 铰内圆锥时的注意事项

（1）铰内圆锥前的钻孔时，应使内孔直径小于最小圆锥直径1～1.5mm。

（2）内圆锥的精度和表面质量是由铰刀的切削刃保证的，因而铰刀的切削刃必须很好地保护，不准碰毛，使用前要先检查切削刃是否完好；铰刀磨损后，应在工具磨床上修磨（不要用油石研磨刃带）；铰刀用毕要擦干净，涂上防锈油，并妥善保管。

（3）圆锥铰刀的轴线必须与主轴轴线重合；可以将圆锥铰刀装夹在浮动夹头上，浮动夹头装在尾座套筒的锥孔中，以免因铰孔时由于轴线偏斜而引起工件孔径扩大。

（4）铰内圆锥时，要求孔内清洁、无切屑，表面粗糙度值较小；在铰孔过程中应经常退出铰刀，清除切屑，并加注充足的切削液冲刷孔内切屑，以防止由于切屑过多使铰刀在铰孔过程中被卡住，造成工件报废。

(5) 铰削内圆锥时，手动进给应慢而均匀。

(6) 粗铰内圆锥，应在直径上留有 0.1～0.2mm 的铰削余量。

(7) 铰内圆锥时，若碰到铰刀锥柄在尾座套筒内打滑旋转，必须立即停车，绝不能用手去抓握铰刀，以防将手划伤；铰孔完毕后，应先退铰刀后停车。

三、转动小滑板法车削内圆锥

转动小滑板法车削内圆锥见表 5-13。

表 5-13 转动小滑板法车内圆锥

内容	图示	说明
内圆锥车刀		内圆锥车刀刀柄尺寸受内圆锥小端直径的限制。为增大刀柄刚度，宜选用圆锥形刀柄，且刀尖应与刀柄对称中心等高 刀柄伸出的长度应保证其切削行程，刀柄与工件内圆锥间应留有一定空隙 车刀装夹好后，应在停车状态全程检查是否产生碰撞
车刀刀尖严格对准工件轴线	A B O (a) 合格 B C O A (b) 车刀低于工件轴线 C A O B (c) 车刀高于工件轴线	内圆锥车刀刀尖对准工件轴线的方法与车端面时相同。在工件端面上有预制孔时，可采用以下方法： (1)先初步调整车刀高低位置并夹紧，移动床鞍和中滑板，使车刀与工件端面轻轻接触，摇动中滑板使车刀刀尖在工件端面上轻轻划出一条刻线 AB[图(a)] (2)将卡盘旋转 180°左右，使刀尖通过 A 点再划出一条刻线 AC[图(b)] 若刻线 AC 与 AB 重合[图(a)]，说明刀尖已对准工件轴线 若 AC 在 AB 的下方[图(b)]，说明车刀装低了 若 AC 在 AB 的上方[图(c)]，说明车刀装高了 可根据间距离的 1/4 左右增减车刀垫片，使刀尖对准工件轴线
转动小滑板车内圆锥	$\frac{\alpha}{2}$ $\frac{\alpha}{2}$	与车削外圆锥时相似，只是方向相反，小滑板应顺时针方向旋转，旋转角度为 $\alpha/2$ 车削前必须调整好小滑板导轨与镶条的配合间隙，并确定小滑板的行程。当粗车到圆锥塞规能塞进孔 1/2 长度时，应及时检查和校正圆锥角，把圆锥角调整准确后，再粗、精车内圆锥至尺寸要求

续表

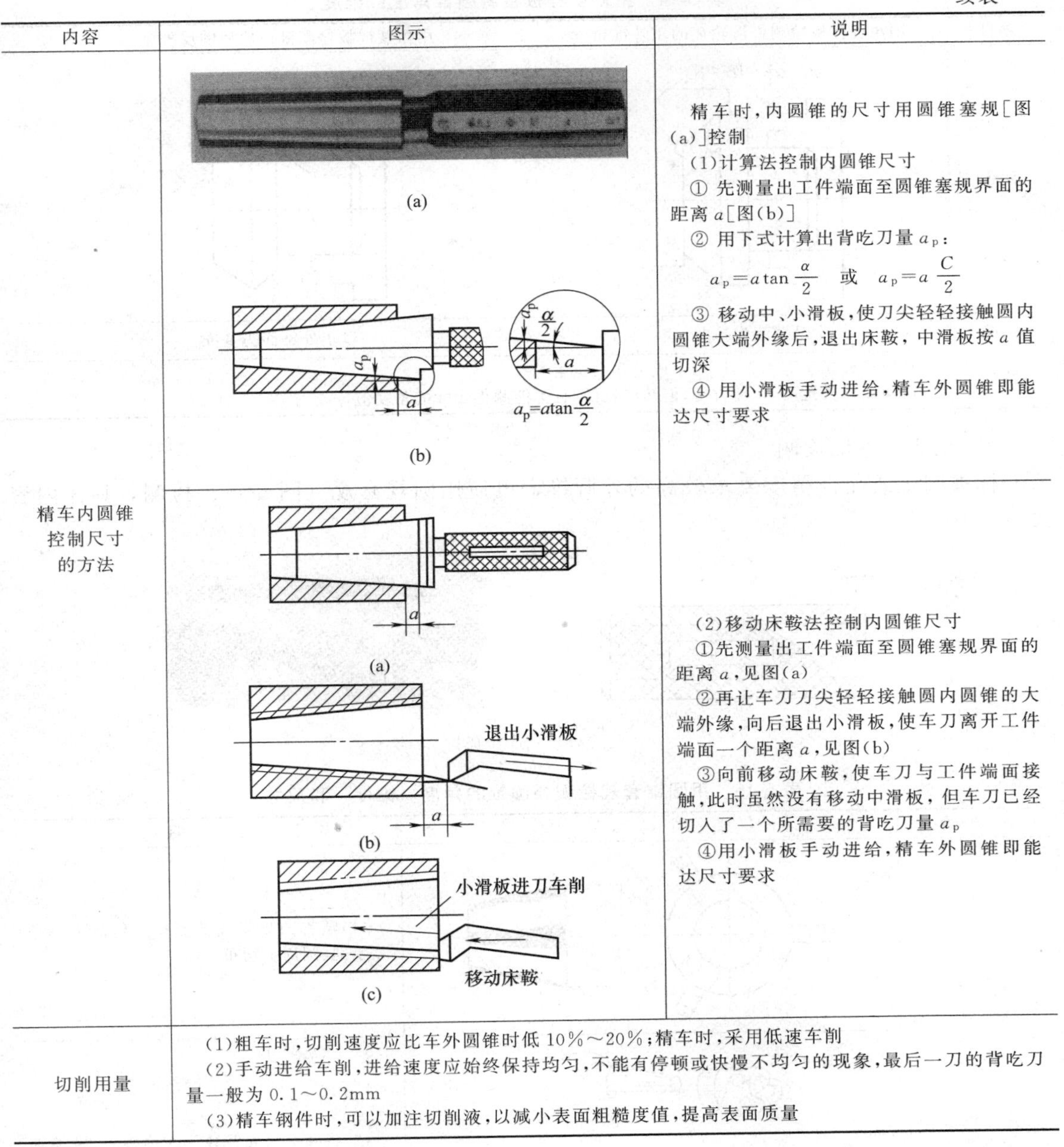

内容	图示	说明
精车内圆锥控制尺寸的方法	(a) (b)	精车时，内圆锥的尺寸用圆锥塞规[图(a)]控制 (1)计算法控制内圆锥尺寸 ① 先测量出工件端面至圆锥塞规界面的距离 a[图(b)] ② 用下式计算出背吃刀量 a_p： $a_p=a\tan\frac{\alpha}{2}$ 或 $a_p=a\frac{C}{2}$ ③ 移动中、小滑板，使刀尖轻轻接触圆内圆锥大端外缘后，退出床鞍，中滑板按 a 值切深 ④ 用小滑板手动进给，精车外圆锥即能达尺寸要求
	(a) (b) (c)	(2)移动床鞍法控制内圆锥尺寸 ①先测量出工件端面至圆锥塞规界面的距离 a，见图(a) ②再让车刀刀尖轻轻接触圆内圆锥的大端外缘，向后退出小滑板，使车刀离开工件端面一个距离 a，见图(b) ③向前移动床鞍，使车刀与工件端面接触，此时虽然没有移动中滑板，但车刀已经切入了一个所需要的背吃刀量 a_p ④用小滑板手动进给，精车外圆锥即能达尺寸要求
切削用量	(1)粗车时，切削速度应比车外圆锥时低 10%～20%；精车时，采用低速车削 (2)手动进给车削，进给速度应始终保持均匀，不能有停顿或快慢不均匀的现象，最后一刀的背吃刀量一般为 0.1～0.2mm (3)精车钢件时，可以加注切削液，以减小表面粗糙度值，提高表面质量	

四、靠模法车削内圆锥面

内圆锥面可以采用图 5-8 所示的靠模装置进行加工。此时只要把锥度靠模板 2 按与车外圆锥相反旋转一个适当的角度，并装上内圆锥车刀便可以加工。靠模法车内圆锥面的加工原理及加工方法与车外圆锥相同。

五、圆锥的质量分析与检测

1. 用角度样板检测

用角度样板检测圆锥角度或锥度见表 5-14。

表 5-14　用角度样板检测圆锥角度或锥度

项目	用角度样板检测锥齿轮坯的正外锥角	用角度样板检测锥齿轮坯的反外锥角
图示	$90°+\alpha_1$	$180°-\alpha_1-\alpha_2$　α_2　α_1
基准	以端面为基准	以正外锥面为基准
特点	角度样板属于专用量具，用于成批和大量生产 用角度样板检测，快捷方便，但精度较低，且不能测得实际的角度值	

2. 用圆锥套规检测

标准圆锥或配合精度要求较高的外圆锥，可使用圆规套规（图 5-11）检测，具体内容见表 5-15。

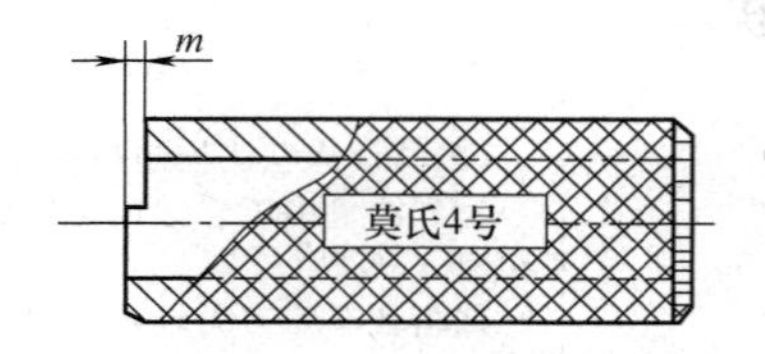

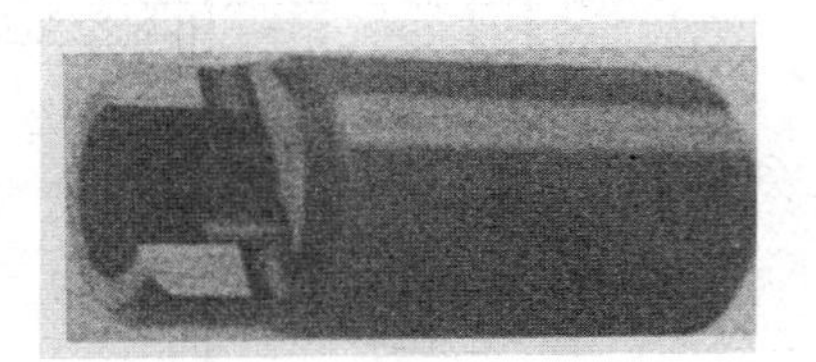

图 5-11　圆锥套规

表 5-15　用圆锥套规检测外圆锥的角度（锥度）和尺寸

内　　容	图　　示	说　　明
用涂色法检查外圆锥的角度（锥度）		（1）顺着圆规素线薄而均匀地涂上三条显示剂（圆周上均布）
		（2）将圆锥套规轻轻套在圆锥上，稍加轴向推力，并将套规转动 1/3 圈
		（3）轴向后退取下套规，观察圆锥上显示剂被擦去的情况： 若三条显示剂全长擦痕均匀，表明圆锥接触良好，锥度正确

续表

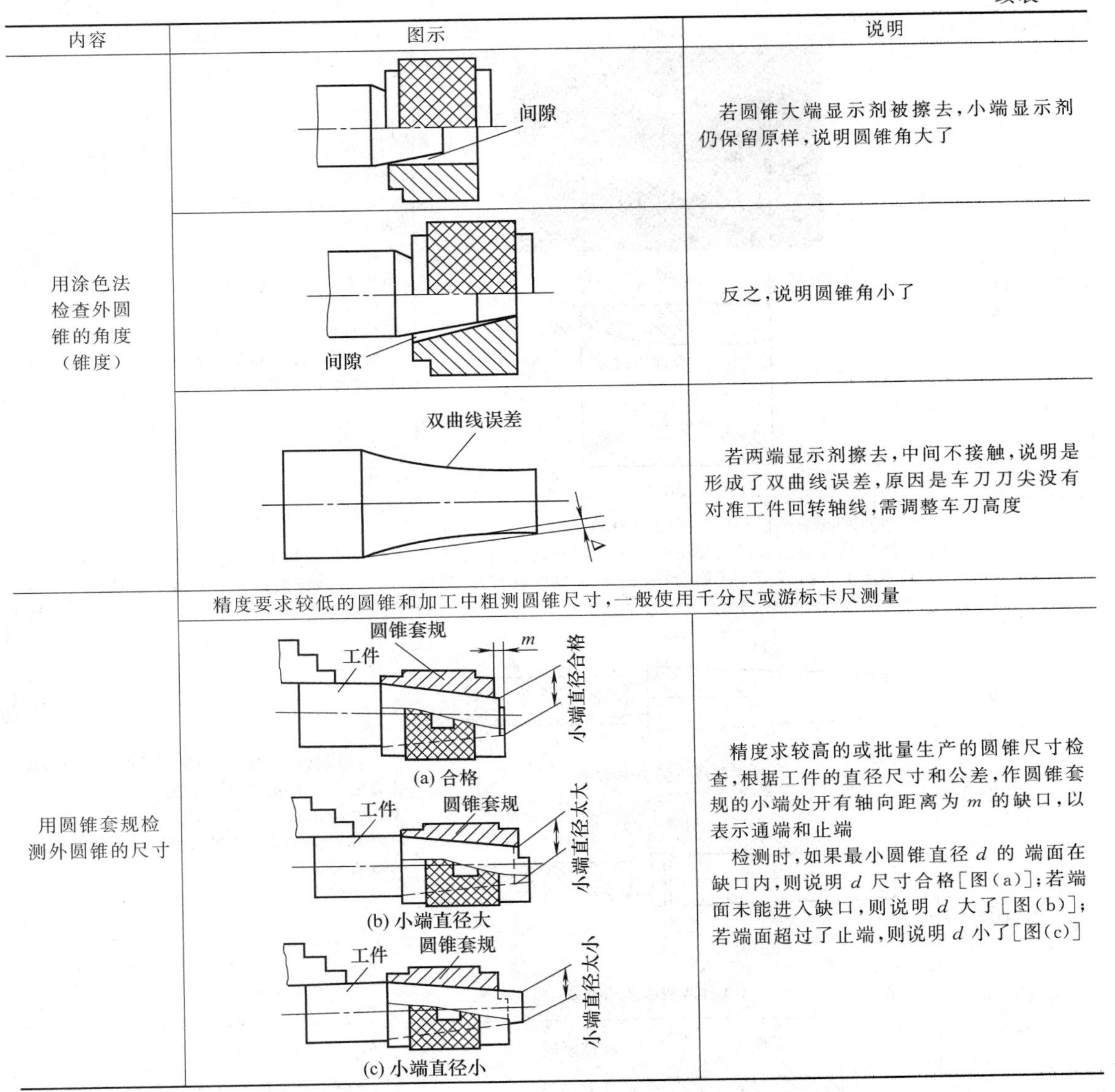

内容	图示	说明
用涂色法检查外圆锥的角度（锥度）	间隙	若圆锥大端显示剂被擦去，小端显示剂仍保留原样，说明圆锥角大了
	间隙	反之，说明圆锥角小了
	双曲线误差	若两端显示剂擦去，中间不接触，说明是形成了双曲线误差，原因是车刀刀尖没有对准工件回转轴线，需调整车刀高度
用圆锥套规检测外圆锥的尺寸	精度要求较低的圆锥和加工中粗测圆锥尺寸，一般使用千分尺或游标卡尺测量	
	圆锥套规 工件 m 小端直径合格 (a) 合格 工件 圆锥套规 小端直径太大 (b) 小端直径大 工件 圆锥套规 小端直径太小 (c) 小端直径小	精度求较高的或批量生产的圆锥尺寸检查，根据工件的直径尺寸和公差，作圆锥套规的小端处开有轴向距离为 m 的缺口，以表示通端和止端 检测时，如果最小圆锥直径 d 的端面在缺口内，则说明 d 尺寸合格[图(a)]；若端面未能进入缺口，则说明 d 大了[图(b)]；若端面超过了止端，则说明 d 小了[图(c)]

3. 用圆锥塞规检测

标准圆锥或配合精度要求较高的内圆锥，可使用圆锥塞规检测，见表 5-16。

表 5-16　用圆锥塞规检测内圆锥的角度和尺寸

内容	图示	说明
内圆锥角度或锥度的检测		内圆锥角度或锥度的检测使用涂色法检测 检测要求与用圆锥套规检测外圆锥的要求相同，但要将显示剂涂在塞规表面 手握塞规轻轻地塞入工件内，稍加轴向推力，并将塞规转动 1/3 圈

内容	图示		说明
内圆锥角度或锥度的检测	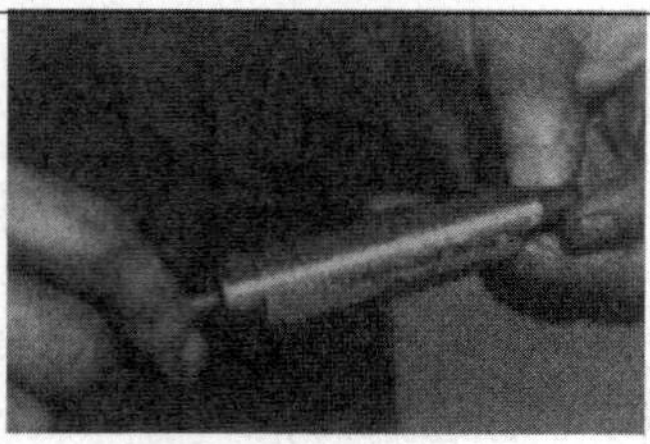 (a) 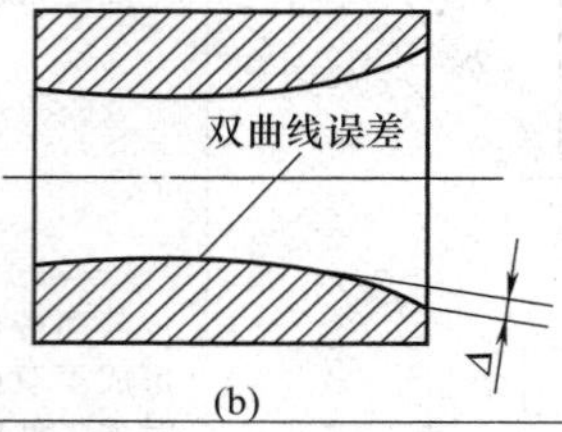 (b)		取出塞规，观察塞规表面显示剂擦去的情况 (1)若塞规小端擦着，大端未擦着，说明圆锥角大了 (2)若大端擦着，小端未擦着，说明圆锥角小了 (3)若三条显示剂全长擦痕均匀，表明圆锥接触良好，说明锥度正确，如图(a)所示 (4)若发现中间显示剂擦去，两端没有擦去，说明工件产生了双曲线误差，如图(b)所示
锥孔尺寸的检测	(1)用卡钳、游标卡尺和千分尺检测 圆锥精度要求较低及加工中粗测内圆锥尺寸时，可使用卡钳配合游标卡尺或千分尺测量。测量时必须注意卡脚或千分尺测量杆和工件的轴线垂直，测量位置必须在内锥的最大端或最小端处		
	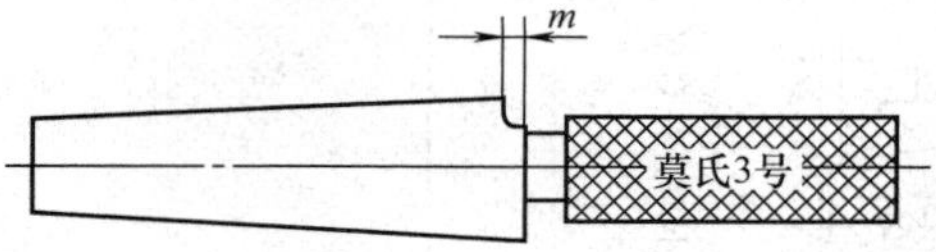 (a) 有台阶的圆锥塞规 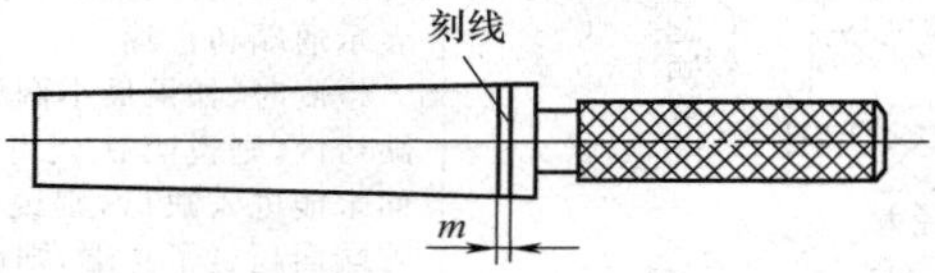 (b) 有两刻线的圆锥塞		(2)用圆锥塞规检测精度要求较高的或批量生产的锥孔尺寸，根据工件的直径尺寸和公差，在圆锥塞规的大端处开有轴向距离为 m 的台阶(或两条刻线)缺口，以表示通端和止端
	尺寸合格	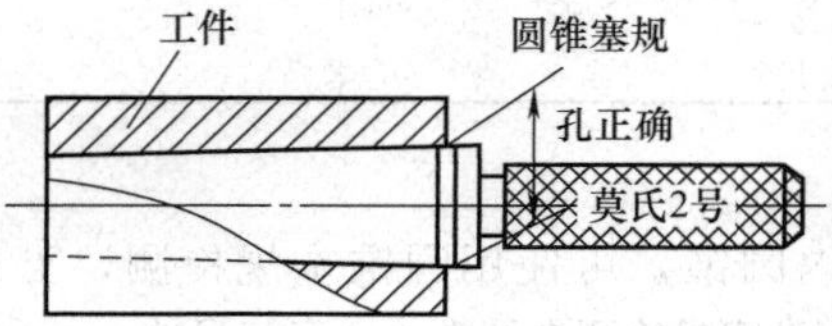	检测时，若锥孔大端面在塞规台阶的两端面之间(或两刻线之间)，说明锥孔尺寸合格
	尺寸大	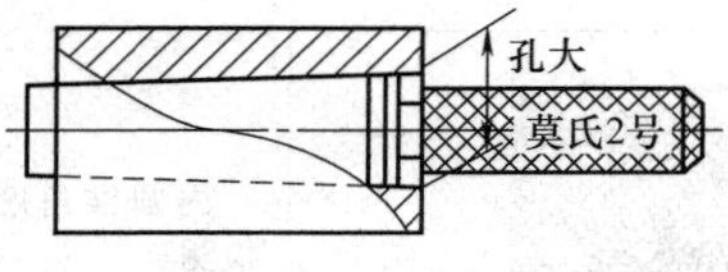	若锥孔大端面超过了止端刻线，则说明锥孔尺寸大了
	尺寸小	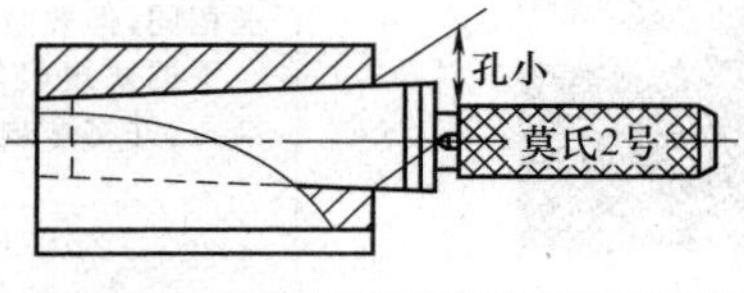	若通端、止端两条刻线都没有进入锥孔，则说明锥孔尺寸小了

圆锥塞规和检测外圆锥的套规统称为圆锥量规。

4. 用万能角度尺检测

(1) 万能角度尺的结构　其结构如图 5-12 所示，它可以测量 0°～320°范围内的任意角度。

测量时基尺 5 可以带着尺身 1 沿着游标 3 转动，当转到所需的角度时，可以用制动器 4 锁紧。卡块 7 将 90°角尺 2 和直尺 6 固定在所需的位置上。测量时，转动背面的捏手 8，通过小齿轮转动扇形齿轮，使基尺改变角度。

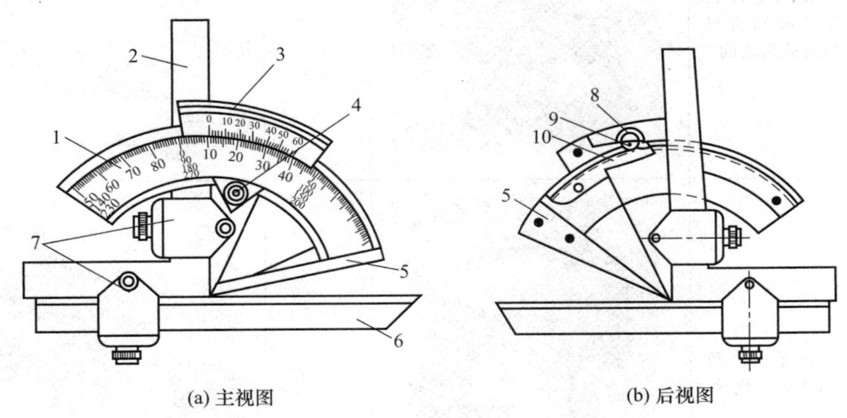

(a) 主视图　　(b) 后视图

图 5-12　万能角度尺

1—尺身；2—90°角尺；3—游标；4—制动器；5—基尺；6—直尺；7—卡块；8—捏手；9—小齿轮；10—扇形齿轮

(2) 万能角度尺的读数方法　万能角度尺的读数方法与游标卡尺的相似，下面以常用的分度值为 2′的万能角度尺为例，介绍其读数方法，如图 5-13 (a) 所示。

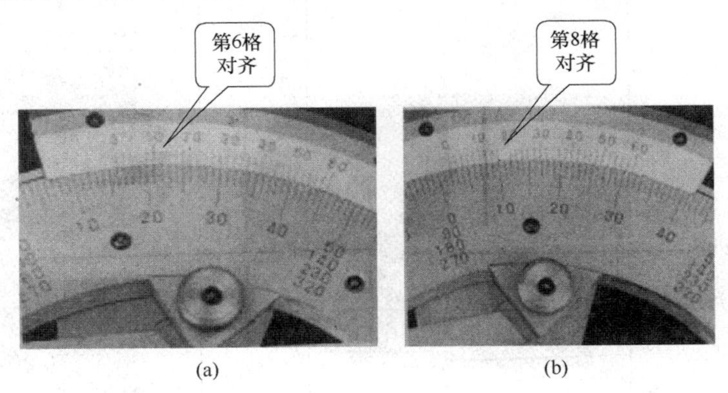

(a)　　(b)

图 5-13　万能角度尺的读数方法

步骤 1：从尺身上读出游标“0”线左边角度的整度 (°)，尺身上每一格为 1°；即读出整度数为 16°。

步骤 2：用游标“0”线与尺身刻度线对齐的游标上的刻线格数，乘以游标万能角度尺的分度值，得到角度的“′”，即 6×2′＝12′。

步骤 3：两者相加就是被测圆锥的角度值；即16°＋12′＝16°12′。

[例 5-7]　试读出图 5-13 (b) 所示万能角度尺的角度值。

解： 图 5-13 (b) 所示万能角度尺的角度值：2°＋16′＝2°16′。

(3) 万能角度尺的测量方法　用万能角度尺测量圆锥的角度时，应根据角度的大小，选择不同的测量方法，见表 5-17。

表 5-17　用万能角度尺测量圆锥角度的方法

测量的角度	结构变化	测量范围	尺身刻度排数	测量示例
0°～50°	被测工件放在基尺和直尺的测量面之间	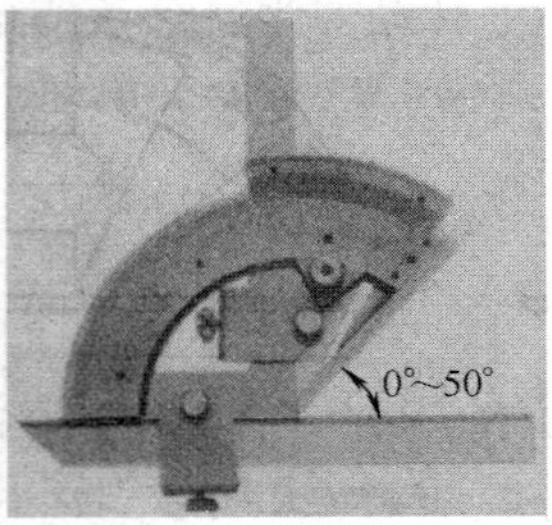 0°～50°	第一排	
50°～140°	卸下 90°角尺，用直尺代替	 50°～140°	第二排	
140°～230°	卸下直尺，装上 90°角尺	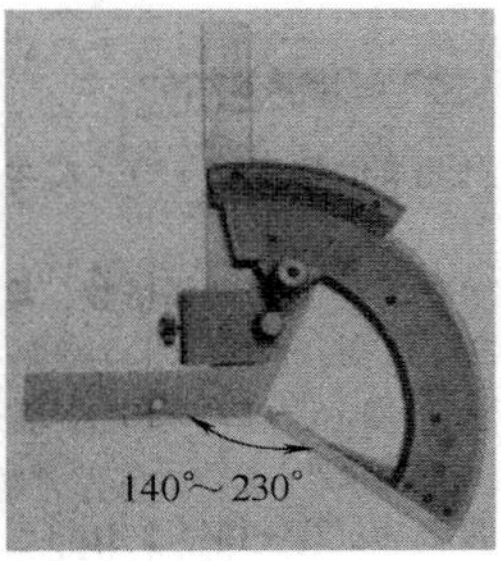 140°～230°	第三排	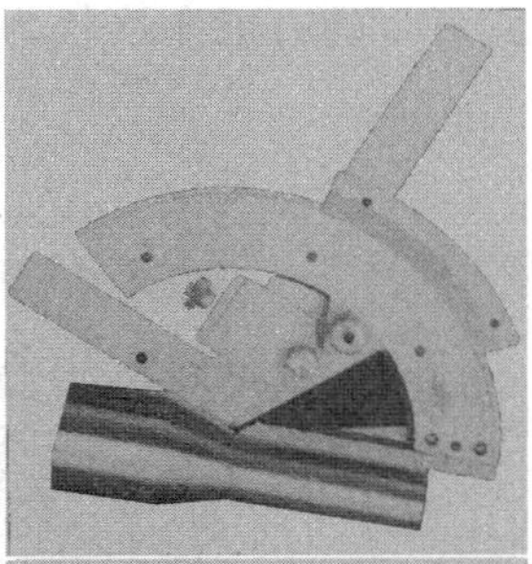 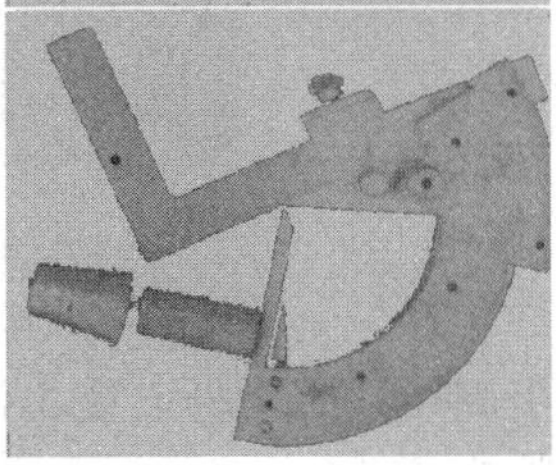
230°～320°	卸下 90°角尺、直尺和卡块，由基尺和尺身上的扇形板组成测量面	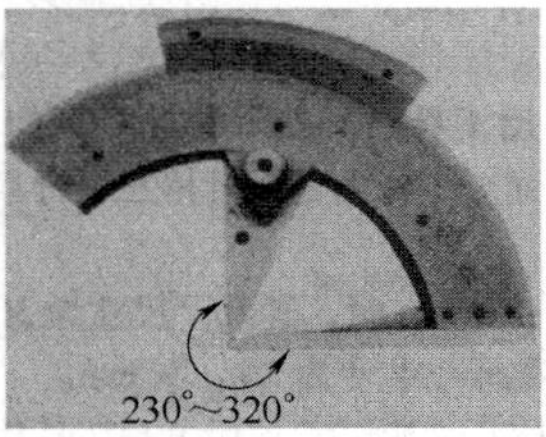 230°～320°	第四排	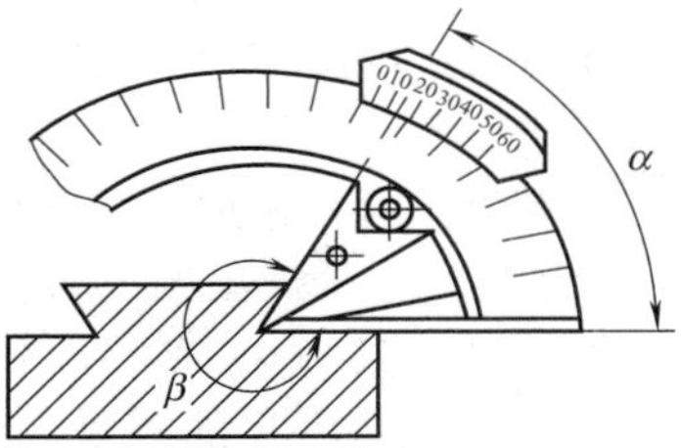 0 10 20 30 40 50 60 α β

5. 圆锥的车削质量分析

车削内外圆锥面时，由于对操作者技能要求较高，在生产实践中，往往会因为种种原因而产生很多缺陷，表 5-18 为车圆锥时废品产生的主要原因及预防措施。

表 5-18　圆锥的车削质量分析

废品种类	产生原因		预防措施
角度（锥度）不正确	用宽刃法车削	(1)装刀不正确 (2)切削刃不直 (3)刃倾角 $\lambda_s \neq 0°$	(1)调整切削刃的的角度和对准工件轴线 (2)修磨切削刃，保证其直线度 (3)重磨刃倾角，使 $\lambda_s = 0°$
	用转动小滑板法车削	(1)小滑板转动的角度计算差错，或小滑板角度调整不当 (2)车刀没有装夹牢固 (3)小滑板移动时松紧不均匀	(1)仔细计算小滑板转动的角度和方向，反复试车找正 (2)紧固车刀 (3)调整小滑板镶条间隙，使小滑板移动均匀
	用偏移尾座法车削	(1)尾座偏移位置不正确 (2)工件长度不一致	(1)重新计算和调整尾座偏移量 (2)若工件数量较多，其长度必须一致，且两端中心孔深度一致
	用仿形法(靠模法)车削	(1)靠模角度调整不正确 (2)滑块与锥度靠模板配合不良	(1)重新调整锥度靠模板角度 (2)调整滑块和锥度靠模板之间的间隙
	铰内圆锥	(1)铰刀的角度不正确 (2)铰刀轴线与主轴轴线不重合	(1)更换、修磨铰刀 (2)用百分表和试棒调整尾座套筒轴线与主轴轴线重合
最大和最小圆锥直径不正确	(1)未经常测量最大和最小圆锥直径 (2)未控制车刀的背吃刀量		(1)经常测量最大和最小圆锥直径 (2)及时测量，用计算法或移动床鞍法控制背吃刀量
双曲线误差	车刀刀尖未严格对准工件轴线		车刀刀尖必须严格对准工件轴线
表面粗糙度达不到要求	(1)与“车轴类工件时，表面粗糙度达不到要求的原因”相同 (2)小滑板镶条间隙不当 (3)未留足精车或铰削余量 (4)手动进给忽快忽慢		(1)见学习情境二 (2)调整小滑板镶条间隙 (3)要留有适当的精车或铰削余量 (4)手动进给要均匀，快慢一致

计划决策

表 5-19　计划和决策表

<table>
<tr><td>情　境</td><td colspan="6">学习情境五　圆锥面的加工</td></tr>
<tr><td>学习任务</td><td colspan="4">任务二　内圆锥面的加工</td><td>完成时间</td><td></td></tr>
<tr><td>任务完成人</td><td>学习小组</td><td></td><td>组长</td><td></td><td>成员</td><td></td></tr>
<tr><td>需要学习的知识和技能</td><td colspan="6">知识：1. 了解内圆锥常见加工方法
2. 掌握用锥形铰刀铰内圆锥的方法
3. 掌握转动小滑板法车内圆锥的方法
技能：1. 转动小滑板法车外圆锥的操作技能
2. 能进行圆锥质量分析和检测</td></tr>
<tr><td rowspan="3">小组任务分配</td><td>小组任务</td><td>任务实施准备工作</td><td>任务实施过程管理</td><td>学习纪律及出勤</td><td colspan="2">卫生管理</td></tr>
<tr><td>个人职责</td><td>设备、工具、量具、刀具等前期工作准备</td><td>记录每个小组成员的任务实施过程和结果</td><td>记录考勤并管理小组成员学习纪律</td><td colspan="2">组织值日并管理卫生</td></tr>
<tr><td>小组成员</td><td></td><td></td><td></td><td colspan="2"></td></tr>
<tr><td>安全要求及注意事项</td><td colspan="6">1. 进入车间要求听指挥，不得擅自行动
2. 不得擅自触摸转动机床设备和正在加工的工件
3. 不得在车间内大声喧哗、嬉戏打闹</td></tr>
<tr><td>完成工作任务的方案</td><td colspan="6"></td></tr>
</table>

表 5-20 任务实施表

<table>
<tr><td>情　境</td><td colspan="7">学习情境五　圆锥面的加工</td></tr>
<tr><td>学习任务</td><td colspan="5">任务二　内圆锥面的加工</td><td>完成时间</td><td></td></tr>
<tr><td>任务完成人</td><td>学习小组</td><td></td><td>组长</td><td></td><td>成员</td><td colspan="2"></td></tr>
<tr><td colspan="8">任务实施步骤及具体内容</td></tr>
<tr><td>步骤</td><td colspan="7">操作内容</td></tr>
<tr><td>找正并夹紧毛坯</td><td colspan="7">用______夹紧毛坯外圆，伸出长度______mm左右，找正并夹紧</td></tr>
<tr><td>车右端外圆</td><td colspan="7">(1)选切削速度 v_c=______，进给量 f=______，车端面，车平即可
(2)粗、精车外圆______mm至图样尺寸，长度大于______mm，表面粗糙度达到图样要求
(3)用______mm千分尺检测______外圆，控制尺寸在公差范围内
(4)倒角______mm</td></tr>
<tr><td>掉头，找正并夹紧，车左端外圆</td><td colspan="7">(1)夹住______mm外圆，伸出长度大于______mm，车端面，保证总长______mm
(2)车外圆______mm，长______mm</td></tr>
<tr><td>钻定位中心孔</td><td colspan="7">用______中心钻钻中心孔，用于钻孔的定位，切削速度选 v_c=______</td></tr>
<tr><td>钻 ϕ14mm 通孔</td><td colspan="7">用______mm的麻花钻钻通孔。切削速度选 v_c=______，进给量 f=______。加注______为主的乳化液</td></tr>
<tr><td>车锥孔</td><td colspan="7">小滑板______转动______车锥孔，保证锥孔大端______mm(留精铰余量______mm)</td></tr>
<tr><td>试铰锥孔</td><td colspan="7">试铰锥孔。选切削速度 v_c=______，进给量 f=______，并注充分的乳化液铰孔</td></tr>
<tr><td>用圆锥塞规检验内圆锥的角度</td><td colspan="7">(1)用莫氏2号塞规检测，首先在塞规表面顺着圆锥素线______涂上周向均等的______条显示剂
(2)手握塞规轻轻塞入工件内，稍加轴向推力，并将塞规转动______圈
(3)取下套规，观察工件表面显示剂擦去的情况。若三条显示剂全长擦痕均匀，表明圆锥接触良好，说明锥度______</td></tr>
<tr><td>精铰孔达到要求</td><td colspan="7">在检验合格后，继续______直到达到要求，去毛刺，卸下工件</td></tr>
</table>

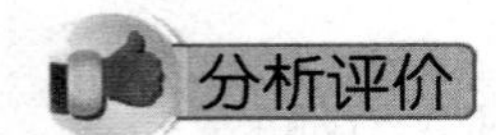

表 5-21 分析评价表

序号	检测内容	检测项目及分值		出现的实际质量问题及改进方法			
		检测项目	分值	自己检测结果	准备改进措施	教师检测结果	改进建议
1	主要尺寸	ϕ17.78	10				
2		莫氏2号	25				
3		$\phi 40_{-0.01}^{\ 0}$	10				
4		ϕ50	5				
5		C1	2				
6	表面质量	Ra1.6	4				
7		Ra3.2	4				
8	长度尺寸	25	5				
9		60	5				
10	设备及工、量、刃具的使用维护	常用工、量、刃具的合理使用与保养	5				
		正确操作车床并及时发现一般故障	5				
		车床的润滑	5				
		车床的保养	5				
11	安全文明生产	正确执行安全技术操作规程	5				
		工作服穿戴正确	5				
总分							
教师总评意见							

课后习题

一、填空题

1. 常用的莫氏圆锥和米制圆锥都是________。

2. 圆锥斜度都是锥度的________。

3. 莫氏锥度共有七种（0～6 号），号码不同，锥度________。

4. 米制圆锥的号码标记是表示圆锥的大端直径。所有号码的米制圆锥锥度为________。

5. 锥度 C 表示锥体大小端________之差与锥体________之比。

6. 带锥度的工件利用其锥体作为定位面，定位精度就________。

7. 锥度一旦确定，圆锥角也就确定，所以锥度和圆锥角属于________。

8. 车正外圆锥时，小滑板应________方向转动一个圆锥半角。

9. 用涂色法既可检验外圆锥的锥度，又可检验________的锥度。

10. 用锥度套规检验外圆锥时，显示剂涂在________上；用锥度塞规检验内圆锥时，显示剂涂在________。

二、判断题

1. 我国规定的锥度符号是 Δ。 (　　)

2. 扇形万能角度尺可以测量 0°～360°范围内的任何角度。 (　　)

3. 车圆锥工件时，只要圆锥的尺寸精度、形位精度、表面粗糙度符合要求，则该工件为合格。 (　　)

4. 锥度心轴的圆锥面定位与圆柱心轴的圆柱面定位，两者定位精度是相同的。 (　　)

5. 莫氏圆锥各号码的锥度值相等。 (　　)

6. 小锥度心轴和胀力心轴的加工精度都较高。 (　　)

7. 莫氏圆锥和米制圆锥都有七个号码。 (　　)

8. 莫氏圆锥锥度最小的是 1 号，最大的是 7 号。 (　　)

9. 米制圆锥当号数不同时，圆锥角和尺寸都不同。 (　　)

10. 100 号米制圆锥比 80 号米制圆锥的锥度大。 (　　)

11. 大端直径与小端直径之差与圆锥长度之比称为斜度。 (　　)

12. 转动小滑板法车圆锥时，小滑板转动的角度一定要等于工件图样上标注的角度。 (　　)

13. 转动小滑板法车圆锥，角度的调整范围较小。 (　　)

14. 圆锥半角等于锥度的一半。 (　　)

15. 2′精度万能角度尺的主尺 1 格和游标尺 1 格之差是 2′。 (　　)

16. 用涂色法检验内圆锥时，若圆锥塞规上的三条显示剂全长擦痕均匀，则说明内圆锥的尺寸合格。 (　　)

17. 由于圆锥半角 $\alpha/2$ 和锥度 C 属于同一基本参数，所以，圆锥半角 $\alpha/2$ 等于锥度 C。 (　　)

18. 偏移尾座法车圆锥，就是把尾座横向偏移一段距离 S，使工件的旋转轴线与车刀纵向进给方向相交成一个圆锥角。 (　　)

三、单项选择题

1. 圆锥母线与圆锥轴线之间的夹角称为________。

A. 圆锥角　　B. 圆锥半角　　C. 顶角　　D. 圆锥斜角

2. 当圆锥半角 $\alpha/2$ 小于________，可用近似公式 $\frac{\alpha}{2}\approx 28.7°\times(D-d)/L$ 进行计算。

A. 6°　　B. 10°　　C. 12°　　D. 15°

3. 用转动小滑板车圆锥时，小滑板转动的角度一定要等于工件的________。

A. 标注角度　　B. 圆锥斜度　　C. 圆锥角　　D. 圆锥半角

4. 当车削长度较长、锥度较小、精度要求不高的外圆锥工件时，应用________车削。

A. 转动小滑板法　　B. 偏移尾座法　　C. 仿形法　　D. 宽刃刀车削法

5. 用偏移尾座法车削 $D=80$mm，$d=75$mm，$L=100$mm，$L_0=120$mm 的外圆锥面时，计算出的尾座偏移量为________mm。

A. 2　　B. 3　　C. 3.5　　D. 4

6. 车圆锥角为 80°的短外圆锥时，应采用________加工。

A. 转动小滑板　　B. 偏移尾座法　　C. 仿形法　　D. 铰圆锥法

7. 用锥度塞规检验内圆锥时，若塞规大端的显示剂被擦去，小端未擦去，说明圆锥角________。

A. 大了　　B. 小了　　C. 合格

8. 小锥度心轴有________的锥度。

A. 1∶10～1∶50　　B. 1∶100～1∶500

C. 1∶1000～1∶5000　　D. 1∶100～1∶5000

9. 米制圆锥的号码是指________。

A. 小端直径　　B. 大端直径　　C. 锥度　　D. 圆锥斜度

10. 在通过圆锥轴线的截面内，两条素线之间的夹角称为________。

A. 圆锥角　　B. 圆锥半角　　C. 顶角　　D. 圆锥斜角

11. 大端直径与小端直径之差与锥角长度之比称________。

A. 圆锥角　　B. 圆锥半角　　C. 斜度　　D. 锥度

12. 有一外圆锥，已知 $D=22$mm，$d=20$mm，$L=32$mm，用近似法计算出的圆锥半角（$\alpha/2$）等于________。

A. 1°47′　　B. 2°50′　　C. 1°25′　　D. 2°30′

13. 有一外圆锥，已知 $D=32$mm，锥度＝1∶5，$L=40$mm，计算出的小端直径等于________mm。

A. 20　　B. 24　　C. 30　　D. 35

14. 有一外圆锥，已知 $D=32$mm，锥度 $C=1:5$，$L=40$mm，用近似法计算出的圆锥半角（$\alpha/2$）等于________。

A. 2°50′　　B. 5°50′　　C. 5°44′24″　　D. 4°30′

15. 车削长度较长、锥度较小、精度要求不高的外圆锥工件时，应用________。

A. 转动小滑板法　　B. 偏移尾座法　　C. 仿形法　　D. 宽刃刀车削法

16. 有一外圆锥，$D=60$mm，$d=56$mm，$L=120$mm，$L_0=180$mm，计算出的尾座偏移量为________。

A. 2　　B. 3　　C. 3.5　　D. 4

17. 铰圆锥孔表面粗糙度值可达 Ra ________μm。

A. 0.2～0.8　　B. 0.8～1.6　　C. 1.6～3.2　　D. 5～10

18. 加工锥度和直径较小、精度较低的圆锥孔时，可用________。

A. 钻、铰　　B. 钻、扩、铰　　C. 钻、铰、扩　　D. 钻、车、铰

19. 加工长度较短的圆锥时，可用________加工。

A. 铰圆锥法　　B. 转动小滑板法　　C. 仿形法　　D. 偏移尾座法

20. 塞规的通端尺寸等于孔的________。

A. 最大极限尺寸　B. 最小极限尺寸　C. 公称尺寸　D. 上偏差

21. 在成批大量生产精度要求不高的圆锥时，可用________测量角度。

A. 样板　B. 万能角度尺　C. 千分尺　D. 涂色法

22. 用万能角度尺可以测量________范围内的任何角度。

A. 0°～180°　B. 0°～270°　C. 0°～320°　D. 0°～360°

23. 用锥度塞规检验内圆锥时，若塞规小端的显示剂被擦去，说明圆锥角________。

A. 大了　B. 小了　C. 合格

24. 对于标准圆锥或配合要求较高的圆锥工件，一般用________来检验角度。

A. 样板　B. 万能角度尺　C. 千分尺　D. 涂色法

25. 车削圆锥体时，刀尖高于工件回转轴线，加工后锥体表面母线将呈________。

A. 直线　B. 曲线且圆锥小端直径增大

26. 同一工件上有几个圆锥面最好采用________法车削。

A. 转动小滑板　B. 偏移尾座　C. 靠模　D. 宽刃刀车削

四、多项选择题

1. 莫氏圆锥在机械制造业中应用广泛，如车床的________等都是用莫氏圆锥。

A. 主轴锥孔　B. 麻花钻的柄部　C. 铰刀柄　D. 尾座套筒的锥孔

2. 莫氏圆锥的号码有________等。

A. 00　B. 0　C. 1

D. 200　E. 3　F. 7

3. 米制圆锥的号码有________等。

A. 4　B. 100　C. 150

D. 200　E. 160

4. 圆锥的基本参数有________。

A. 大端直径　B. 小端直径　C. 圆锥长度

D. 锥度　E. 圆锥斜角　F. 工件的总长

5. 若用 D 表示大端直径，d 表示小端直径，L 表示圆锥长度，$\alpha/2$ 表示圆锥半角，C 表示锥度，下列关系正确的有________。

A. $\tan(\alpha/2)=(D-d)/2L$　B. $\tan(\alpha/2)=(D-d)/L$

C. $\alpha/2=(D-d)/2L$　D. $C=(D-d)/L$

6. 若用 D 表示大端直径，d 表示小端直径，L 表示圆锥长度，$\alpha/2$ 表示圆锥半角，C 表示锥度，下例近似公式正确的有________。

A. $\alpha/2\approx2.87°\times(D-d)/L$　B. $\tan(\alpha/2)\approx28.7°\times C$

C. $\alpha/2\approx28.7°\times C$　D. $\alpha/2\approx28.7°\times(D-d)/L$

7. 车削圆锥的方法有________。

A. 转动小滑板法　B. 偏移尾座法　C. 直进法

D. 宽刃刀车削法　E. 仿形法　F. 斜进法

8. 既可车外圆锥又可车内圆锥的方法有________。

A. 转动小滑板法　B. 偏移尾座法　C. 直进法

D. 宽刃刀车削法　E. 仿形法　F. 斜进法

9. 用偏移尾座法车削圆锥时，尾座的偏移量与________有关。

A. 工件材料　B. 锥度

C. 切削用量的大小　D. 两顶尖之间的距离

10. 铰锥孔的方法有________圆锥孔。

A. 钻、铰　　B. 钻、扩、铰　　C. 钻、铰、扩

D. 钻、车、铰　　E. 钻、铰、车

11. 铰圆锥孔的注意事项是________。

A. 切削用量应选得较大　　B. 切削用量应选得较小

C. 车床主轴只能正转，不能反转　　D. 合理选择切削液

12. 检验锥度可用________。

A. 样板　　B. 万能角度尺　　C. 千分尺

D. 涂色法　　E. 游标卡尺　　F. 量块

五、计算题

1. 有一外圆锥，已知 $D=80\text{mm}$，$d=70\text{mm}$，$L=100\text{mm}$，试用近似法计算出圆锥半角 $\alpha/2$。

2. 已知最大圆锥直径为 $\phi58\text{mm}$，圆锥长度为 100mm，锥度为 1∶5，求最小圆锥直径 d。

3. 在两顶尖之间，用偏移尾座法车衣外圆锥工件，已知 $D=60\text{mm}$，$d=52\text{mm}$，$L=300\text{mm}$，$L_0=560\text{mm}$，求尾座偏移量 S。

六、完成以下零件的加工

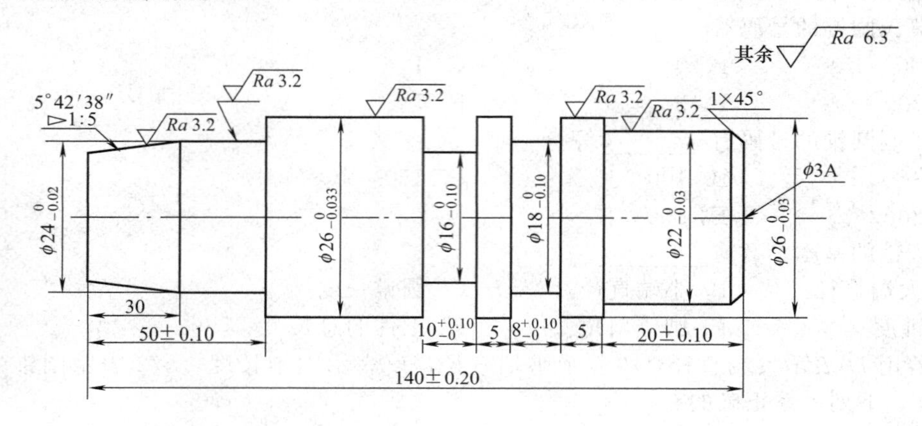

学习情境六 车成形面和滚花

【学习目标】

知识目标：

- 掌握双手控制法车单球手柄
- 熟悉单球手柄尺寸计算方法
- 掌握成形面的检测方法和质量分析方法
- 熟悉滚花花纹和滚花刀的种类及选择
- 掌握滚花的方法和质量分析方法

能力目标：

- 具备熟练使用车成形面方法加工成形面基本操作技能
- 具备熟练使用滚花方法加工滚花零件操作技能
- 具备独立完成成形面滚花类零件的质量检测

素质目标：

- 培养学生爱护设备及工具、夹具、刀具、量具的职业素养
- 培养学生严谨细致、团结协作的工作作风和吃苦耐劳精神，增强职业道德观念
- 培养学生严格执行工作程序、工作规范、工艺文件和安全操作规程的职业素养

情境导入

一些工具和机器零件的手握部分（如千分尺的微分筒），为了增强表面摩擦而便于使用，或使零件表面美观，常在零件表面加工出不同的花纹。车削时，用滚花工具在工件表面上滚压出花纹的加工叫滚花。某些机器零件的轴向剖面呈曲线形，如单球手柄，具有这些特征的表面为成形面。

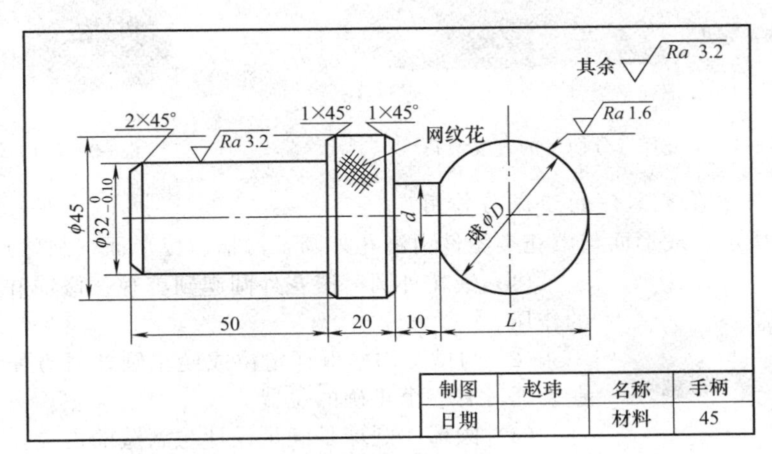

图 6-1 滚花单球手柄

任务描述

本任务要求大家运用本学习情境车成形面和滚花的相关技术知识将图 6-1 所示的零件加工成品，并运用质量分析方法对加工成品进行质量分析。

知识链接

一、成形面与滚花类零件类型及特点

1. 成形面的类型及特点

根据成形面的设计使用与结构的不同，成形面分为圆球和椭圆两种。

(1) 圆球类　圆球类成形面是其表面素线为圆球形，如图 6-2～图 6-5 所示。

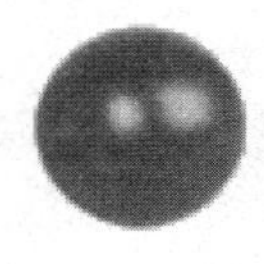

图 6-2　圆球套手柄

图 6-3　半圆球套手柄

图 6-4　半球手柄

图 6-5　三球手柄

(2) 椭圆类　椭圆类成形面是其表面素线为椭圆形，如图 6-6 和图 6-7 所示。

图 6-6　椭圆手柄

图 6-7　椭圆套手柄

2. 滚花类零件的类型及特点

根据滚花花纹的不同，滚花类零件分为直纹和网纹两类。

(1) 直纹　工作表面所挤压的花纹呈直线分布，如图 6-8 所示。

(2) 网纹　工件表面所挤压的花纹以网格分布，如图 6-9 所示。

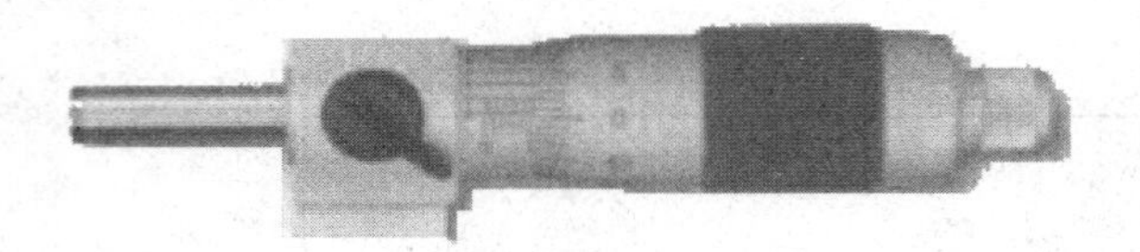

图 6-8　千分尺微分筒上的直纹滚花

图 6-9　滚网纹的零件

3. 成形面与滚花类零件的组成与作用

如图 6-10 所示，成形面与滚花类零件由滚花外圆、沟槽、成形面（圆球）和倒角组成。

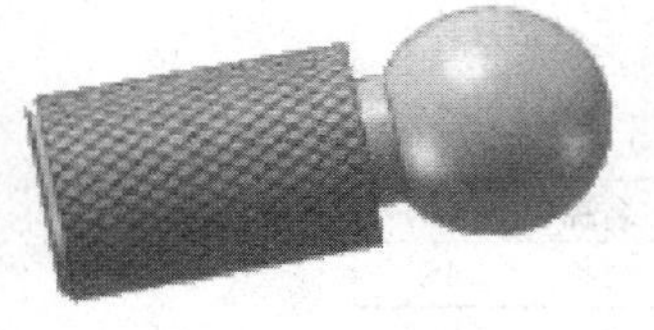

图 6-10　成形面与滚花类件

(1) 滚花外圆　滚花外圆起到美观、修饰和增大表面摩擦的作用。

(2) 沟槽　沟槽保证定位或使车圆球时方便，并可使工件在装配时有一个正确的位置。

(3) 圆球　圆球是满足设计与制造的需要，如车床中滑板手柄、照明灯转向底座。

（4）倒角　倒角的作用一方面是防止工件锋利的边缘划伤工作人员，另一方面是使工件便于安装。

二、车成形面的常用方法

有些工件表面的素线不是直线，而是一些曲线，如手轮、手柄和圆球等，这类工件的表面称为成形面，也称为特形面，在加工时应根据工件的特点、精度的高低及批量的大小等情况来选择刀具和加工方法。车削成形面有多种方法，车削时不应忽视零件的结构特点、批量大小及精度要求等不同情况，正确地进行选择，可以避免因方法不当而引起质量等问题。

1. 双手控制法车成形面

双手控制法车成形面就是双手控制中滑板、小滑板或者是双手控制中滑板与床鞍的合成运动，使刀尖的运动轨迹与工件表面的素线（曲线）重合，以达到车削成形面的目的，如图6-11所示。

在实际生产中由于用双手控制中滑板、小滑板合成运动的劳动强度较大，而且操作也不方便，因而不经常采用。常采用的是右手操纵中滑扳手柄实现刀具的横向运动（应由外向内进给）；左手操纵床鞍，实现刀尖的纵向运动（应由工件高处向低处进给），通过这两个方向的运动来车削成形面。

（1）速度分析　双手控制法车成形面时车刀刀尖速度运行轨迹如图6-12所示，车刀刀尖位于各位置上的横向、纵向进给速度是不相同的。车削A点时，中滑板横向进给速度v_{ay}要比床鞍纵向进给速度v_{ax}慢，否则车刀会快速切入工件，而使工件的直径变小；车削B点时，中滑板与床鞍的进给速度v_{by}与右进给速度v_{bx}相等；车削C点时，中滑板进给速度v_{cy}要比床鞍进给速度v_{cx}快，否则车刀就会离开工件表面，而车不到工件中心。

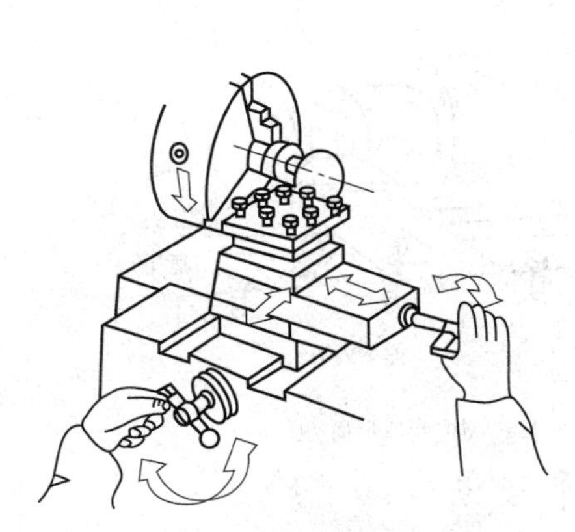

图6-11　双手控制法车成形面

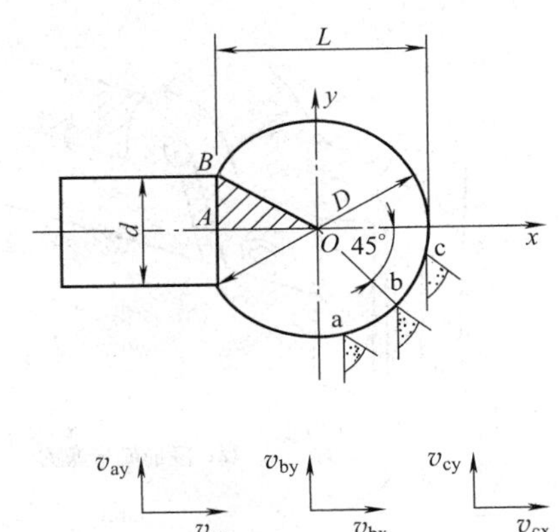

图6-12　双手控制法车成形面时车刀运行速度分析

（2）球状部分长度L的计算　圆球部分的长度L可按以下公式计算：

$$L=\frac{1}{2}\left(D+\sqrt{D^2-d}\right)$$

式中　L——球状部分长度，mm；

D——圆球直径，mm；

d——柄部直径，mm。

2. 成形法车成形面

成形法是用成形车刀对工件进行加工的方法。这种方法是将车刀切削刃磨成工件成形面的形状，从径向（或轴向）进给车出成形表面。主要用于车削精度要求较高、批量大、较短的内、外成形面。

把车刀刃磨成与工件成形面轮廓相同，即得到成形车刀或称样板车刀，用成形车刀只一次横向进给即可车出成形面。常用的成形车刀有以下三种。

① 普通成形车刀。与普通车刀相似，只是磨成成形切削刃，如图 6-13 所示为整体成形车刀及应用。精度要求低时，可用手工刃磨；精度要求高时，应在工具磨床上刃磨。

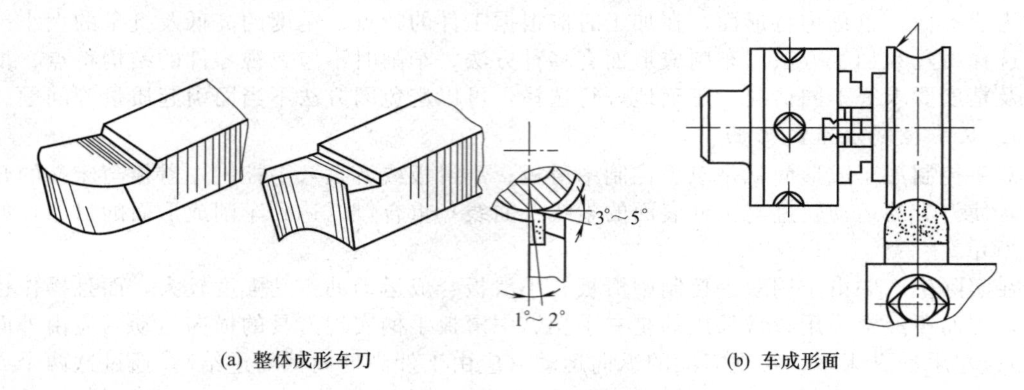

(a) 整体成形车刀　　(b) 车成形面

图 6-13　整体成形车刀及应用

② 棱形成形车刀。由刀头和弹性刀体两部分组成。两者用燕尾块装夹，用螺钉紧固，如图 6-14 所示为棱形成形车刀及应用。按工件形状在工具磨床上，用成形砂轮将刀头的成形切削刃磨出，此外还要将前刀面磨出一个等于径向前角与径向后角之和的角度。刀体上的燕尾槽做成具有一个等于径向后角的倾角，这样装上刀头后就有了径向后角，同时使前刀面也恢复到径向前角。

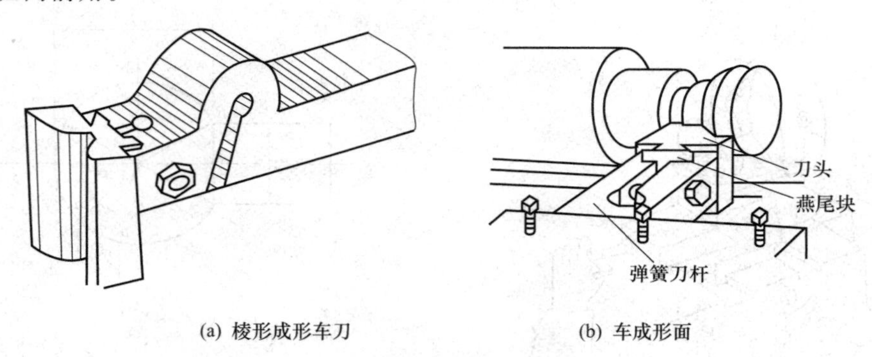

(a) 棱形成形车刀　　(b) 车成形面

图 6-14　棱形成形车刀及应用

③ 圆形成形车刀。也由刀头和刀体组成，如图 6-15 所示，两者用螺柱紧固。在刀头与刀体的贴合侧面都做出端面齿，这样可防止刀头转动。刀头是一个开有缺口的圆轮，在缺口

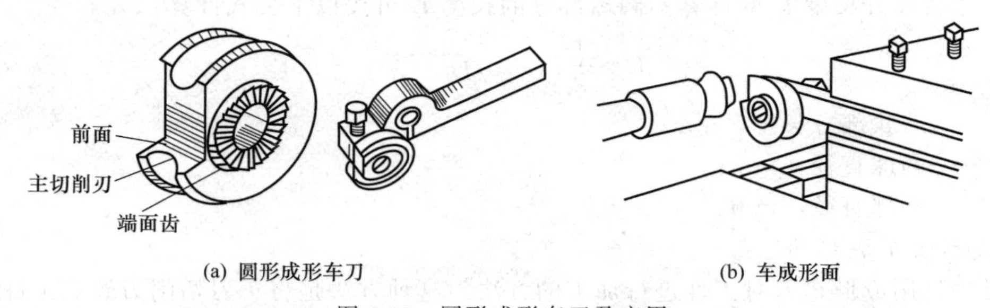

(a) 圆形成形车刀　　(b) 车成形面

图 6-15　圆形成形车刀及应用

上磨出成形刀刃，缺口面即前刀面，在此面上磨出合适的前角。当成形刀刃低于圆轮的中心，在切削时自然就产生了径向后角。棱形和圆形成形车刀精度高，使用寿命长，但是制造较复杂。

采用成形车刀车削成形面时，由于切削刃与工件接触面积大，容易引起振动，所以应采取一定的防振措施，例如，选用刚性好的车床，并把主轴与滑板等各部分的间隙调小，安装成形车刀时，要使切削刃对准工件轴线；选用较小的进给量和切削速度；使用切削液等。有时为了减少成形车刀的材料切除量，先按成形面形状粗车许多台阶，然后再用成形车刀精车成形。由于成形车刀的形状质量对工件的质量影响较大，因此对成形车刀要求较高，需要在专用工具磨床上刃磨，生产效率较高，工件质量有保证，用于批量生产。

对形面复杂的成形车刀，为了制造方便，一般采用高速钢较为合适。

3. 专用工具法车成形面

(1) 利用圆筒形刀具车圆球面　圆筒形刀具的结构如图 6-16 (a) 所示，切削部分是一个圆筒，其前端磨斜 15°，形成一个圆的切削刃口。其尾柄和特殊刀柄应保持 0.5mm 的配合间隙，并用销轴浮动连接，以自动对准圆球面中心。用圆筒形刀具车圆球面工件时，一般应先用圆弧刃车刀大致粗车成形，再将圆筒形刀具的径向表面中心调整到与车床主轴轴线成一夹角 α，最后用圆筒形刀具把圆球面车削成形，如图 6-16 (b) 所示。该方法简单方便，易于操作，加工精度较高，适用于车削青铜、铸铝等脆性金属材料的带柄圆球面的工件加工。

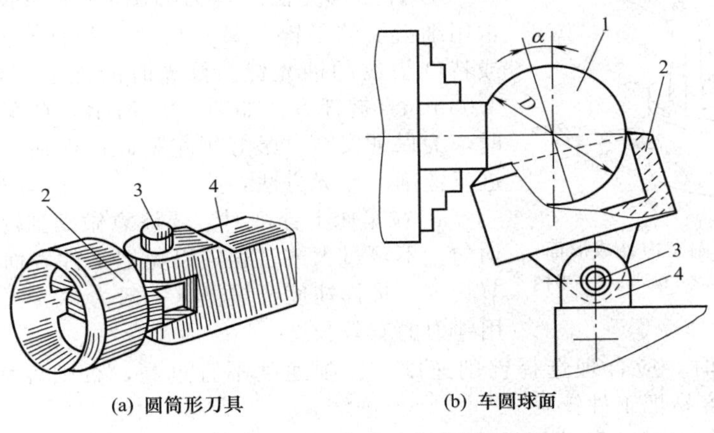

图 6-16　圆筒形刀具车圆球

1—圆球面工件；2—圆筒形刀具；3—销轴；4—特殊刀柄

(2) 用铰链推杆车球面内孔　较大的球面内孔可用图 6-17 所示的方法车削。有球面内孔的工件装夹在卡盘中，在两顶尖间装夹刀柄，圆弧刃车刀反装，车床主轴仍然正转，刀架上安装推杆，推杆两端铰链连接。当刀架纵向进给时，圆弧刃车刀在刀柄上转动，即可车出球面内孔。

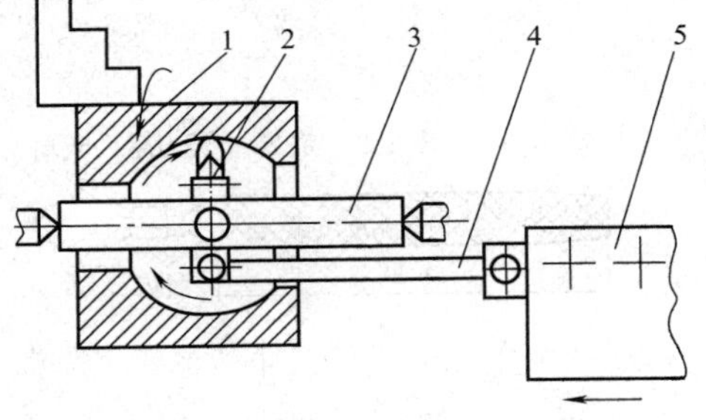

图 6-17　用铰链推杆车球面内孔

1—有球面内孔的工件；2—圆弧刃车刀；3—刀柄；4—推杆；5—刀架

(3) 用蜗杆副车成形面

① 用蜗杆副车成形面的车削原理。外圆球面、外圆弧面和内圆球面等成形面的车削原理如图 6-18 所示。车削成形面时，必须使车刀刀尖的运动轨迹为一个圆弧，车削的关键是保证刀尖做圆周运动，其运动轨迹的圆弧半径与成形面圆弧半径相等，同时使刀尖与工件的回转轴线等高。

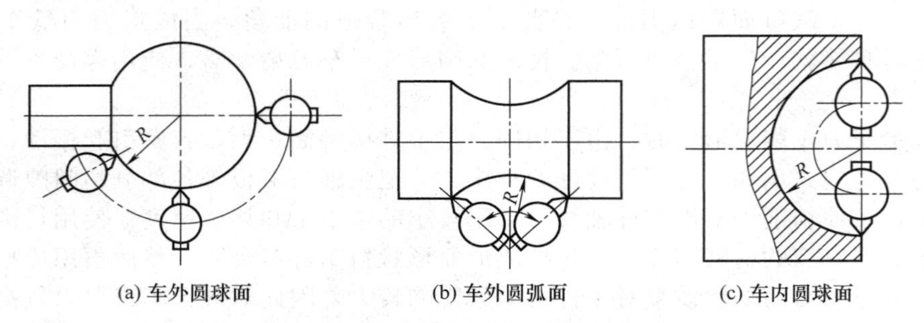

图 6-18 内外成形面的车削加工原理

② 用蜗杆副车内外成形面的结构原理。其结构原理如图 6-19 所示。车削时先把车床的小滑板拆下，装上成形面工具。刀架装在圆盘上，圆盘下面装有蜗杆副。当转动手柄时，圆盘内的蜗杆就带动蜗轮使车刀绕着圆盘的中心旋转，刀尖做圆周运动，即可车出成形面。为了调整成形面半径，在圆盘上制出 T 形槽，以使刀架在圆盘上移动。当刀尖超过中心时，就可以车削内成形面。

4. 成形面表面抛光及质量分析

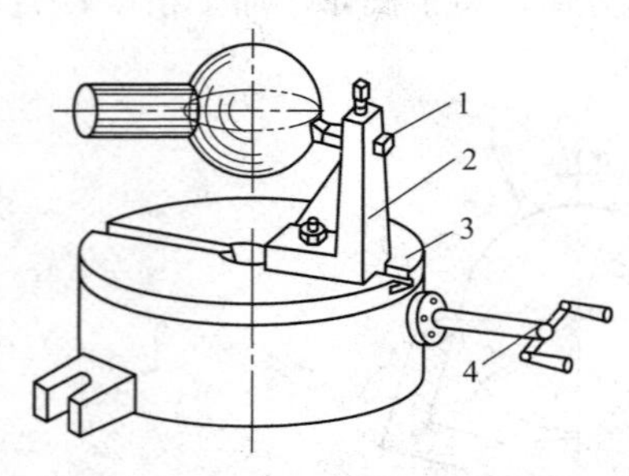

图 6-19 用蜗杆副车内外成形面
1—车刀；2—刀架；3—圆盘；4—手柄

(1) 成形面的表面抛光

① 锉刀修光法 锉刀如图 6-20 所示，修光用的锉刀常用细齿纹的平锉（又称板锉）和整形锉（又称什锦锉）或特细齿纹的油光锉。修光时的锉削余量一般为 0.01～0.03mm。握锉方法如图 6-21 所示，在车床上用锉刀修光时，为保证安全，最好用左手握住锉柄，右手扶锉刀前端进行锉削。修光方法：

a. 在车床上锉削时，要注意做到推锉的力量和压力要均匀，不可过大或过猛，以免把工件表面锉出沟纹或锉成节状等；推锉速度要缓慢（一般为 40 次/min），并尽量利用锉刀的有效长度。

b. 锉削修光时，应合理选择锉削速度。锉削速度不宜过高，否则容易造成锉齿磨钝；锉削速度过低则容易把工件锉扁。

c. 进行精细修锉时，除选用油光锉外，可在锉刀的锉齿上涂一层粉笔末，并经常用铜丝刷清理齿缝，以防锉屑嵌入齿缝而划伤工件表面。

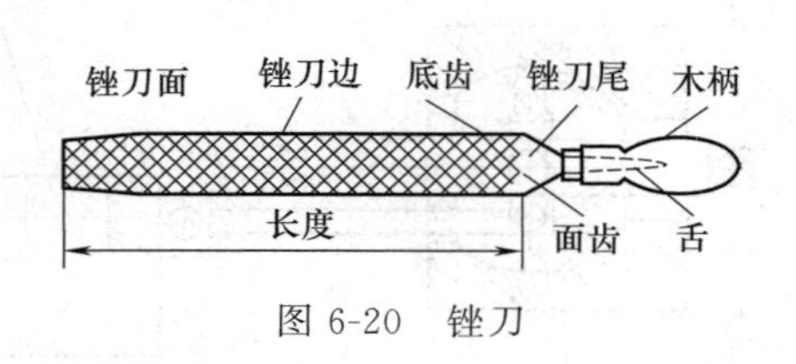

图 6-20 锉刀

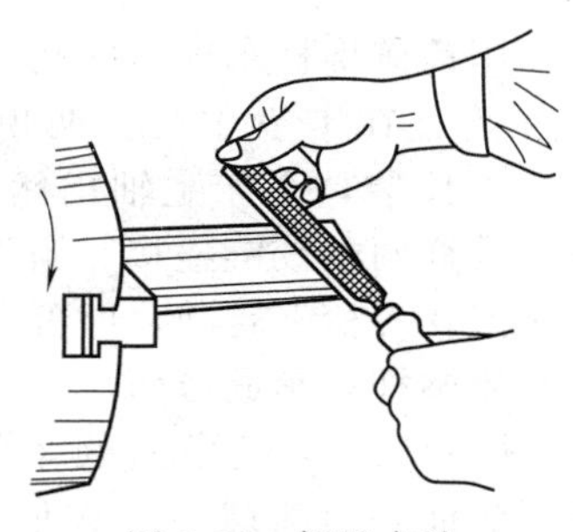

图 6-21 握锉方法

② 砂布修光法 用砂布或砂纸磨光工件表面的过程称为砂光。工件表面经过精车或锉刀修光后，如果表面粗糙度值还不够小，可用砂布砂光的方法进行抛光，在车床上抛光时用的砂布，常用细粒度为 0 号或 1 号砂布。砂布越细，抛光后获得的表面粗糙度值就越小，精

度越高。砂光外圆的方法如图 6-22 所示。

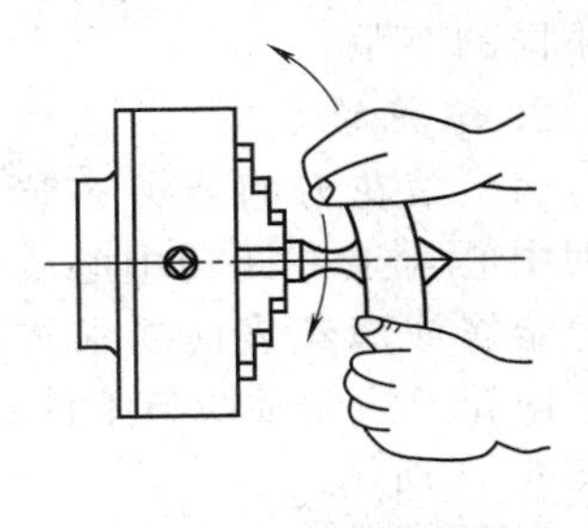

(a) 双手捏住砂布两端砂光

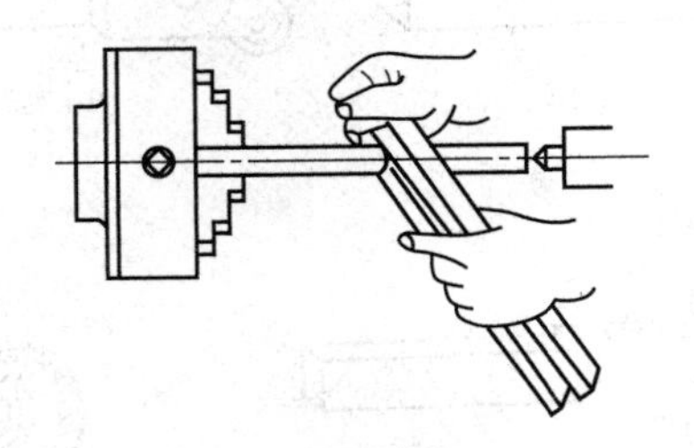

(b) 砂布在抛光夹内砂光

图 6-22 砂光外圆的方法

a. 双手直接捏住砂布两端，右手在前，左手在后进行砂光。

b. 将砂布夹在抛光夹的圆弧槽内，套在工件上，手握抛光夹纵向移动来抛光工件。

注意：用砂布砂光工件时，应选择较高的转速，并使砂布在工件表面上来回缓慢而均匀地移动。在最后精砂光时，可在砂布上加些机油或金刚砂粉，这样可以获得更好的表面质量。

（2）成形面的质量分析

① 成形面轮廓不正确的原因与解决的措施

a. 用双手控制法车削时，纵横向进给不协调。应加强车削练习，使左右手的纵横向进给配合协调。

b. 用成形法车削时，成形车刀的形状刃磨得不正确，或者没有对准车床主轴轴线，工件受切削力产生变形而造成误差。这时应仔细刃磨成形车刀，车刀高度装夹准确，适当减小进给量。

c. 用仿形法车削时，靠模形状不准确，安装得不正确或仿形传动机构中存在间隙。应使靠模形状准确，安装正确，调整仿形传动机构中的间隙，使车削均匀。

② 成形面表面粗糙度达不到要求的原因与解决的措施

a. 车刀中途逐渐磨损。选择合适的刀具材料或适当降低切削速度。

b. 车床的刚性不足，如滑板塞铁太松，传动零件（如带轮）不平衡或主轴太松引起震动。消除或防止由于车床的刚性不足而引起的震动（如调整车床各部件的间隙）。

c. 车刀的刚性不足或伸出太长而引起震动。增加车刀刚性和正确装夹车刀。

d. 工件刚性不足引起震动。增加工件的装夹刚性。

e. 车刀的几何参数不合理，例如选用过小的前角、后角或主偏角。合理选择车刀的角度（适当增大前角，选择合理的后角和主偏角）。

f. 切削用量选用不当。进给量不宜太大，精车余量和切削速度应选择恰当。

g. 工件的切削性能差，未经预备热处理，车削困难。应对工件进行预备热处理，改善工件的切削性能。

h. 车削痕迹较深，抛光未达到要求。先用锉刀粗锉削、精锉削，再用砂布抛光。

三、滚花的常用方法

1. 滚花刀的种类

滚花时所用刀具为滚花刀。滚花刀一般有单轮、双轮和六轮三种，如图 6-23 所示。

单轮滚花刀滚直纹，双轮滚花刀滚网纹。双轮滚花刀是由一个左旋和一个右旋滚花刀组成的。六轮滚花刀也用于滚网纹，它是将三组不同节距的双轮滚花刀装在同一特制的刀杆

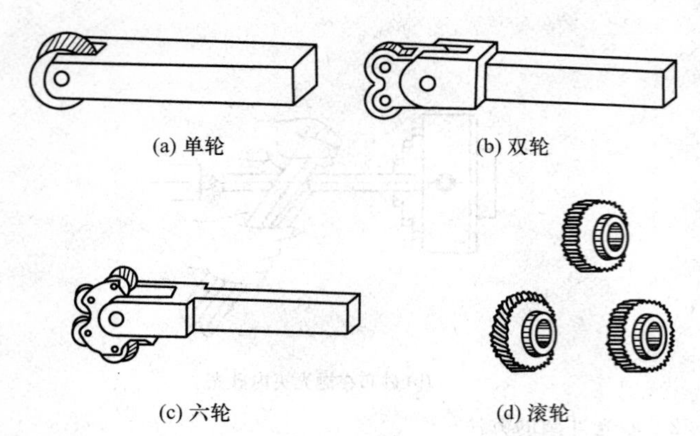

图 6-23　滚花刀

上。使用时，可根据需要选用粗、中、细不同的节距。

2. 滚花的方法

(1) 滚花刀的装夹　装夹要求滚花刀中心与工件回转中心等高。滚压有色金属或滚花表面要求较高的工件时，滚花刀滚轮轴线与工件轴线平行，如图 6-24 所示。

滚压碳素钢或滚花表面要求一般的工件时，可使滚花刀刀柄尾部向左偏斜 3°～5°安装，以便于切入工件表面且不易产生乱纹，如图 6-25 所示。

(2) 滚花的要点　在滚花刀接触工件开始滚压时，挤压力要大而且猛一些，使工件的圆周上一开始就形成较深的花纹，这样就不易产生乱纹。

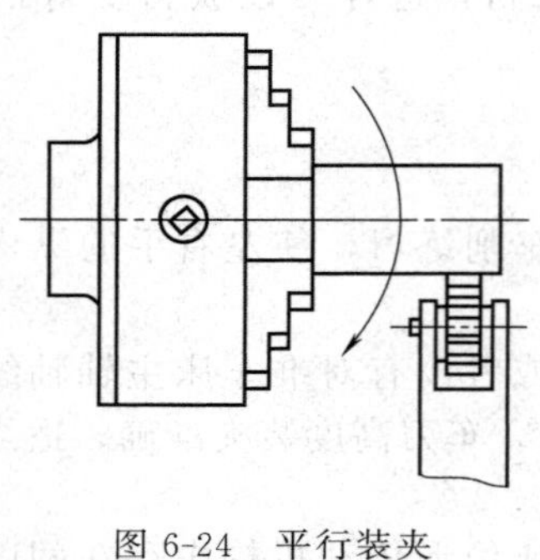

图 6-24　平行装夹

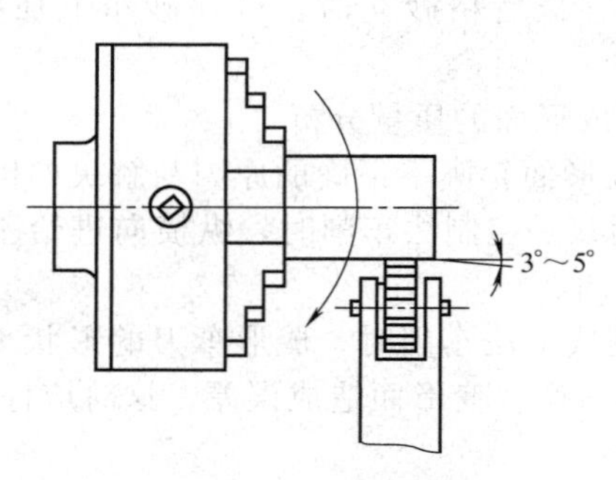

图 6-25　倾斜装夹

为了减小滚花开始时的径向压力，可以使滚轮表面宽度的 1/3～1/2 与工件接触，如图 6-26 所示，使滚花刀容易切入工件表面。在停车检查花纹符合要求后，即可纵向机动进给。

滚花时，应选低的切削速度，一般为 5～10m/min。纵向进给量可选择大些，一般为 0.3～0.6mm/r。

滚花时，应充分浇注切削液以润滑滚轮和防止滚轮发热损坏，并经常清除液压产生的切屑。

滚花时径向力很大，所以工件必须装夹牢靠。由于滚花时出现工件移位现象难以完全避免，所以车削带有滚花表面的工件时，滚花应安排在粗车后、精车前进行。

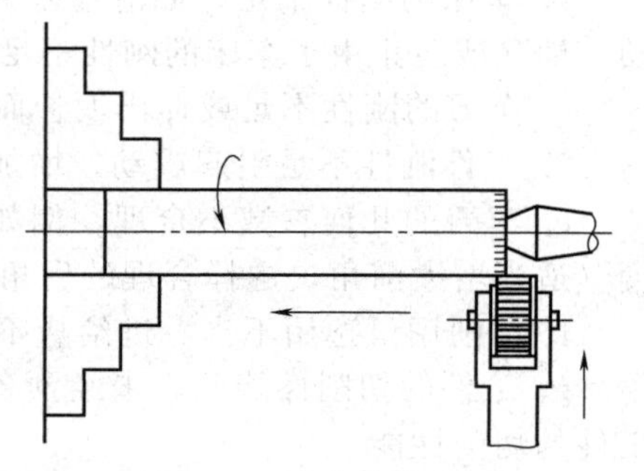

图 6-26　滚花进给位置

3. 滚花花纹的质量分析

(1) 开始滚花时，滚花刀与工件的接触面积过大。减少滚花开始时的径向压力，可以使滚轮表面宽度的 1/3～1/2 与工件接触。

(2) 滚花刀转动不灵活。使用前应检查滚花刀转轮转动情况。

(3) 转速过高，使滚花与工件产生滑动。选择合理的切削用量。

(4) 压力过大，进给过慢。压力不能太大，进给不能太慢。

(5) 切屑阻塞。要经常清除滚压产生的切屑。

表 6-1　计划和决策表

<table>
<tr><td>情　境</td><td colspan="6">学习情境六　车成形面和滚花</td></tr>
<tr><td>学习任务</td><td colspan="4">车成形面和滚花</td><td>完成时间</td><td></td></tr>
<tr><td>任务完成人</td><td>学习小组</td><td></td><td>组长</td><td></td><td>成员</td><td></td></tr>
<tr><td>需要学习的
知识和技能</td><td colspan="6">知识：1. 掌握成形面、滚花的加工方法
2. 掌握成形面、滚花的检测方法和质量分析方法
技能：1. 熟悉使用车成形面方法加工成形面基本操作技能
2. 使用滚花方法加工滚花零件操作技能</td></tr>
<tr><td rowspan="3">小组任
务分配</td><td>小组任务</td><td>任务实施
准备工作</td><td>任务实施
过程管理</td><td>学习纪律
及出勤</td><td colspan="2">卫生管理</td></tr>
<tr><td>个人职责</td><td>设备、工具、量具、刀具等前期工作准备</td><td>记录每个小组成员的任务实施过程和结果</td><td>记录考勤并管理小组成员学习纪律</td><td colspan="2">组织值日并管理卫生</td></tr>
<tr><td>小组成员</td><td></td><td></td><td></td><td colspan="2"></td></tr>
<tr><td>安全要求
及注意事项</td><td colspan="6">1. 进入车间要求听指挥，不得擅自行动
2. 不得擅自触摸转动机床设备和正在加工的工件
3. 不得在车间内大声喧哗、嬉戏打闹</td></tr>
<tr><td>完成工作
任务的方案</td><td colspan="6"></td></tr>
</table>

操作提示

（1）用双手控制法车削复杂成形面时，应将整个成形面分解成几个简单的成形面逐一加工；操作关键是双手配合要协调、熟练。要求准确控制车刀切入深度，防止将工件局部车小。

（2）无论分解成多少个简单的成形面，其测量基准都应保持一致，并与整体成形面的基准重合。

（3）锉削修光时要努力做到轻缓均匀：推锉的力量和压力不可过大或过猛，以免把工件表面锉出沟纹或锉成节状等；推锉速度要缓慢（一般为 40 次/min 左右）。

任务实施见表 6-2。

表 6-2 任务实施表 1

<table>
<tr><td>情 境</td><td colspan="7">车成形面和滚花</td></tr>
<tr><td>学习任务</td><td colspan="5">车单球手柄</td><td>完成时间</td><td></td></tr>
<tr><td>任务完成人</td><td>学习小组</td><td></td><td>组长</td><td></td><td>成员</td><td colspan="2"></td></tr>
<tr><td colspan="8">任务实施步骤及具体内容</td></tr>
<tr><td>步骤</td><td colspan="7">操作要点</td></tr>
<tr><td>(1)找正、夹紧毛坯</td><td colspan="7">用三爪自定心卡盘装夹,伸出长度________mm,找正、夹紧毛坯外圆</td></tr>
<tr><td>(2)车平端面</td><td colspan="7">车平端面选 v_c ________ m/min,f=________ mm/r</td></tr>
<tr><td>(3)车外圆</td><td colspan="7">取 v_c ________ m/min,f=________ mm/r,车外圆至________ mm,长________ mm</td></tr>
<tr><td>(4)车槽</td><td colspan="7">装夹主切削刃________的车槽刀,根据________直径和________直径计算圆球长度,进行车削</td></tr>
<tr><td rowspan="2">(5)车球面</td><td colspan="7">(1)车圆球前,用钢直尺量出________,并用车刀刻线痕
车右半球,将车刀进至离右半球面中心线痕________ mm 接触外圆后,用双手同时移动________、________进行车削</td></tr>
<tr><td colspan="7">(2)车左半球与车右半球处相似,不同之处是________与________连接处要用切断刀清根</td></tr>
<tr><td rowspan="2">(6)整形和抛光</td><td colspan="7">(1)用________修整,修整时的锉削余量一般为________ mm,v_c=________ m/min</td></tr>
<tr><td colspan="7">(2)先用________砂布,后用________砂布。移动速度要均匀取 v_c=________ m/min,表面粗糙度值控制在________以内</td></tr>
<tr><td rowspan="2">(7)检测</td><td colspan="7">(1)用圆弧样板首先要检查透光度的________再检查透光度的________</td></tr>
<tr><td colspan="7">(2)用千分尺检查单球手柄球面直径尺寸,千分尺测微螺杆轴线应通过工件________,并应多次变换测量________</td></tr>
</table>

操作提示

(1) 滚花时,应选低的切削速度,一般为 5~10m/min。纵向进给量选择大些,一般为 0.3~0.6mm/r。

(2) 在滚花刀开始滚压时,挤压力要大且猛一些,使工件圆周上一开始就形成较深的花纹,这样就不易产生乱纹。

(3) 停车检查花纹符合要求后,即可纵向机动进给。如此循环往复滚压 1~3 次,直至花纹凸出达到要求为止。

(4) 滚花开始就应充分浇注切削液,以润滑滚轮和防止滚轮发热损坏,并经常清除滚压产生的碎屑。

任务实施见表 6-3。

表 6-3 任务实施表 2

<table>
<tr><td>情 境</td><td colspan="7">车成形面和滚花</td></tr>
<tr><td>学习任务</td><td colspan="5">滚花的加工</td><td>完成时间</td><td></td></tr>
<tr><td>任务完成人</td><td>学习小组</td><td></td><td>组长</td><td></td><td>成员</td><td colspan="2"></td></tr>
<tr><td colspan="8">任务实施步骤及具体内容</td></tr>
<tr><td>步骤</td><td colspan="7">操作内容</td></tr>
<tr><td rowspan="2">选择、装夹滚花刀</td><td colspan="7">(1)选择____________滚花刀</td></tr>
<tr><td colspan="7">(2)装滚花刀,要求滚花刀的________与工件________等高,并使滚花刀的________相对于工件表面向左倾斜________</td></tr>
</table>

续表

步骤	操作内容
手动试切	手动试切，使滚轮表面的________的宽度与工件接触，滚花刀就容易压入表面
加切削液	加________切削液，以润滑________，降低温度
停车检查	停车检查花纹是否准确，当花纹符合要求后，即可纵向________
循环滚压	如此往复循环滚压________次，直到花纹凸出为止
清除滚花刀轮内的切屑	要经常用________清除滚花刀轮内的切屑

分析评价

填写车单球手柄检测分析表，见表 6-4。填写滚花工件检测分析表，见表 6-5。

表 6-4 车单球手柄检测分析表

序号	检测内容	检测项目及分值					
		检测项目	分值	自己检测结果	准备改进措施	教师检测结果	改进建议
1	圆球尺寸及表面粗糙度	$S\phi36mm\pm0.1mm$	30				
2		$Ra3.2\mu m$	10				
3	外沟槽尺寸	$\phi20mm$	15				
4		10mm	15				
5	设备及工具、量具、刃具的使用维护	常用工具、量具、刃具的合理使用与保养	5				
		操作车床并及时发现一般故障	5				
		车床的润滑	5				
		车床的保养	5				
6	安全文明生产	正确执行安全技术操作规程	5				
		正确穿戴工作服	5				
总分							
教师总评意见							

表 6-5 滚花工件检测分析表

序号	检测内容	检测项目及分值		出现的实际质量问题及改进方法			
		检测项目	分值	自己检测结果	准备改进措施	教师检测结果	改进建议
1	外圆尺寸	$\phi40$	6				
2		$\phi30_{-0.084}^{0}$	10				

续表

序号	检测内容	检测项目及分值		出现的实际质量问题及改进方法			
		检测项目	分值	自己检测结果	准备改进措施	教师检测结果	改进建议
3	表面粗糙度	$Ra3.2$	6				
4		$Ra6.3$	5				
5	滚花 m0.3	网纹清晰	30				
6	长度尺寸	30	5				
7		70	5				
8	倒角	$C1$(3处)	3				
9	设备及工具、刃具的使用维护	常用工具、量具、刃具的合理使用与保养	5				
		正确操作车床并及时发现一般故障	5				
		车床的润滑	5				
		车床的保养	5				
10	安全文明生产	正确执行安全技术操作规程	5				
		正确穿戴工作服	5				
总分							
教师总评意见							

课后习题

一、填空题

1. 带有________的零件表面叫做成形面。

2. 对带有成形面的工件，应根据其特点、精度要求及批量大小，分别采用________，________，仿形法，专用工具法等加工方法。

3. 用双手控制法车削成形面，一般采用由工件的________处向________处车削的方法。

4. 用滚花工具在工件表面上________的加工称为________。

5. 滚花的花纹有________和________两种。

6. 在车床上________时使用的工具称为滚花刀。

7. 滚花刀一般有________、________、________ 3 种。

二、选择题

1. 对于单件或数量较少的成形面工件，可采用________进行车削。

A. 成形法　　B. 专用工具法　　C. 仿形法　　D. 双手控制法

2. 双手控制法是通过双手操纵的________运动，车出所要求的成形面。

A. 纵向进给　　B. 横行进给　　C. 间断进给　　D. 合成进给

3．六轮滚花刀可以根据需要滚出________不同模数的网纹。

A. 1 种　　B. 2 种　　C. 3 种　　D. 4 种

4．滚花刀装在车床方刀架上，滚花刀的装刀中心与工件回转中心________。

A. 高　　B. 低　　C. 等高　　D. 随便

三、判断题

1．双手控制法适用于数量较少、精确度要求不高的成形面加工。（　）

2．用双手控制法车削成形面，一般多采用由工件曲面的高处向低处进行车削。（　）

3．滚花时，应选择较低的切削速度。（　）

4．滚花刀装夹在车床方刀架上，滚花刀的装刀（滚轮）中心与工件回转中心等高。（　）

5．六轮滚花刀在可以根据需要滚出 3 种不同模数的网纹。（　）

四、思考题

1．双手控制法车成形面的特点是什么？

2．表面滚花有什么作用？

五、完成以下工件的加工

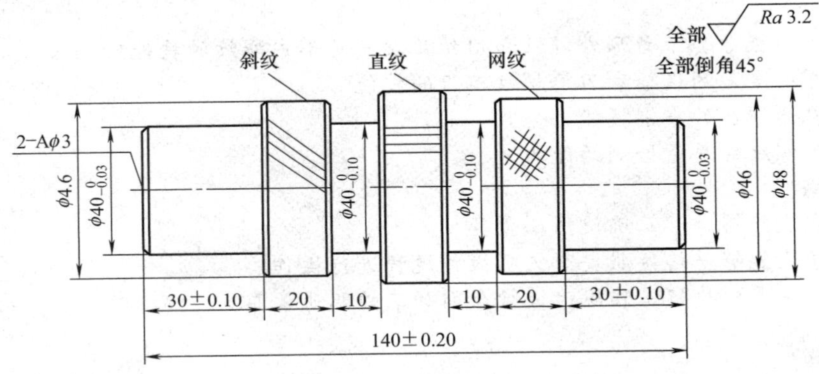

学习情境七　螺纹的加工

【学习目标】

知识目标：

- 了解圆板牙及丝锥的结构特点
- 了解螺纹车刀切削部分的几何参数特点及材料
- 掌握用圆板牙套三角形外螺纹和用丝锥攻三角形内螺纹的方法
- 掌握车削普通螺纹的方法
- 掌握螺纹的检测方法

能力目标：

- 具备用圆板牙套三角形外螺纹和用丝锥攻三角形内螺纹的技能
- 具备螺纹车刀的选择和刃磨螺纹车刀的技能
- 具备普通螺纹的车削技能
- 具备对螺纹的质量检测的能力

素质目标：

- 培养学生能够合理正确使用工量具
- 培养学生能够严格按照安全文明操作规程进行操作
- 培养学生严格执行工作规范进行车削加工的职业素养

情境导入

紧固件的概念：紧固件为将两个或两个以上零件（或构件）紧固连接成为一件整体时所采用的一类机械零件的总称。

紧固件是作紧固连接用的一类机械零件，应用极为广泛。它的特点是：品种规格繁多，性能用途各异，而且标准化、系列化、通用化的程度极高。因此，也有人把已有国家（行业）标准的一类紧固件称为标准紧固件，简称为标准件。

任务一　用板牙和丝锥加工三角形螺纹

任务描述

在车床上完成如图 7-1（a）、（b）所示工件加工任务。

知识链接

一、螺纹的基本知识

螺纹是零件上常见的一种结构，它被广泛应用于各种机器或设备上零件之间的连接，或实现运动和动力传递。

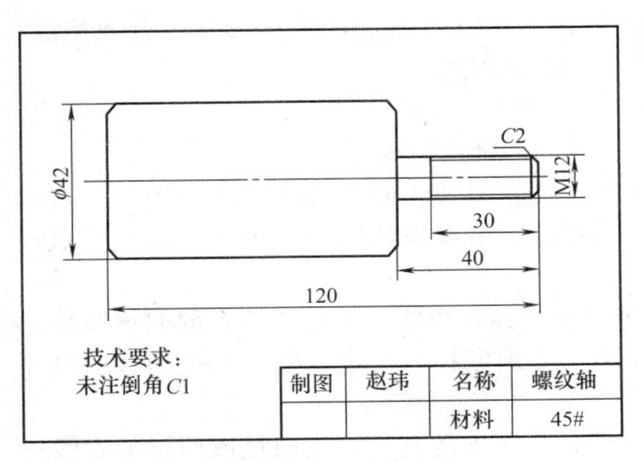

(a) 螺栓连接件

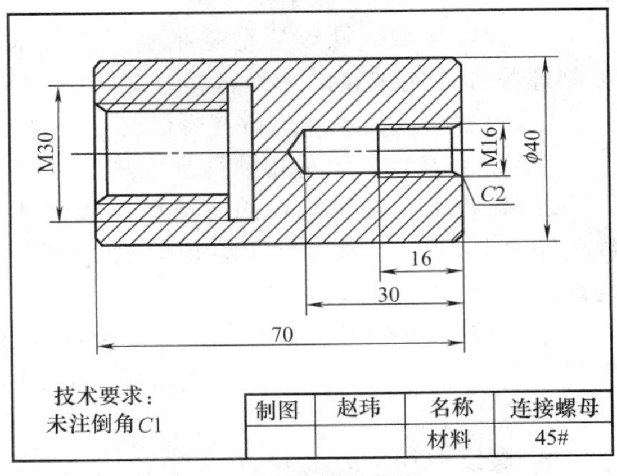

(b) 内螺纹连接件

图 7-1 用板牙和丝锥加工三角形螺纹任务图

1. 螺纹的形成

将一直角三角形绕在直径为 d 的圆柱面上，使三角形底边 AB 与圆柱体的底边重合，则三角形的斜边 AC 在圆柱体表面形成一条螺旋线，如图 7-2 所示。

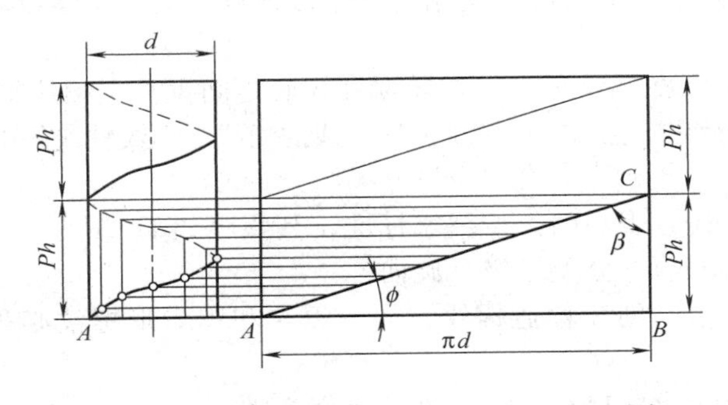

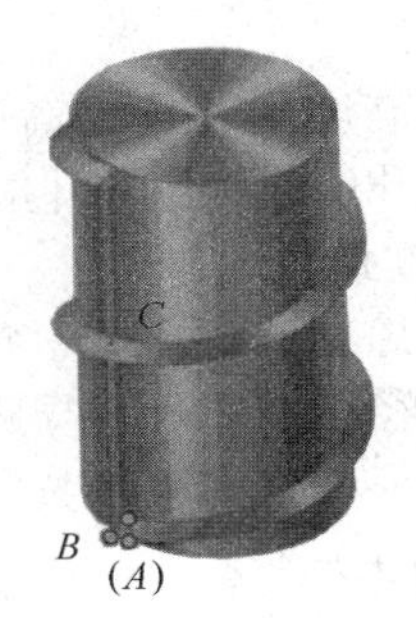

图 7-2 螺旋线的形成

2. 螺纹的种类

螺纹的应用很广泛，种类也很多。按牙型分为三角螺纹、矩形螺纹、梯形螺纹、锯齿形螺纹和圆弧螺纹等。按螺距分为公制、英制、模数螺纹。按螺旋线方向有左旋和右旋之分，并规定将螺纹直立时螺旋线向右上升为右旋螺纹，向左上升为左旋螺纹。按螺旋线的多少有单线螺纹和多线螺纹之分。机械制造中一般采用右旋螺纹，有特殊要求时，才采用左旋螺纹。按用途不同，又可分为连接螺纹和传动螺纹，如图 7-3 所示。

3. 螺纹术语及标准螺纹代号表示方法

（1）螺纹术语 螺纹要素主要由牙型、外径、螺距（或导程）、头数和旋向等组成。螺纹的形状、尺寸及配合性能都取决于螺纹要素，只有当内外螺纹的各个要素相同，才能相互配合。因此，加工螺纹首

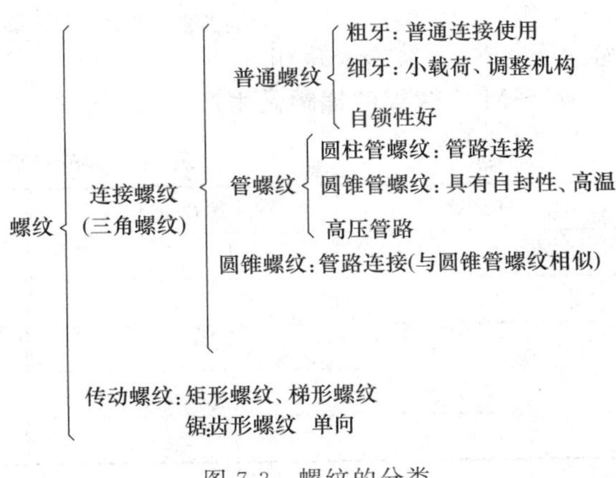

图 7-3 螺纹的分类

先要了解螺纹的各个要素。

① 螺纹牙型　螺纹牙型是指通过螺纹轴向剖面上沟槽与凸起的轮廓形状。普通螺纹、英制螺纹和管制螺纹的牙型都是三角形，通称为三角形螺纹。

② 牙型角 α　牙型角指在螺纹牙型上相邻两牙侧间的夹角。

③ 螺距 P　螺距是相邻两牙在中线上对应两点间的轴向距离。

④ 导程 L　导程是在同一条螺旋线上相邻两牙在中径线上对应点间的轴向距离。当螺纹为单线螺纹时，导程与螺距相等（$L=P$）；当螺纹为多线螺纹时，导程等于螺旋线数 n 与螺距的乘积，即 $L=nP$。

⑤ 螺纹大径（d、D）　螺纹大径是指与外螺纹牙顶或内螺纹牙底相重合的假想圆柱的直径。外螺纹大径用 d 表示，内螺纹大径用 D 表示。国家标准规定，螺纹大径的基本尺寸称为公称直径。

⑥ 螺纹中径（d_2、D_2）　中径是一个假想圆柱或圆锥的直径，该圆柱或圆锥的素线通过牙型上沟槽和凸起宽度相等的地方，该假想圆柱或圆锥称为中径圆柱或中径圆锥。外螺纹中径用 d_2 表示，内螺纹中径用 D_2 表示。同规格的外螺纹中径和内螺纹中径相等，即 $D_2=d_2$。

⑦ 螺纹小径（d_1、D_1）　螺纹小径是指与外螺纹牙底或内螺纹牙顶相切的假想圆柱或圆锥的直径。外螺纹小径用 d_1 表示，内螺纹小径用 D_1 表示。

⑧ 原始三角形高度 H　原始三角形高度是指原始三角形顶点沿垂直于螺纹轴线方向到其底边的距离。

⑨ 牙型高度 h　牙型高度是指在螺纹牙型上，牙顶到牙底之间垂直于螺纹轴线的距离。

⑩ 螺纹升角 ψ　螺纹升角是指在中径圆柱或圆锥上螺旋线的切线与螺纹轴线的平面夹角。

（2）标准螺纹代号

① 标准螺纹的各个要素是用代号表示的。按国家标准，其顺序如下。

牙型 外径×螺距（或导程/头数）—公差等级、旋向

② 螺纹外径和螺距由数字表示。细牙普通螺纹、梯形螺纹和锯齿形螺纹必须加注螺距（其它螺纹不注）。

③ 多头螺纹在外径后面需要注“导程/头数”（单头螺纹不注）。

④ 左旋螺纹必须注出“左”字或“LH”（右旋螺纹不注）。

⑤ 管螺纹的名义尺寸，由管螺纹所在管孔径决定。

普通螺纹是应用最广泛的一种三角形螺纹，它分为粗牙普通螺纹和细牙普通螺纹，用“M”表示。如 M10 表示粗牙普通螺纹、外径 10mm，M10×1 表示细牙普通螺纹，外径 10mm，螺距 1mm；M12—5g—6g—s 表示普通螺纹、外径 12、螺纹中径公差带 5g、螺纹大径公差带 6g、旋合长度组 s。

M6～M24 螺纹的螺距是生产中常用的螺纹，它们的螺距应该熟记，螺距见表 7-1。

表 7-1　M6～M24 螺纹的螺距

公称直径	螺距（P）	公称直径	螺距（P）
6	1	16	2
8	1.25	18	2
10	1.5	20	2.5
12	1.75	22	2.5
14	2	24	3

4. 普通三角形螺纹各部分尺寸计算（见表 7-2）

表 7-2 普通螺纹基本尺寸 mm

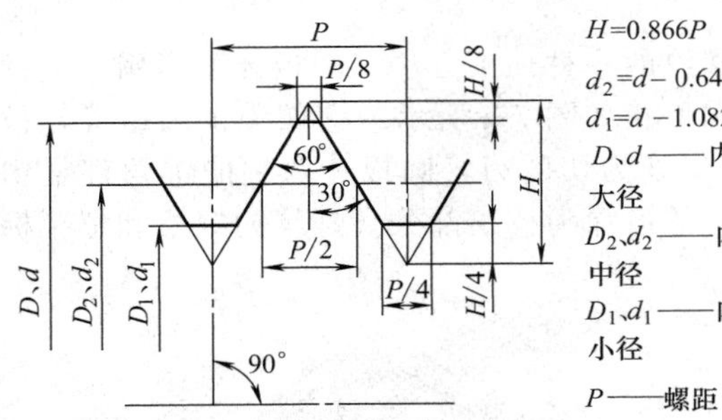

$H=0.866P$

$d_2=d-0.6495P$

$d_1=d-1.0825P$

D、d——内、外螺纹大径

D_2、d_2——内、外螺纹中径

D_1、d_1——内、外螺纹小径

P——螺距

标记示例：

M20—6H

公称直径 20 粗牙右旋内螺纹，中径和大径公差带均为 6H

M20—6g

公称直径 20 粗牙右旋外螺纹，中径和大径公差带均为 6g

M20—6H/6g（上述规格的螺纹副）

M20×2 左—5g 6g—S

公称直径 20、螺距 2 细牙左旋外螺纹，中径和大径公差带分别为 5g、6g，短旋合长度

公称直径 D、d 第一系列	公称直径 D、d 第二系列	螺距 P	中径 D_2、d_2	小径 D_1、d_1
3		0.5	2.675	2.459
		0.35	2.773	2.621
	3.5	(0.6)	3.110	2.850
		0.35	3.273	3.121
4		0.7	3.545	3.242
		0.5	3.675	3.459
	4.5	(0.75)	4.013	3.688
		0.5	4.175	3.959
5		0.8	4.480	4.134
		0.5	4.675	4.459
6		1	5.350	4.917
		0.75	5.513	5.188
8		1.25	7.188	6.647
		1	7.350	6.917
		0.75	7.513	7.188
10		1.5	9.026	8.376
		1.25	9.188	8.647
		1	9.350	8.917
		0.75	9.513	9.188
12		1.75	10.863	10.106
		1.5	11.026	10.376
		1.25	11.188	10.647
		1	11.350	10.917
	14	2	12.701	11.835
		1.5	13.026	12.376
		1	13.350	12.917
16		2	14.701	13.835
		1.5	15.026	14.376
		1	15.350	14.917
	18	2.5	16.376	15.294
		2	16.701	15.835

公称直径 D、d 第一系列	公称直径 D、d 第二系列	螺距 P	中径 D_2、d_2	小径 D_1、d_1
	18	1.5	17.026	16.376
		1	17.350	16.917
20		2.5	18.376	17.294
		2	18.701	17.835
		1.5	19.026	18.376
		1	19.350	18.917
	22	2.5	20.376	19.294
		2	20.701	19.835
		1.5	21.026	20.376
		1	21.350	20.917
24		3	22.051	20.752
		2	22.701	21.835
		1.5	23.026	22.376
		1	23.350	22.917
	27	3	25.051	23.752
		2	25.701	24.835
		1.5	26.026	25.376
		1	26.350	25.917
30		3.5	27.727	26.211
		2	28.701	27.853
		1.5	29.026	28.376
		1	29.350	28.917
	33	3.5	30.727	29.211
		2	31.701	30.835
		1.5	32.026	31.376
36		4	33.402	31.670
		3	34.051	32.752
		2	34.701	33.835
		1.5	35.026	34.376
	39	4	36.402	34.670
		3	37.051	35.572

公称直径 D、d 第一系列	公称直径 D、d 第二系列	螺距 P	中径 D_2、d_2	小径 D_1、d_1
	39	2	37.701	36.835
		1.5	38.026	37.376
42		4.5	39.077	37.129
		3	40.051	38.752
		2	40.701	39.835
		1.5	41.026	40.376
	45	4.5	42.077	40.129
		3	43.051	41.752
		2	43.701	42.835
		1.5	44.026	43.376
48		4	44.752	42.587
		3	46.051	44.752
		2	46.701	45.835
		1.5	47.026	46.376
	52	5	48.752	46.587
		3	50.051	48.752
		2	50.701	49.835
		1.5	51.026	50.376
56		5.5	52.428	50.046
		4	53.402	51.670
		3	54.051	52.752
		2	54.701	53.835
		1.5	55.026	54.376
	60	(5.5)	56.428	54.046
		4	57.402	55.670
		3	58.051	56.752
		2	58.701	57.835
		1.5	59.026	58.376
64		6	60.103	57.505
		4	61.402	59.670
		3	62.051	60.752

注：1. "螺距 P"栏中第一个数值为粗牙螺距，其余为细牙螺距。

2. 优先选用第一系列，其次第二系列，第三系列（表中未列出）尽可能不用。

3. 括号内尺寸尽可能不用。

二、用圆板牙套三角形外螺纹

1. 套螺纹工具

（1）圆板牙　套螺纹是指用圆板牙切削外螺纹的一种加工方法。圆板牙大多用合金钢制成，它是一种标准的多刃螺纹加工工具，其结构形状如图 7-4 所示。它像一个圆螺母，板牙上有 4～6 个排屑孔，排屑孔与圆板牙内螺纹相交处为切削刃，圆板牙两端的锥角都是切削部分，因此正反都可使用。圆板牙中间具有完整的齿深为校正部分。螺纹的规格和螺距标注在圆板牙端面上。

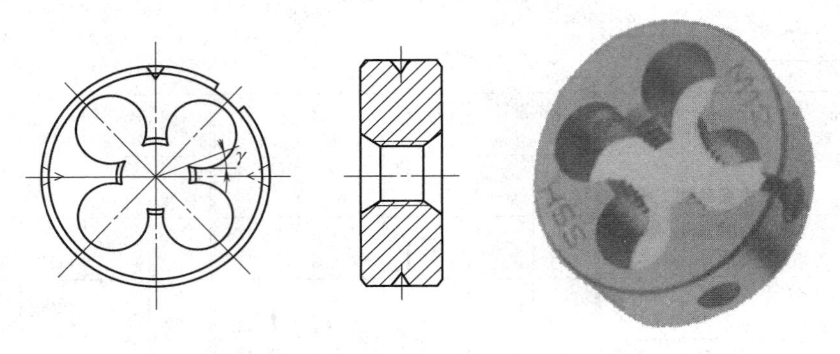

图 7-4　圆板牙

（2）圆锥管螺纹板牙　圆锥管螺纹板牙的基本结构与普通圆板牙一样，因为管螺纹有锥度，所以只在单面制成切削锥。这种板牙所有切削刃都参加切削。板牙在零件上的切削长度影响管子与相配件的配合尺寸，套螺纹时要用相配件旋入管子来检查是否满足配合要求。

（3）铰手　手工套螺纹时需要用板牙铰手，其结构如图 7-5 所示。

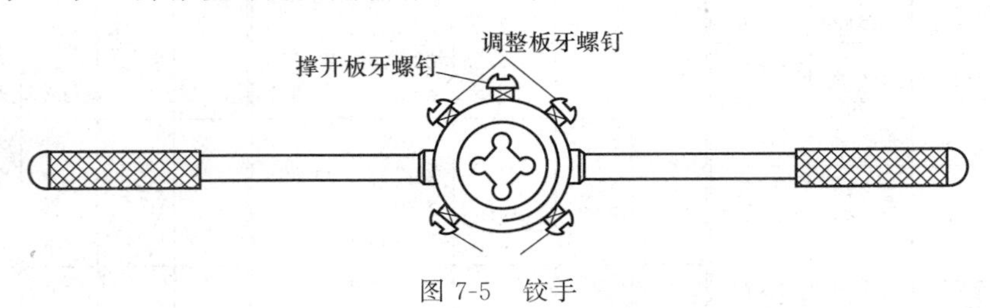

图 7-5　铰手

2. 套螺纹的方法

（1）套螺纹前杆径的确定　套螺纹时，工件的杆径比螺纹的公称直径应略小（按工件螺距大小来确定）。套螺纹圆杆直径可按以下近似公式计算：

$$d_0 \approx d-(0.13\sim0.15)P$$

式中　d_0——套螺纹前的杆径，mm；

d——螺纹的大径，mm；

P——螺距，mm。

（2）套螺纹前的工艺要求

① 用圆板牙套螺纹，通常适用于公称直径不大于 M16 或螺距小于 2mm 的外螺纹。

② 外圆车至尺寸后，端面倒角要小于或等于 45°，使板牙容易切入。

③ 套螺纹前必须找正尾座，使之与车床主轴轴线重合，水平方向的偏移量不得大于 0.05mm。

（3）套螺纹时的切削速度　见表 7-3。

表 7-3　不同工件材料对应的切削速度　m/min

工件材料	钢件	铸件	黄铜
切削速度 v_c	3～4	2～3	6～9

（4）套螺纹时的切削液　切削钢件时，一般选用硫化切削油、机油或乳化液；切削低碳钢或韧性较大的材料（如 40Cr 钢等）时，可选用工业植物油；切削铸铁可以用煤油或不使用切削液。

（5）套螺纹时的方法

① 手工套螺纹　手工套螺纹的方法如图 7-6 所示，将板牙套在圆杆头部倒角处，并保持板牙与圆杆垂直，右手握住铰手的中间部分，加适当压力，左手将铰手的手柄顺时针方向转动，在板牙切入圆杆 2～3 牙时，应检查板牙是否歪斜。发现歪斜，应纠正后再套。当板牙位置正确后，再往下套就不加压力。套螺纹过程中，应经常倒转以切断切屑。套螺纹应加注切削液，以保证螺纹的表面粗糙度要求。

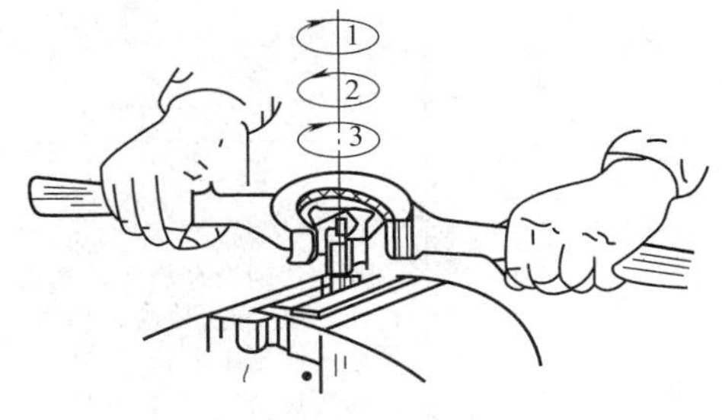

图 7-6　手工套螺纹

② 车床上用套螺纹工具套螺纹　见表 7-4。

表 7-4　用套螺纹工具套螺纹

步骤	操作内容	图示说明
步骤 1：装卡板牙和套螺纹工具	将套螺纹工具的锥柄装入尾座套筒的锥孔内，锥柄上的内六角螺钉用来防止滑动套筒在切削时转动	
	将板牙装入套螺纹工具内，使螺钉对准板牙上的锥孔后拧紧	
步骤 2：锁紧尾座	将尾座移动到工件前适当位置（约 20mm）处锁紧	

续表

步骤	操作内容	图示说明
步骤3： 转动尾座手轮，套螺纹	转动尾座手轮，使板牙靠近工件端面，开动车床	
	开动切削液泵加注切削液，继续转动尾座手轮，使板牙切入工件后停止转动尾座手轮，此时板牙沿工件轴线自动进给，板牙切削工件外螺纹	
	当板牙切削到所需长度位置时，立刻使车床停转	
	开反车使主轴正转，退出板牙，完成螺纹加工	

三、用丝锥攻三角形内螺纹

1. 攻螺纹常用工具

攻螺纹是用丝锥切削三角形内螺纹的一种加工方法。该方法可以加工车刀无法车削的小直径内螺纹，而且操作方便，生产效率高，工件互换性也好。

（1）丝锥　丝锥是加工小直径内螺纹的成形工具，它由切削部分、校准部分和柄部组成。切削部分磨出锥角，以便将切削负荷分配在几个刀齿上，校准部分有完整的齿形，用于校准已切出的螺纹，并引导丝锥沿轴向运动。柄部有方榫，便于装在铰手内传递扭矩。丝锥切削部分和校准部分一般沿轴向开有3～4条容屑槽以容纳切屑，并形成切削刃和前角γ，切削部分的锥面上铲磨出后角α。为了减少丝锥的校准部分对零件材料的摩擦和挤压，它的外、中径均有倒锥度。丝锥是用高速钢制成的一种成形多刃刀具，也叫“丝攻”。其种类及应用见表 7-5。

表 7-5　丝锥的种类及应用

	手用丝锥	机用丝锥
丝锥的结构	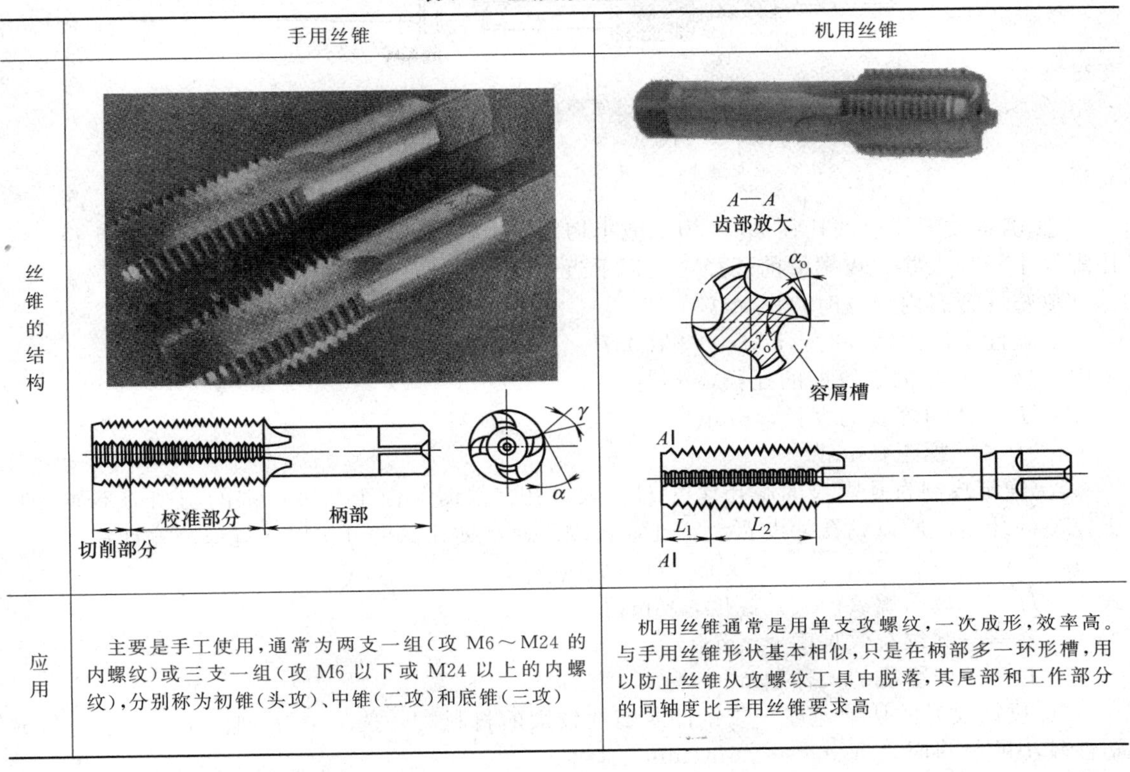	
应用	主要是手工使用，通常为两支一组（攻 M6～M24 的内螺纹）或三支一组（攻 M6 以下或 M24 以上的内螺纹），分别称为初锥（头攻）、中锥（二攻）和底锥（三攻）	机用丝锥通常是用单支攻螺纹，一次成形，效率高。与手用丝锥形状基本相似，只是在柄部多一环形槽，用以防止丝锥从攻螺纹工具中脱落，其尾部和工作部分的同轴度比手用丝锥要求高

（2）手用丝锥铰手　丝锥铰手是扳转丝锥的工具，如图 7-7 所示。常用的铰手有固定式和可调式，以便夹持各种不同尺寸的丝锥。

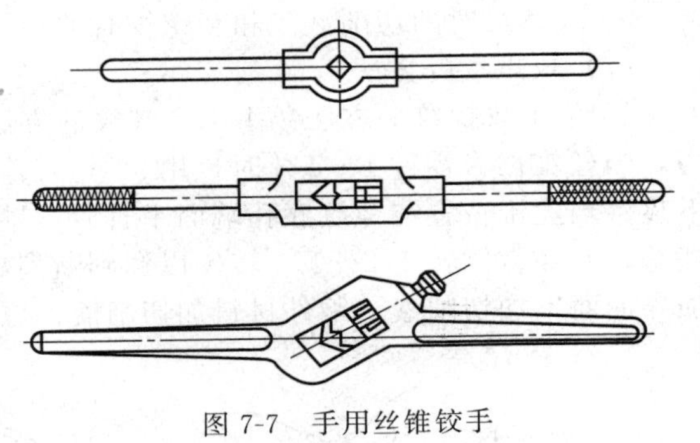

图 7-7　手用丝锥铰手

（3）车床用攻螺纹工具　车床上常用攻螺纹工具有简易攻螺纹工具（如图 7-8 所示）和摩擦杆攻螺纹工具（如图 7-9 所示）两种。前者由于没有防止切削抗力过大的保险装置，所以容易使丝锥折断，适用于通孔及精度较低的内螺纹攻制；后者适用于盲孔螺纹攻制，在攻螺纹过程中，当切削力矩超过所调整的摩擦力矩时，摩擦杆则打滑，丝锥随工件一起转动，不再切削，因而可有效地防止丝锥的折断。

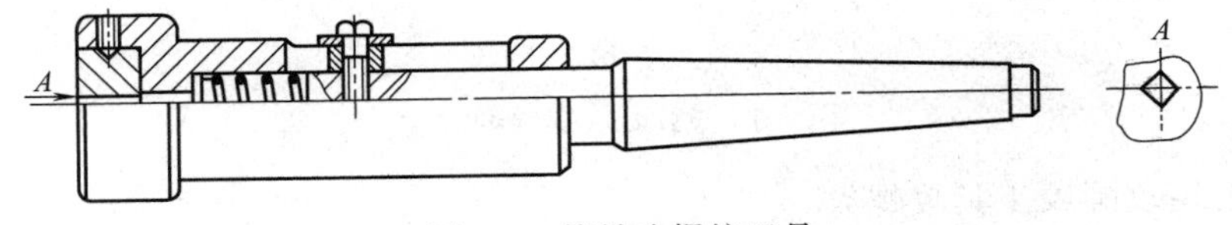

图 7-8　简易攻螺纹工具

2. 攻螺纹的方法

（1）攻螺纹前工艺要求

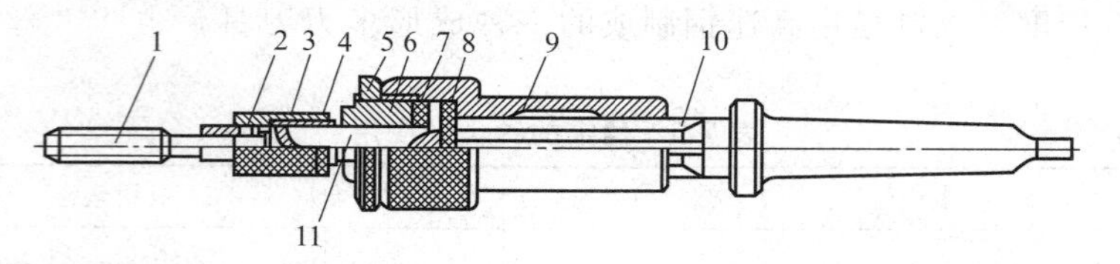

图 7-9　摩擦杆攻螺纹工具

1—丝锥；2—钢球；3—内锥套；4—锁紧螺母；5—并紧螺母；6—调节螺母；
7,8—尼龙垫片；9—花键套；10—花键心轴；11—摩擦杆

① 确定攻螺纹前的孔径 D_0　为了减小切削抗力和防止丝锥折断，攻螺纹前的孔径必须比螺纹小径稍大些。攻螺纹前孔径可按以下近似公式计算：

攻塑性金属内螺纹时：$D_0 \approx D-P$

攻脆性金属内螺纹时：$D_0 \approx D-1.05P$

式中　D_0——攻内螺纹前的孔径，mm；

D——内螺纹的大径，mm；

P——螺距，mm。

② 确定攻制盲孔螺纹的底孔深度 H　攻盲孔螺纹时，由于丝锥前端的切削刃不能攻制出完整的牙型，所以钻孔深度要大于规定孔深。通常钻孔深度可按以下近似公式计算：

$$H \approx h_{有效}+0.7D$$

式中　H——攻内螺纹前底孔深度，mm；

$h_{有效}$——螺纹有效长度，mm；

D——内螺纹的大径，mm。

③ 攻螺纹时的切削速度　攻钢件或塑性较大的材料时，选 $v_c=2\sim4$m/min；攻铸件或塑性较小的材料时，选 $v_c=4\sim6$m/min。

④ 攻螺纹时的切削液　和套螺纹时的切削液相同。

（2）攻螺纹的方法

① 手工攻螺纹的方法　手工攻螺纹的方法如图 7-10 所示。双手转动铰手，并轴向加压力，当丝锥切入零件 1～2 牙时，用 90°角尺检查丝锥是否歪斜，如丝锥歪斜，要纠正后再往下攻。当丝锥位置与螺纹底孔端面垂直后，轴向就不再加压力。两手均匀用力，为避免切屑堵塞，要经常倒转 1/2～1/4 转，以达到断屑。头锥、二锥应依次攻入。攻铸铁材料螺纹时加煤油而不加切削液，钢件材料加切削液，以保证铰孔表面的粗糙度要求。

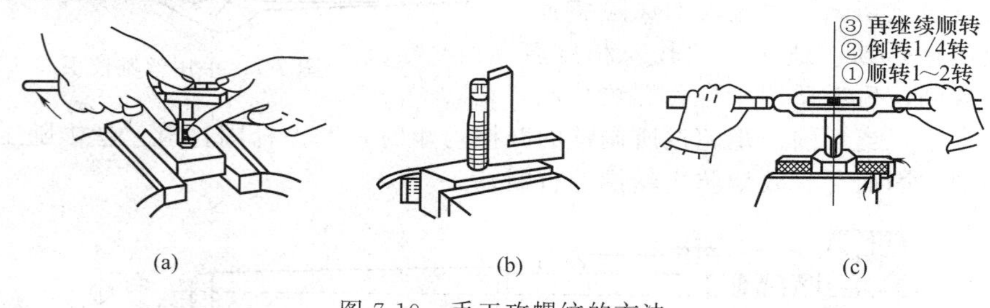

图 7-10　手工攻螺纹的方法

② 车床上用攻螺纹工具攻螺纹

a. 将攻螺纹工具的锥柄装入尾座锥孔中，然后将丝锥装入攻螺纹工具的方孔中，根据内螺纹的有效长度，在丝锥或攻螺纹工具上做好标记。

b. 移动尾座，使丝锥靠近工件端面处，固定尾座。然后转动尾座手轮，使丝锥牙靠近

工件端面。

c. 启动车床和冷却泵充分加注冷却液。然后转动尾座手轮，使丝锥切削部分进入内孔，丝锥切入几牙后停止摇动尾座手轮，由攻螺纹工具可滑动部分随丝锥进给，攻内螺纹。

d. 丝锥攻至需要深度时，使主轴迅速反转，退出丝锥即可。

四、套螺纹与攻螺纹时的质量分析

表 7-6 套螺纹与攻螺纹时的质量分析

废品种类	产生原因	预防方法
牙型高度不够	(1)外螺纹的外圆车得太小 (2)内螺纹的内孔钻得太大	按计算的尺寸来加工外圆和内孔
螺纹中径尺寸不对	(1)丝锥和板牙安装歪斜 (2)丝锥和板牙磨损	(1)矫正尾座与主轴同轴度误差不大于0.05mm，板牙端面必须与主轴中心线垂直 (2)更换丝锥板牙
螺纹表面粗糙度低	(1)切削速度太高 (2)切削液缺少或选用不当 (3)丝锥和板牙齿部崩裂 (4)容屑槽切屑堵塞	(1)降低切削速度 (2)合理选择和充分浇注切削液 (3)修磨或调换丝锥和板牙 (4)经常清除容屑槽中的切屑

计划决策

表 7-7 计划和决策表

<table>
<tr><td>情 境</td><td colspan="5">学习情境七 螺纹的加工</td></tr>
<tr><td>学习任务</td><td colspan="3">任务一 用板牙和丝锥加工三角形螺纹</td><td>完成时间</td><td></td></tr>
<tr><td>任务完成人</td><td>学习小组</td><td></td><td>组长</td><td></td><td>成员</td></tr>
<tr><td>需要学习的知识和技能</td><td colspan="5">知识：1. 零件的加工工艺分析
2. 零件的加工工艺编制
3. 用板牙和丝锥加工三角形螺纹的基本操作方法
技能：熟练掌握用板牙和丝锥加工三角形螺纹的基本操作技能</td></tr>
<tr><td rowspan="3">小组任务分配</td><td>小组任务</td><td>任务实施准备工作</td><td>任务实施过程管理</td><td>学习纪律及出勤</td><td>卫生管理</td></tr>
<tr><td>个人职责</td><td>设备、工具、量具、刀具等前期工作准备</td><td>记录每个小组成员的任务实施过程和结果</td><td>记录考勤并管理小组成员学习纪律</td><td>组织值日并管理卫生</td></tr>
<tr><td>小组成员</td><td></td><td></td><td></td><td></td></tr>
<tr><td>安全要求及注意事项</td><td colspan="5">1. 正确穿戴工作服，佩戴防护设施
2. 进入车间要求听指挥，不得擅自行动
3. 严格按照车床安全文明生产操作规程进行操作</td></tr>
<tr><td>完成工作任务的方案</td><td colspan="5"></td></tr>
</table>

表 7-8 任务实施表 1

情　境	学习情境七　螺纹的加工					
学习任务	用板牙套三角形外螺纹				完成时间	
任务完成人	学习小组		组长		成员	
任务实施步骤及具体内容						
步骤	操作内容					
套螺纹前准备	装夹工件，用三爪自定心卡盘装卡工件，伸出________					
	装夹车刀，按要求装卡________车刀，使刀尖对准工件中心					
	调整车床，根据需要的转速及切削用量调整车床各个手柄的位置					
	将套螺纹的毛坯外径车至________mm					
	外圆车好后，端面进行倒角至________mm，倒角后，端面直径________螺纹小径，以便于板牙切入工件					
	选择切削用量，套螺纹时的切削速度可取转速________r/min					
安装板牙和套螺纹工具	将套螺纹工具的锥柄装入________锥孔内，板牙装入套螺纹工具内，使螺钉对准板牙上的锥孔后拧紧。将尾座移动到工件前适当位置________mm 处，转动尾座手轮，使板牙靠近工件端面，开动车床					
用板牙套普通外螺纹	(1)选用________切削液，转动尾座手轮，使刀具切入工件后停止转动尾座手轮，此时它将沿工件轴线自动进给，从而切削出工件外螺纹 (2)当板牙切削到所需加工位置时，立即停止，然后使主轴________，退出板牙，完成外螺纹的加工					
螺纹的质量检测	主要检测螺纹的牙型高度够不够，螺纹中径尺寸对不对以及螺纹表面粗糙度					

表 7-9 任务实施表 2

情　境	学习情境七　螺纹的加工					
学习任务	用丝锥攻三角形内螺纹				完成时间	
任务完成人	学习小组		组长		成员	
任务实施步骤及具体内容						
步骤	操作内容					
加工前工艺准备	装夹工件，用三爪自定心卡盘装卡工件，伸出____________					
	装夹车刀，按要求装卡________车刀，使刀尖对准工件中心					
	调整车床，根据需要的转速及切削用量调整车床各个手柄的位置					
	将攻螺纹的毛坯外径车至________mm					
	选择切削用量，套螺纹时的切削速度可取转速________r/min					
底孔加工	(1)车断面，取长度________mm，然后进行端面倒角 (2)钻________，起________作用 (3)选用________mm 直径的钻头加工底孔，深约________mm					
用丝锥攻普通内螺纹	(1)检查丝锥是否缺齿，装卡是否歪斜 (2)攻螺纹，选择合理切削用量 (3)充分浇注________切削液 (4)攻螺纹时，不要一次攻至所需深度，应分多次进刀，即丝锥每攻一段深度后应及时退出，清理切屑后，再继续向里攻 (5)攻盲孔内螺纹时，应选用有过载保护机构的攻螺纹工具，并应在丝锥上或攻螺纹工具上做深度标记，防止丝锥攻至孔底造成丝锥折断					
螺纹的质量检测	主要检测螺纹的牙型高度够不够，螺纹中径尺寸对不对以及螺纹表面粗糙度					

表 7-10 分析评价表 1

序号	检测内容	检测项目及分值		出现的实际质量问题及改进方法			
		检测项目	分值	自己检测结果	准备改进措施	教师检测结果	改进建议
1	主要尺寸及表面粗糙度	M12	30				
2		$Ra3.2$	8				
3		$\phi42$	14				
4		120、40、30	3×4				
5	倒角	$C2$、$C1$(2 处)	2×3				
6	设备及工量具的使用维护	常用工量具的合理使用及维护保养	5				
		正确操纵车床并及时发现一般故障	5				
		车床的日常润滑保养	10				
7	安全文明生产	正确执行安全文明操作规程	5				
		正确穿戴工作服	5				
总分							
教师总评意见							

表 7-11 分析评价表 2

序号	检测内容	检测项目及分值		出现的实际质量问题及改进方法			
		检测项目	分值	自己检测结果	准备改进措施	教师检测结果	改进建议
1	主要尺寸及表面粗糙度	M16	30				
2		$Ra3.2$	8				
3		$\phi40$	10				
4		M30	4				
5		70、30、16	3×4				
6	倒角	$C2$、$C1$(2 处)	2×3				
7	设备及工量具的使用维护	常用工量具的合理使用及维护保养	5				
		正确操纵车床并及时发现一般故障	5				
		车床的日常润滑保养	10				
8	安全文明生产	正确执行安全文明操作规程	5				
		正确穿戴工作服	5				
总分							
教师总评意见							

任务二　车三角形螺纹

任务描述

将 $\phi40$ 的 $45^{\#}$ 圆钢在车床上完成如图 7-11 所示工件加工任务。

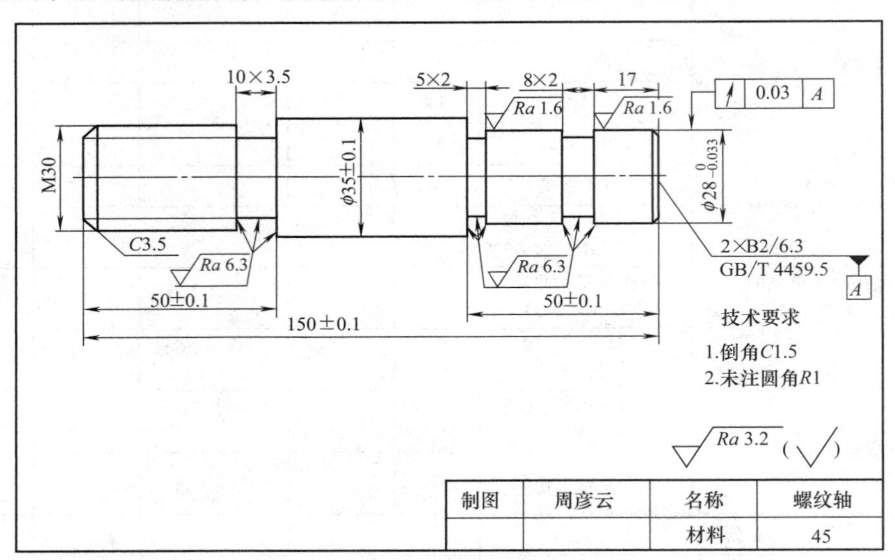

图 7-11　车三角形螺纹任务图

知识链接

一、认识三角形螺纹车刀

1. 螺纹车刀的类型

螺纹车刀从材料上分，有高速钢螺纹车刀和硬质合金螺纹车刀；按加工性质分，有粗车刀和精车刀。

高速钢螺纹车刀刃磨方便、切削刃锋利、韧性好，车出的螺纹表面粗糙度小，但其耐热性差，不宜高速车削，因此，常用来低速车削或作为螺纹精车刀。硬质合金螺纹车刀的硬度高、耐磨性好、耐高温、热稳定性好，但抗冲击能力差，因此，硬质合金螺纹车刀适用于高速车削。三角形螺纹车刀如图 7-12 所示。

外螺纹车刀

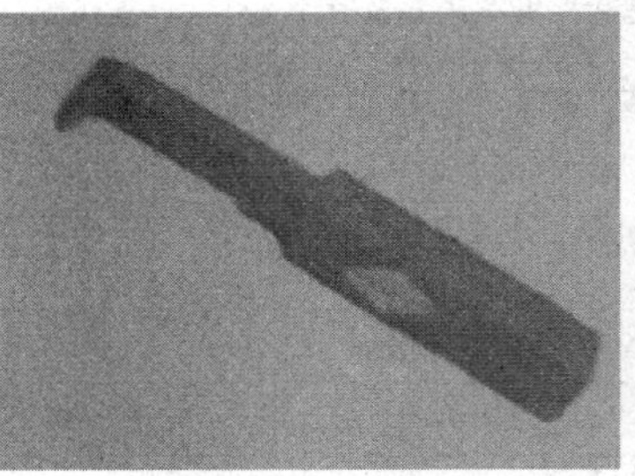

内螺纹车刀

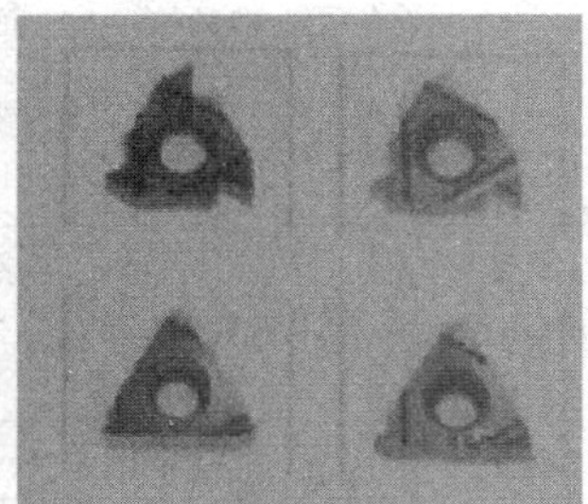

机卡螺纹刀片

图 7-12　三角形螺纹车刀

2. 三角形螺纹车刀的几何角度

要想加工好螺纹，必须正确刃磨螺纹车刀，螺纹车刀按加工性质分属于成形刀具，其切削部分的形状应当和螺纹牙形的轴向剖面形状相符合，即车刀的刀尖角应该等于牙型角，如图 7-13 所示。

(1) 三角形螺纹车刀的刀尖角 ε_r　三角形螺纹车刀的刀尖角 ε_r 有60°和55°两种，这两种车刀都可以车削三角形螺纹，60°刀尖角的三角形螺纹车刀可以车削普通螺纹、美制螺纹、60°密封管螺纹和米制锥螺纹。55°刀尖角的三角形螺纹车刀可以车削英制螺纹、55°非螺纹密封管螺纹和 55°密封管螺纹。

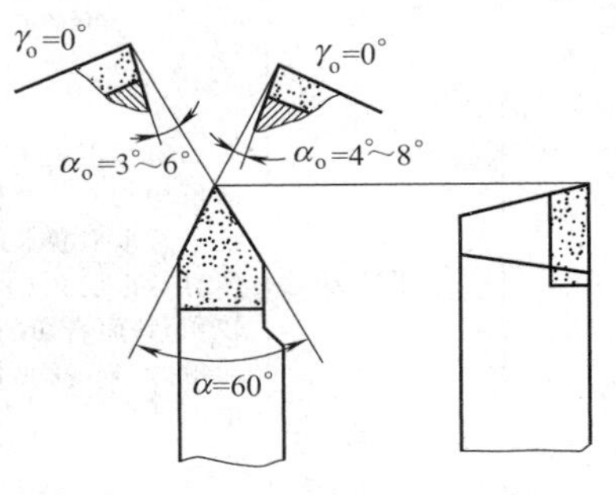

图 7-13　螺纹车刀几何角度

刀具在刃磨过程中通常采用角度尺或样板进行测量。螺纹车刀的刀尖角一般用螺纹对刀样板通过透光法来检查。根据车刀两切削刃与对刀样板的贴合情况反复修正，直到符合图样要求为止。测量时，样板应与车刀基面平行放置，再用透光法检查，这样测出的投影角度，将等于或近似于牙型角。三角形螺纹车刀刀尖角的检查如图 7-14 所示。

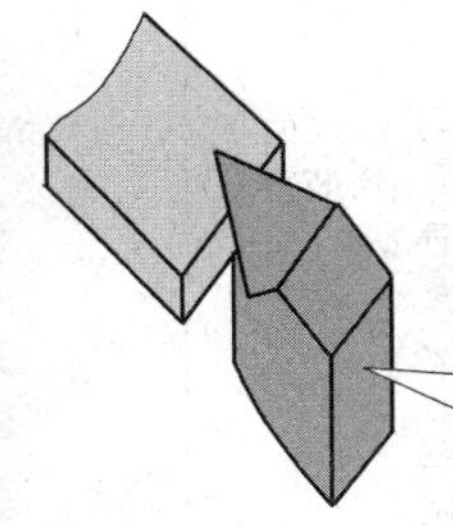

图 7-14　三角形螺纹车刀刀尖角的检查

(2) 前角一般为 0°～15°　因为螺纹车刀的背前角对牙型角有很大影响，为了车削顺利，螺纹粗车刀选用较大的背前角 $\gamma_p=15°$。为了获得较正确的牙型，螺纹精车刀应选用比粗车刀稍小一些的背前角，一般为 $\gamma_p=6°\sim10°$。

(3) 后角一般为 5°～10°　因受螺纹升角的影响，车削右旋螺纹时，为了消除螺纹升角的影响，粗车刀和精车刀的左侧切削刃的刃磨后角 α_{oL} 都应磨得比右侧切削刃的刃磨后角 α_{oR} 大一些，一般选择 $\alpha_{oL}=10°\sim12°$，$\alpha_{oR}=6°\sim8°$。但大直径、小螺距的三角螺纹，这种影响可忽略不计。

3. 螺纹升角 ψ 对车刀角度的影响

车螺纹时，由于螺纹升角的影响，引起切削平面和基面位置的变化，从而使车刀工作时的前角和后角与车刀静止时的前角和后角的数值不同。螺纹升角越大，对工作时前角和后角的影响越明显。因此，必须考虑螺纹升角对螺纹车刀工作角度的影响。

(1) 螺纹升角 ψ 对螺纹车刀工作前角的影响　以右旋螺纹为例，介绍螺纹升角 ψ 对螺纹车刀工作前角的影响，见表 7-12。

(2) 螺纹升角 ψ 对螺纹车刀工作后角的影响　螺纹车刀的工作后角一般为 3°～5°。当不存在螺纹升角时（如横向进给车槽），车刀左右切削刃的工作后角与刃磨后角相同。但在车削螺纹时，由于螺纹升角的影响，引起切削平面和基面位置的变化，车刀左右切削刃的工作后角与刃磨后角不同，如图 7-15 所示。因此螺纹车刀左右切削刃刃磨后角的确定可参考表 7-13。

表 7-12 螺纹升角 Ψ 对螺纹车刀工作前角的影响

	装刀	说 明	图 示
问题	水平装刀	如果车刀左右侧切削刃的刃磨前角均为 0°，即 $\gamma_{oL}=\gamma_{oR}=0°$，螺纹车刀水平装卡时，左切削刃在工作时是正前角（$\gamma_{oeL}>0°$），切削比较顺利；而右切削刃在工作时是负前角（$\gamma_{oeR}<0°$），切削不顺利，排屑也困难	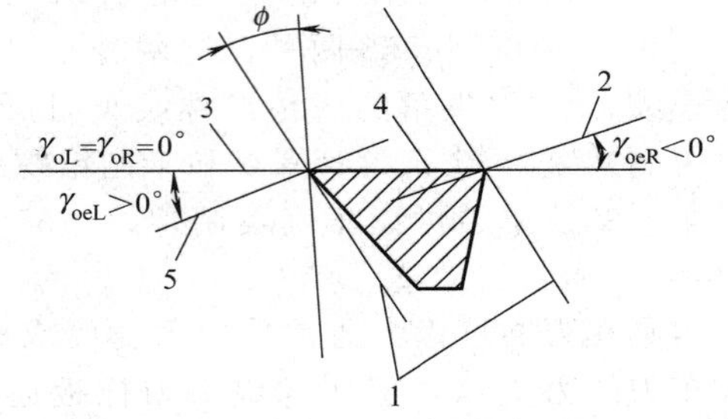 ϕ 3 4 2 $\gamma_{oL}=\gamma_{oR}=0°$ $\gamma_{oeR}<0°$ $\gamma_{oeL}>0°$ 5 1 1—螺旋线（工作时切削平面）； 2，5—工作时基面；3—基面；4—前角
	法向装刀	将刀左右两侧切削刃组成的平面垂直于螺旋线装卡（法向装刀），这时两侧刀刃的前角都为 0°	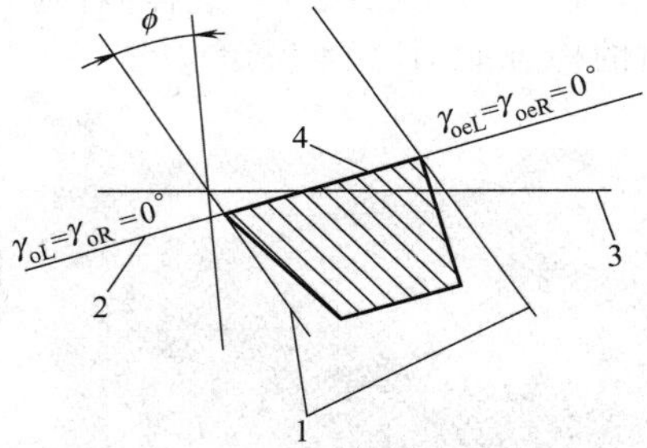 ϕ $\gamma_{oeL}=\gamma_{oeR}=0°$ 4 $\gamma_{oL}=\gamma_{oR}=0°$ 3 2 1 1—螺旋线（工作时切削平面）； 2—工作时基面；3—基面；4—前角
改善措施	水平装刀且磨大前角卷屑槽	车刀仍然水平装卡，但在前面上沿左右两侧的切削刃上磨有较大前角卷屑槽。这样可以使切削顺利，并利于排屑	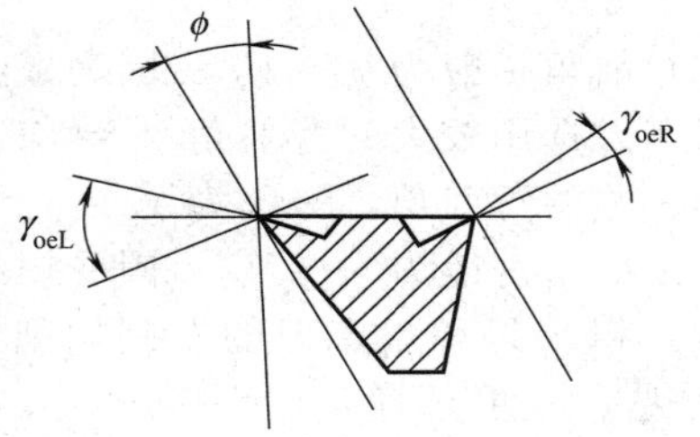 ϕ γ_{oeR} γ_{oeL}
	法向装刀且磨大前角卷屑槽	法向装刀时，在前面上也可磨出有较大前角的卷屑槽，这样切削更顺利	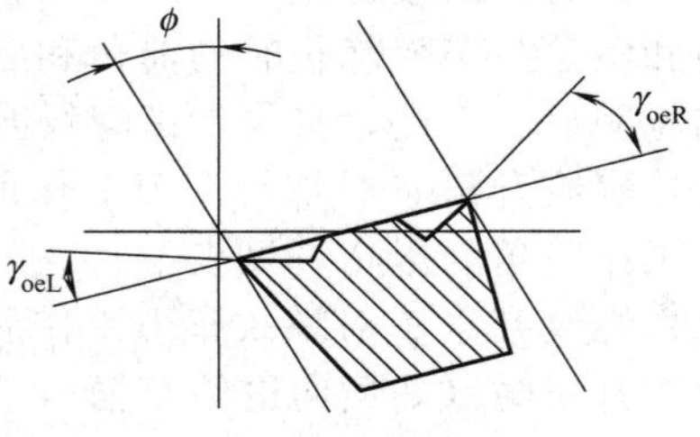 ϕ γ_{oeR} γ_{oeL}

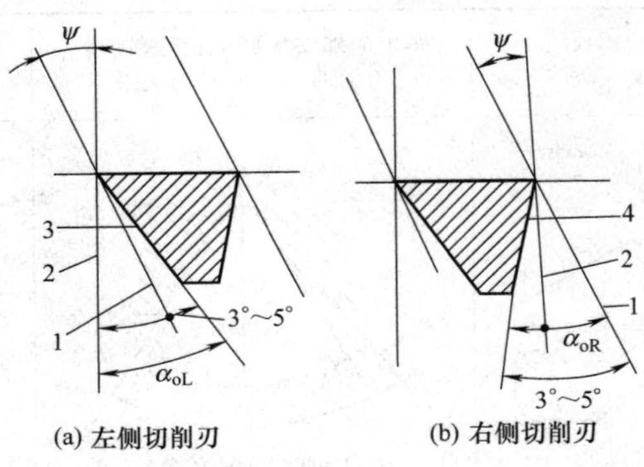

图 7-15 车右旋螺纹时螺纹升角对螺纹车刀工作后角的影响

1—螺旋线（工作时的切削平面）；2—切削平面；3—左侧后面；4—右侧后面

表 7-13 螺纹车刀左右切削刃刃磨后角的计算公式

螺纹车刀的刃磨后角	左侧切削刃的刃磨后角 α_{oL}	左侧切削刃的刃磨后角 α_{oR}
车右旋螺纹	$\alpha_{oL}(3°\sim5°)+\psi$	$\alpha_{oR}=(3°\sim5°)-\psi$
车左旋螺纹	$\alpha_{oL}=(3°\sim5°)-\psi$	$\alpha_{oR}=(3°\sim5°)+\psi$

（3）螺纹车刀的背前角 γ_p 对螺纹牙型角 α 的影响　螺纹车刀的两刃夹角 ε'_r 的大小，取决于螺纹牙型角 α。螺纹车刀的背前角 γ_p 对螺纹加工和螺纹牙型的影响，见表 7-14。

表 7-14 螺纹车刀的背前角 γ_p 对螺纹加工和螺纹牙型角 α 的影响

背前角 γ_p	螺纹车刀的两刃螺纹牙型角 α 的关系	车出的螺纹牙型角 α 与螺纹车刀的两刃夹角 ε'_r 的关系	螺纹牙侧	应　用
0°	$\varepsilon'_r=60°$ α_{oL} $\varepsilon'_r=\alpha=60°$	$\alpha=60°$ $\alpha=\varepsilon'_r=60°$	直线	适用于车削精度要求较高的螺纹，同时可增大螺纹车刀两侧切削刃的后角，来提高切削刃的锋利程度，减小螺纹牙型两侧表面粗糙度值
5°～15°	$\gamma_p=5°\sim15°$ $\varepsilon'_r=59°\pm30'$ α_{oL} $\varepsilon'_r<\alpha$，选 ε'_r 等于 58°30′～59°30′	$\alpha=60°$ $\alpha=\varepsilon'_r=60°$	曲线	车削精度要求不高的螺纹或粗车螺纹

续表

背前角 γ_p	螺纹车刀的两刃螺纹牙型角 α 的关系	车出的螺纹牙型角 α 与螺纹车刀的两刃夹角 ε'_r 的关系	螺纹牙侧	应用
$>15°$	$\gamma_p>0°$ $\varepsilon'_r=60°$ α_{oL} $\varepsilon'_r=\alpha=60°$	60° α $\alpha>\varepsilon'_r$ 即 $\alpha>60°$，前角 γ_p 越大，牙型角的误差也越大	曲线	不允许，必须对车刀两切削刃夹角 ε'_r 进行修正

因此，精车刀的背前角应取得较小（$\gamma_p=0°\sim5°$），才能达到理想的效果。当背前角等于0°时，刀尖角应等于牙型角。当背前角不等于0°，必须修正刀尖角。实际使用中 ε'_r 可由表7-15查的。

表 7-15　螺纹车刀前面上两刃夹角 ε'_r 的修正值

背前角 \ 牙型角	29°	30°	40°	55°	60°
0°	29°	30°	40°	55°	60°
5°	28°54′	29°53′	39°52′	54°49′	59°49′
10°	28°35′	29°34′	39°26′	54°17′	59°15′
15°	28°03′	29°01′	38°44′	53°23′	58°18′
20°	27°19′	28°16′	37°46′	52°08′	56°58′

二、三角形螺纹车刀的刃磨及装卡

1. 外螺纹车刀的刃磨

（1）先粗磨前刀面。

（2）磨两侧后刀面，以初步形成两刃夹角。其中先磨进给方向侧刃（控制刀尖半角 $\varepsilon/2$ 及后角 $\alpha_o+\varphi$），再磨背进给方向侧刃（控制刀尖角 ε 及后角 $\alpha_o-\varphi$）。

（3）精磨前刀面，以形成前角。

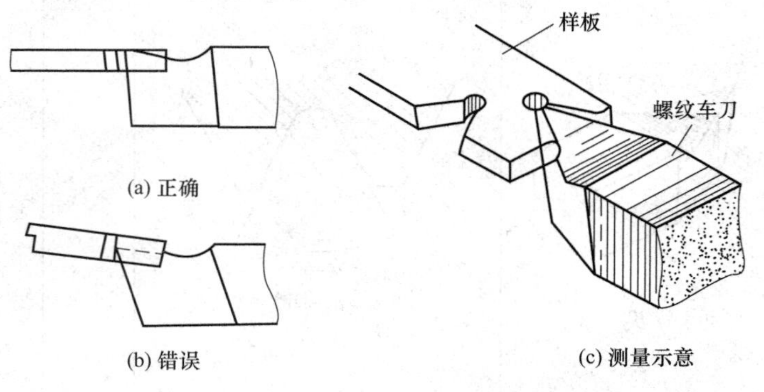

(a) 正确　(b) 错误　(c) 测量示意

图 7-16　用样板修正两刃夹角

(4) 精磨后刀面，刀尖角用螺纹车刀样板来测量，能得到正确的刀尖，如图 7－16 所示；测量时，使刀杆底平面与样板平面平行，用观察刀刃与样板间的透光来判断刀磨的刀尖角是否正确。

(5) 修磨刀尖，刀尖侧棱宽度约为 $0.1P$。

(6) 用油石研磨刀刃处的前后角（注意保持刃口锋利）。

2. 内螺纹车刀的刃磨

内螺纹车刀的刃磨方法与外螺纹车刀基本相同，但是在刃磨刀尖角时，它的平分线必须与刀杆垂直，否则在车削时会出现刀柄碰伤工件的现象。在刃磨内螺纹车刀时，车刀主副后角大小必须适当，为了增加车刀强度，通常可以刃磨双重后角。

3. 三角形螺纹车刀的装卡

要保证螺纹的加工精度，除了按螺纹要素正确修正刀具角度以外，还必须正确安装螺纹车刀。螺纹车刀安装得正确与否，对螺纹牙型角及表面质量有直接影响。

(1) 螺纹车刀的正确安装原则

① 在通常情况下，螺纹车刀刀尖应对准零件中心，不得偏高或偏低。车刀安装偏高或偏低都会产生螺纹牙型角误差。

② 用对刀样板校正螺纹车刀刀尖角的位置，夹紧刀具后，刀尖角应正确地对准样板的位置，以避免产生螺纹半角误差。

③ 为了补偿加工过程中零件或刀具的弹性变形，在某些情况下，如高速车削螺纹时，螺纹车刀的刀尖可适当高于零件中心，一般约高出 0.1～0.3mm。如果采用弹簧刀杆安装车刀，精车大螺距螺纹时，为了补偿刀杆的弹性变形，车刀刀尖应适当高于零件中心 0.2mm。

(2) 外螺纹车刀的装卡

① 装夹车刀时，刀尖位置一般应对准工件中心。

② 车刀刀尖角的对称中心必须与工件轴线垂直，装刀时可用样板来对刀，如图 7-17 (a) 所示，如把车刀装歪，就会产生如图 7-17 (b) 所示的牙型歪料。

③ 刀头伸出不要过长，一般为 20～25mm（约为刀杆厚度的 1.5 倍）。

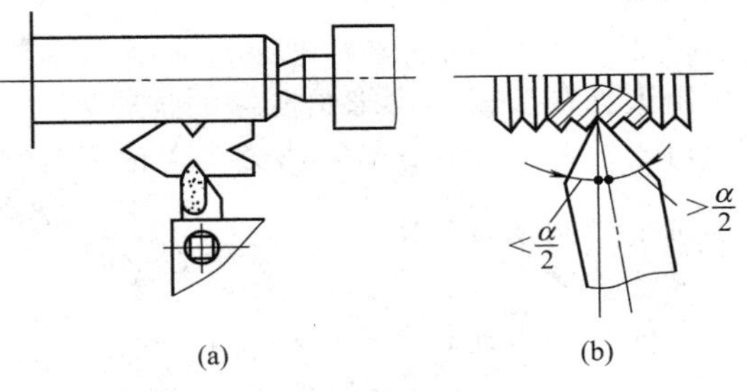

图 7-17　外螺纹车刀的装卡

(3) 内螺纹车刀的装卡　装刀时，必须严格按样板找正刀尖角，如图 7-18 (a) 所示，否则，切削后会出现倒牙现象，刀装好后，应在孔内摇动床鞍至终点检查是否碰撞，如图 7-18 (b) 所示。

三、车螺纹时车床的调整

为了在车床上车出螺距合乎要求的螺纹，车削时必须保证工件（主轴）转一转，车刀纵向移动的距离等于一个螺距值。也就是说，若所车削螺纹的螺距和车床丝杠的螺距已经确定，即车床的主轴和丝杠必须保证一定的转速比。

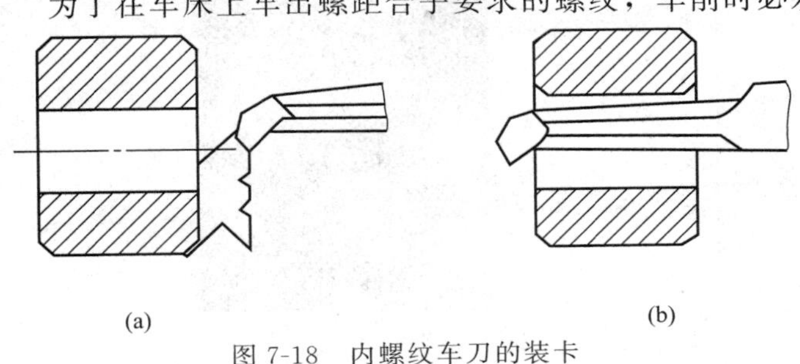

图 7-18　内螺纹车刀的装卡

1. 车床手轮、手柄的调整

在有进给箱的车床上车削常用螺距（或导程）的螺纹和蜗杆

时，一般只要按照车床进给箱铭牌上标注的数据，变换主轴箱、进给箱外手柄位置并配合更换交换齿轮箱内的交换齿轮，就可以得到常用的螺距（或导程）。

在无进给箱的车床上车螺纹时，首先要根据工件螺距和车床丝杠螺距计算出挂轮的齿数，并进行搭配，然后才能进行车削。

2. 调整交换齿轮

车削螺纹时，车刀的移动距离等于丝杠的转数与丝杠的螺距的乘积，同时车刀移动的距离又等于工件的转数与工件螺距的乘积时才能车出所需的螺纹。

交换齿轮的计算由车床车削螺纹进给传动路线可知，交换齿轮的传动比、工件螺距和丝杠螺距、工件转数和丝杠转数之间的关系如下：

$$n_{工} P_{工} = n_{丝} P_{丝}$$

$$\frac{n_{丝}}{n_{工}} = \frac{P_{工}}{P_{丝}}$$

$$i = \frac{n_{丝}}{n_{工}} = \frac{P_{工}}{P_{丝}} = \frac{Z_1}{Z_0} \times \frac{Z_0}{Z_2}$$

式中　Z_1——主动配换齿轮齿数；

Z_0——中间配换齿轮齿数；

Z_2——被动配换齿轮齿数；

$P_{工}$——工件螺距；

$P_{丝}$——丝杠螺距；

$n_{工}$——工件转数；

$n_{丝}$——丝杠转数；

i——$n_{丝}/n_{工}$ 称为速比 i。

由上面的公式即可求出所需的挂轮。

对于 CA6140A 型车床，交换齿轮箱内的交换齿轮：

车削米制螺纹和英制螺纹时，用 $\frac{Z_1}{Z_0} \times \frac{Z_0}{Z_2} = \frac{A}{B} \times \frac{B}{C} = \frac{63}{100} \times \frac{100}{75}$

车削米制蜗杆和英制蜗杆时，用 $\frac{Z_1}{Z_0} \times \frac{Z_0}{Z_2} = \frac{A}{B} \times \frac{B}{C} = \frac{63}{100} \times \frac{100}{97}$

3. 调整车床间隙

(1) 小滑板和中滑板间隙的调整　见表 7-16。

表 7-16　小滑板和中滑板间隙调整

	操作步骤	图　示
调整小滑板间隙	步骤 1：松开小滑板右侧的顶紧螺栓	

续表

	操作步骤	图示
调整小滑板间隙	步骤2:调整左侧的限位螺栓	
	步骤3:调整合适后,紧固右侧的顶紧螺栓	
调整中滑板间隙	步骤1:松开后面的顶紧螺栓	
	步骤2:调整前面的限位螺栓	
	步骤3:调整合适后,紧固后面的顶紧螺栓	

（2）开合螺母松紧的调整　见表 7-17。

表 7-17　开合螺母松紧调整

操作步骤	图　　示
步骤 1:先切断电源,找准溜板箱右侧的 3 个开合螺母调节螺钉 步骤 2:用呆扳手(或活扳手)从下到上依次松开开合螺母的 3 个调节螺母	 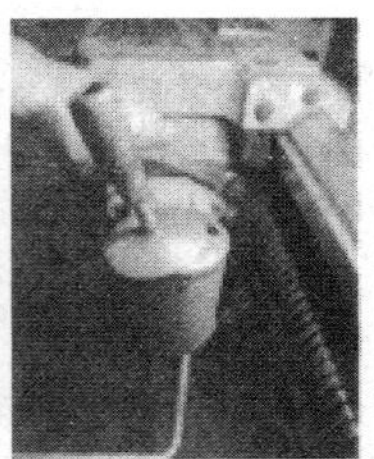
步骤 3:用一字旋具从下到上依次拧紧或放松调节螺钉	 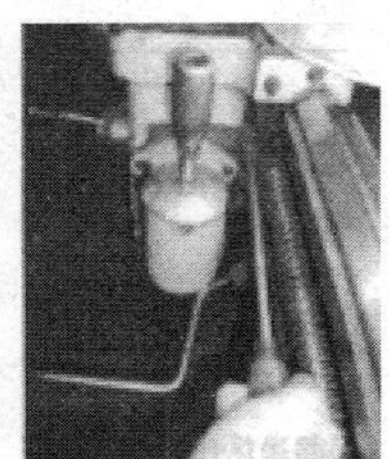
步骤 4:将车床主轴转速调整至 100r/min,顺时针扳动开合螺母手柄,应操纵灵活自如,不得有阻滞或卡住现象,无异常声音 步骤 5:再检查溜板箱移动,应轻重均匀平衡	 
步骤 6:开合螺母的松紧程度调整好后,用呆扳手(或活扳手)从上到下依次锁紧开合螺母的 3 个调节螺母	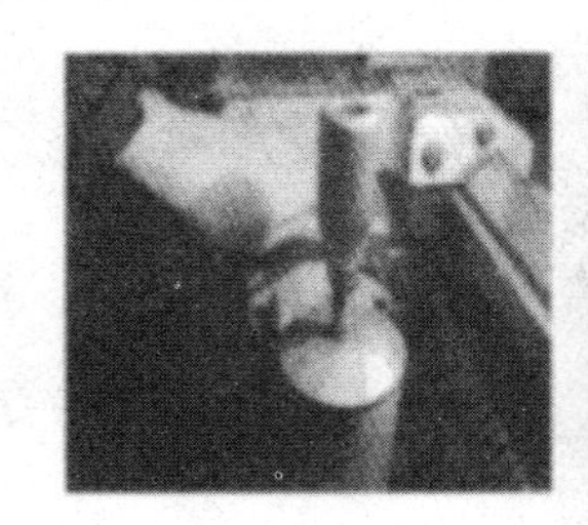 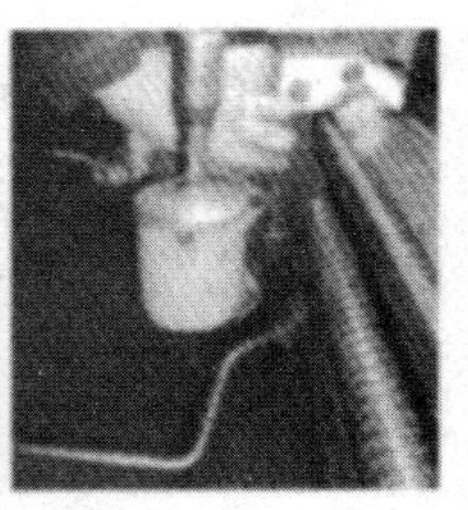

四、车削螺纹的基本方法

1. 车削螺纹的操作方法

（1）车削螺纹的基本方法　车削螺纹时常用的方法主要有提开合螺母车削法及开倒顺车法，其操作步骤如表 7-18 所示。

（2）车削螺纹时应注意事项

① 为预防误操作，当开合螺母合下后，床鞍和十字手柄的功能被锁住，此时工件每转一转，车刀移动一个螺距。

表 7-18　车削螺纹的基本操作方法

操作方法	操作步骤及内容	图示说明
提开合螺母车削法	步骤 1:向上提起操纵杆手柄,操作者站在十字手柄和中滑板手柄之间(约45°方向),此时车床主轴转速为 85r/min	
	步骤 2:确认丝杠旋转,并在导轨离卡盘一定距离处做一记号,或放置非金属构件作为车削时的纵向移动终点	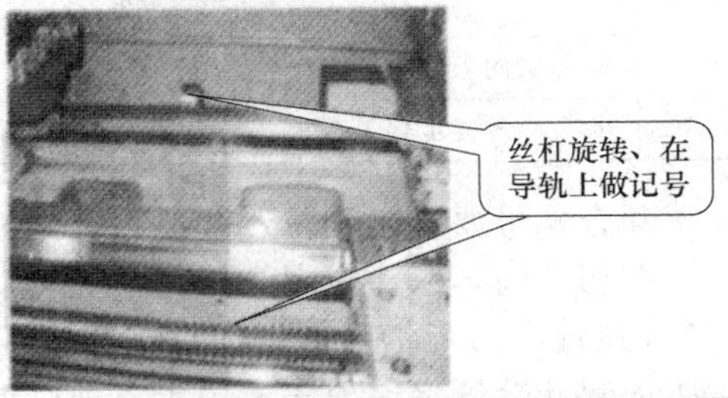
	步骤 3:左手握中滑板手柄进给 0.5mm,同时右手压下开合螺母手柄,使开合螺母与丝杠啮合到位,床鞍和刀架按照一定的螺距做纵向移动	
	步骤 4:当床鞍移动到记号处,右手迅速提起开合螺母,左手中滑板退刀	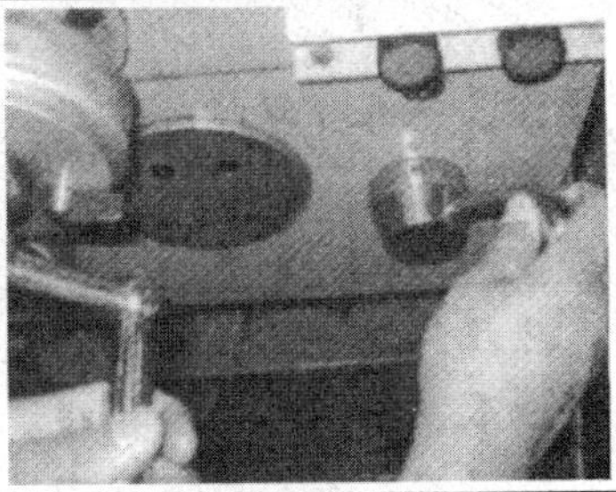
	步骤 5:手摇床鞍手柄,将床鞍移动到初始位置	
	步骤 6:重复步骤 3、4、5	
开倒顺车法车削	步骤 1:站立位置改为站在卡盘和刀架之间(约45°方向),左手在操作中不离操纵杆,右手在开合螺母合下后,负责中滑板进刀	

续表

操作方法	操作步骤及内容	图示说明
开倒顺车法车削	步骤2：当床鞍移动到记号处，不提开合螺母，右手快速退中滑板，左手同时压下操纵杆，使主轴反转，床鞍纵向退回	
	步骤3：向上提起操纵杆手柄，将床鞍停留到初始位置	
	步骤4：重复步骤1、2、3	

② 开合螺母要合闸到位，如感到未闸好，应立即起闸，移动床鞍重新进行。

③ 在切削前，应注意螺纹终止位置与卡爪、滑板与尾座之间的间隔不能太小，以避免由于惯性造成车刀与卡爪、滑板与尾座相碰。

④ 提起开合螺母退刀法适用于车削有退刀槽或不乱牙的螺纹。

⑤ 开倒顺车时，主轴换向不能过快，否则车床传动部分受到瞬时冲击，易使传动机件损坏。

⑥ 开倒顺车时，离进刀、退刀线还有一段距离，即把操纵杆手柄放到中间位置，利用惯性使床鞍移动到进刀、退刀线。

⑦ 车螺纹时，思想要集中。特别是初学者在开始练习时，主轴转速不宜过高，待操作熟练后，逐步提高主轴转速或增大螺纹的螺距，最终能高速车削普通螺纹。

⑧ 开倒顺车退刀法适用于车削各种螺纹，尤其适用于车削无退刀槽或会产生乱牙的螺纹。

2. 低速车削三角形外螺纹

(1) 低速车削三角形螺纹的进刀方法　见表7-19。

表7-19　低速车削三角形螺纹的进刀方法

进刀方法	直进法	斜进法	左右切削法
图示	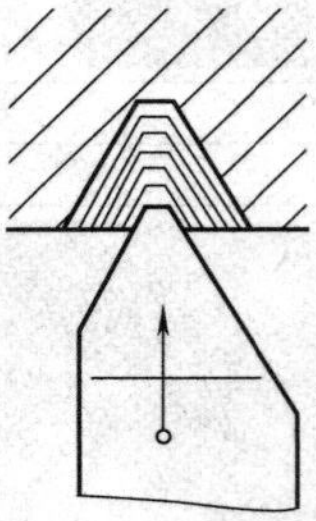	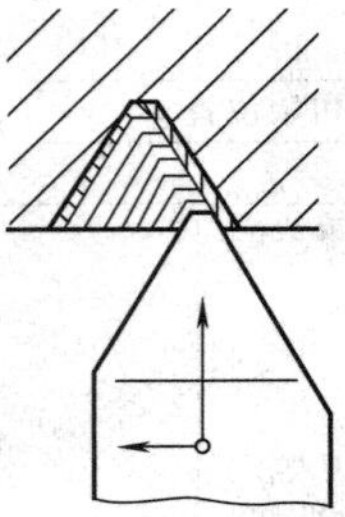	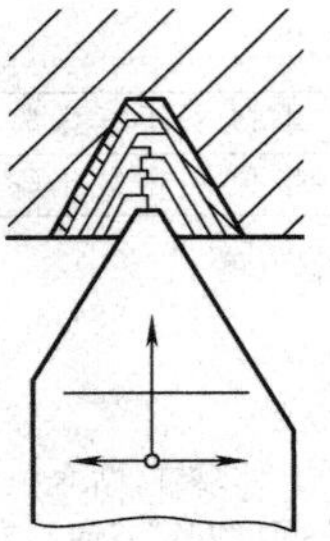
方法	车削时只用中滑板横向进给	在每次往复行程后，除中滑板横向进给外，小滑板只向一个方向做微量进给	除小滑板做横向进给外，同时用小滑板将车刀向左或向右做微量进给

续表

进刀方法	直进法	斜进法	左右切削法
加工性质			
加工特点	容易产生扎刀现象，但是能够获得正确的牙型角	不容易产生扎刀现象，用斜进法粗车螺纹后，必须用左右切削法精车	不容易产生扎刀现象，但小滑板的左右移动量不大
使用场合	车削螺距较小（$P<2.5$mm）的普通螺纹	车削螺距较大（$P>2.5$mm）的普通螺纹	车削螺距较大（$P>2.5$mm）的普通螺纹

（2）低速车削三角形螺纹的切削用量　见表7-20。

表7-20　低速车削螺纹时的切削用量

工件材料	刀具材料	螺距/mm	切削速度 v_c/(m/min)	背吃刀量 a_p/mm
45钢	W18Cr4V	1.5	粗车：15～30	粗车：0.15～0.30
			精车：5～7	精车：0.05～0.08

合理选择粗、精车普通螺纹的切削用量后，还要在一定的进刀次数内完成车削。例如车削M24，M20，M16的合理进刀次数，见表7-21。

表7-21　低速车削螺纹时的合理进刀次数

进刀次数	M24　$P=3$mm			M20　$P=2.5$mm			M16　$P=2$mm		
	中滑板进刀格数	小滑板赶刀格数		中滑板进刀格数	小滑板赶刀格数		中滑板进刀格数	小滑板赶刀格数	
		左	右		左	右		左	右
1	9	0		9	0		9	0	
2	6	3		6	2		4	3	
3	4	3		4	3		3	2	
4	3	2		2	2		2	2	
5	3	2		2	1		1	1/2	
6	2	1		1	1		0.65	1/2	
7	2	1		1/2	0		1/4	1/2	
8	1	1/2		1/2	1/2		1/4		2.5
9	1/2	1		1/4	1/2		1/2		1/2
10	1/2	0		1/4		3	1/2		1/2
11	1/4	1/2		1/2		0	1/4		1/2
12	1/4	1/2		1/2		1/2	1/4		0
13	1/4		3	1/4		1/2	螺纹深度＝1.0826mm $n=21.65$格		
14	1/4		0	1/4		0			
15	1/4		1/2	螺纹深度＝1.353mm $n=27$格					
16	1/4		0						
	螺纹深度＝1.6239mm $n=32.5$格								

（3）低速车削三角形螺纹时注意事项

① 车削高台阶的螺纹，靠近高台阶一侧的车刀刀刃应短些，否则易擦伤轴肩，如图7-19所示。

② 车螺纹前，应首先调整好床鞍和中、小滑板的松紧程度及开合螺母间隙。

③ 调整进给箱手柄时，车床在低速下操作或停车后用手拨动卡盘一下。

④ 车螺纹时，应注意不可将中滑板手柄多摇进一圈，否则会造成车刀刀尖崩刃或损坏工件。

⑤ 车螺纹过程中，不准用手摸或用棉纱去擦螺纹，以免划伤手。

⑥ 应始终保持螺纹车刀锋利。中途换刀或刃磨后重新装刀时，必须重新调整螺纹车刀刀尖的高低后再次对刀。

⑦ 出现积屑瘤时应及时清除。

⑧ 车脆性材料螺纹时，背吃刀量不宜过大，否则会使螺纹牙尖爆裂，产生废品。低速精车螺纹时，最后几刀采取微量进给或无进给车削，以车光螺纹侧面。

⑨ 车无退刀槽螺纹时，先在螺纹的有效长度处用车刀划一道刻线。当螺纹车刀移动到螺纹终止处时，横向迅速退刀并提起开合螺母或压下操纵杆开倒车。

⑩ 车无退刀槽螺纹时，应保证每次收尾均在2/3圈左右，且每次退刀位置大致相同，否则容易损坏螺纹车刀刀尖，如图7-20所示。

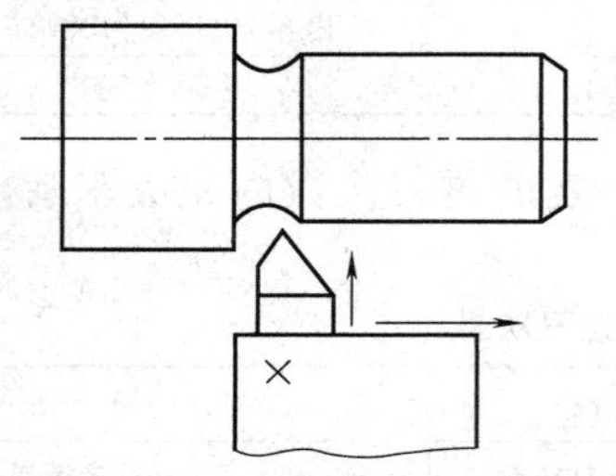

图7-19 靠近台阶的左侧刀刃短

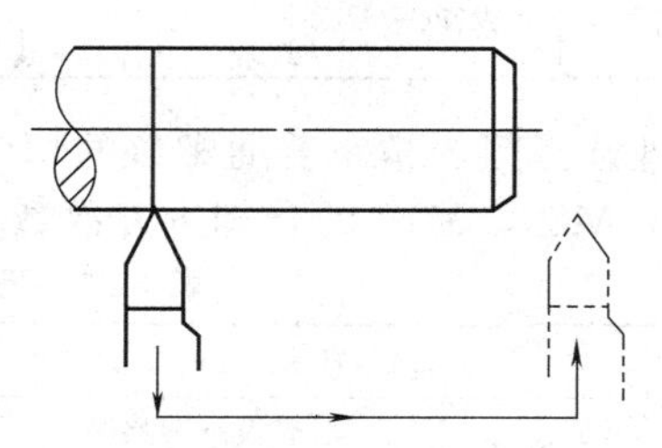

图7-20 螺纹终止退刀标记

3. 高速车削三角形外螺纹

（1）高速车削三角形螺纹的切削用量与方法 高速车削三角形螺纹采用硬质合金车刀，车削速度在50～100m/min，背吃刀量开始时应大一些，以后逐渐减小，但最后一刀不能小于0.1mm，其切削用量推荐值可参考表7-22。高速切削三角形螺纹时采用直进法。如果采用左右切削法，或斜进法高速车削三角形螺纹，车刀只有一个切削刃工作，高速排出的切屑会拉毛另一牙侧，增大螺纹表面粗糙度值。高速切削三角形螺纹，一般只需进给3～5次就可以完成螺纹加工，生产效率高。车削不同螺距三角形螺纹的进给次数可参考表7-23。

表7-22 高速车削三角形螺纹时切削用量参考值

工件材料	刀具材料	螺距/mm	切削速度 v_c/(m/min)	背吃刀量 a_p/mm
铸铁	P10	2	粗车：15～30	粗车：0.20～0.40
			精车：15～25	精车：0.05～0.10
45钢	K20	2	60～90	余量2～3次完成

表7-23 高速车削三角形螺纹时进刀次数参考值

螺距/mm		1.5～2	3	4	5	6
车削次数	3～5	2～3	3～4	4～5	5～6	6～7
	3～5	1～2	2	2	2	2

高速车削三角形外螺纹时，受车刀挤压后会使外螺纹大径尺寸变大。因此，车削螺纹前的外圆直径应比螺纹大径小些。当螺距为1.5～3.5mm时，车削螺纹前的外径一般可以减小0.2～0.4mm。

（2）高速车削三角形外螺纹时的注意事项

① 高速车削螺纹时，必须及时退刀、提起开合螺母，否则会使刀尖崩刃、工件顶弯甚至使工件飞出。

② 高速车削螺纹，不论是采用开倒顺车法，还是采用提开合螺母法，要求车床各调整点都准确、灵活而且机构不松动。

③ 车削时切削力较大，必须将工件和车刀夹紧，必要时工件应增加轴向定位装置，以防止工件移位。

④ 车削过程中一般不需加注切削液。若车刀发生崩刃，应立即停止车削，清除嵌入工件的硬质合金碎粒，然后用高速钢螺纹车刀低速修整有伤痕的牙型侧面。

⑤ 高速车削螺纹时，最后一刀的背吃刀量一般要大于0.1mm，否则会降低表面质量。

⑥ 应使切屑垂直于螺纹轴线方向排出，若切屑向倾斜方向排出，会拉毛螺纹牙侧。

⑦ 车削时要思想集中，胆大心细，在有阶台的工件上高速车螺纹时要及时退刀，以防碰撞工件和卡爪，退刀路线如图7-21所示。

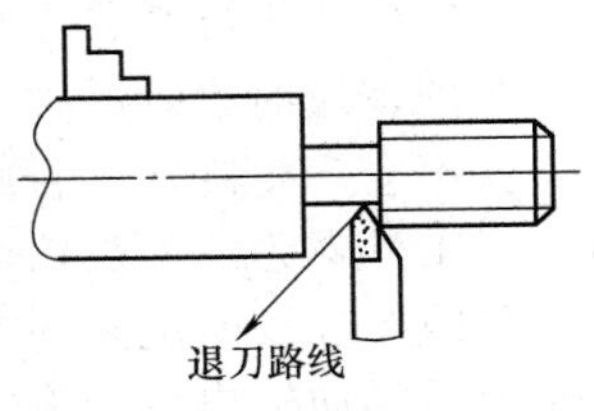

图7-21　退刀路线

⑧ 不能用手去摸螺纹表面，也不能用棉纱擦工件，否则会使棉纱卷入工件时带动手指也一起卷进去而造成事故。

4. 低速车削三角形内螺纹

（1）车削内螺纹前孔径的确定

① 车塑性材料的金属时：　　$D_{孔} \approx D-P$

② 车削脆性材料的金属时：　　$D_{孔} \approx D-1.05P$

（2）车削内螺纹的方法　内螺纹的车削方法与外螺纹基本相同，但因为内螺纹车刀刚性较差，所以车削难度要比车削外螺纹大。

① 车削螺纹前，先把工件的端平面、螺纹底孔、外圆、内孔、端面及倒角等车好，然后选用内螺纹车刀车螺纹。车不通孔螺纹或台阶孔螺纹时，还需车好退刀槽，退刀槽直径应大于内螺纹大径，槽宽为$(2 \sim 3)P$，并与台阶平面切平。车削前，应在内孔整个行程中摇动螺纹车刀，检查车刀和孔壁是否发生碰撞。

② 选择合理的切削速度，并根据螺纹的螺距调整进给箱各手柄的位置。

③ 内螺纹车刀装夹好后，开车对刀，记住中滑板刻度或将中滑板刻度盘调零。

④ 在车刀刀柄上做标记或用溜板箱手轮刻度控制螺纹车刀在孔内车削的长度。

⑤ 用中滑板进刀，控制每次车削的切削深度（即背吃刀量），进刀方向与车削外螺纹时的进刀方向相反。

⑥ 压下开合螺母手柄车削内螺纹。当车刀移动到标记位置或溜板箱手轮刻度显示到达螺纹长度位置时，快速退刀，同时提起开合螺母或压下操纵杆使主轴反转，将车刀退到起始位置。

⑦ 经数次进刀、车削后，使总切削深度等于螺纹牙型深度。

⑧ 螺距$P \leqslant 2$mm的内螺纹一般采用直进法车削。$P > 2$mm的内螺纹一般先用斜进法粗车，并向走刀相反方向一侧赶刀，以改善内螺纹车刀的受力状况，使粗车能顺利进行；精车时采用左、右进刀法精车两侧面，以减小牙型侧面的表面粗糙度值，最后采用直进车至螺纹大径。

⑨ 车削内螺纹时的进刀和退刀方向与外螺纹相反，而切削方法与外螺纹相同。因为切削力和车刀刚性的影响，背吃刀量应比车削外螺纹的小。

(3) 车削内螺纹时的注意事项

① 内螺纹车刀两侧刃的对称中心线应与刀杆中心线垂直，否则车削时刀杆会碰伤工件。

② 车削通孔螺纹时，应先把内孔、端面和倒角车好再车螺纹，其进刀方法和车削外螺纹完全相同。

③ 车削盲孔螺纹时一定要小心，退刀和工件反转动作一定要迅速，否则车刀刀头将会和孔底相撞。为控制螺纹长度，避免车刀和孔底相碰，最好在刀杆上作出标记（缠几圈线）或根据床鞍纵向移动刻度盘控制行程长度。

五、车螺纹时乱牙的预防

车削螺纹时，车刀的移动是靠开合螺母与丝杠的啮合来带动的，一条螺纹槽需经过多次走刀车削才能完成。每次走刀车削必须保证车刀总是落在已车出的螺纹槽中，螺纹牙型完整。否则就产生乱牙，无法车出完整的牙型，致使工件报废。

车削螺纹时当丝杠转一周时，工件转过了整数周，车刀刀尖刚好在原来切削过的螺旋槽内，就不会产生乱牙，否则就会乱牙。因此产生乱牙的主要原因是，当车床丝杠的螺距不是所加工工件螺距的整数倍而造成的。

预防车螺纹时乱牙的方法一般采用倒顺车法。即在一次行程结束时，不提起开合螺母，把车刀沿径向退出后，将主轴反转，使螺纹车刀沿纵向退回，再进行第二次车削，这样反复来回车削螺纹过程中，因主轴、丝杠和刀架之间的传动没有分离，车刀刀尖始终在原来的螺旋槽中，所以不会产生乱牙。

[例 7-1] 已知车床丝杠的螺距为 6mm，车削螺纹的螺距分别为 3mm、4mm、12mm。试分别判断是否会乱牙。

解： 由于传动比 $i=\dfrac{nP_{工}}{P_{丝}}=\dfrac{n_{丝}}{n_{工}}$

当车削 $P_{工}=3\text{mm}$ 的螺纹时，$i=\dfrac{nP_{工}}{P_{丝}}=\dfrac{n_{丝}}{n_{工}}=\dfrac{3}{6}=\dfrac{1}{2}$，即丝杠转过一转时，工件转了两转，不会产生乱牙。

当车削 $P_{工}=4\text{mm}$ 的螺纹时，$i=\dfrac{nP_{工}}{P_{丝}}=\dfrac{n_{丝}}{n_{工}}=\dfrac{4}{6}=\dfrac{1}{1.5}$，即丝杠转过一转时，工件转了一转半，会产生乱牙。

当车削 $P_{工}=12\text{mm}$ 的螺纹时，$i=\dfrac{nP_{工}}{P_{丝}}=\dfrac{n_{丝}}{n_{工}}=\dfrac{12}{6}=\dfrac{1}{0.5}$，即丝杠转过一转时，工件转了半转，会产生乱牙。

六、三角形螺纹的质量检测

标准螺纹具有互换性，特别对螺距、中径等尺寸要严格控制，否则螺纹副将无法配合。根据不同的质量要求和生产批量的大小，相应选择不同的测量方法，常见的测量方法有单项测量法和综合测量法。

1. 单项测量法

单项测量法是指测量螺纹的某一单项参数，一般为对螺纹大径、螺距和中径的分项测量。测量的方法和选用的量具也不相同，详见表 7-24。

(1) 用三针法测量螺纹中径　用三针测量螺纹中径是一种比较精密的测量方法。测量时将三根量针放置在螺纹两侧相对应的螺旋槽内，用千分尺量出两边量针顶点之间的距离 M（表 7-25）。根据 M 值可以计算出螺纹中径的实际尺寸。三针测量时，M 值和中径 d_2 的计算公式，见表 7-25。

表 7-24　单项法测量螺纹

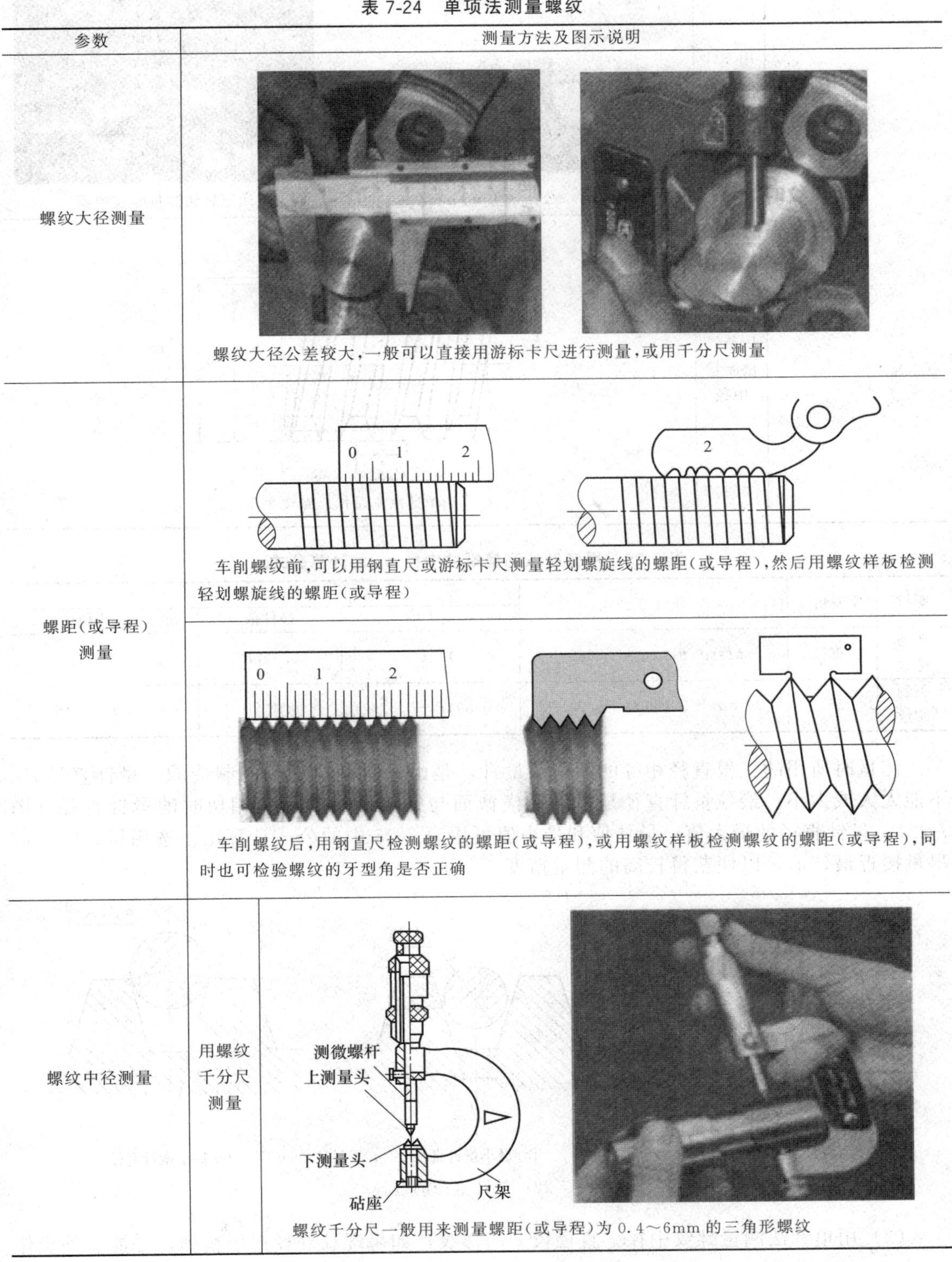

参数		测量方法及图示说明
螺纹大径测量		螺纹大径公差较大，一般可以直接用游标卡尺进行测量，或用千分尺测量
螺距（或导程）测量		车削螺纹前，可以用钢直尺或游标卡尺测量轻划螺旋线的螺距（或导程），然后用螺纹样板检测轻划螺旋线的螺距（或导程）
		车削螺纹后，用钢直尺检测螺纹的螺距（或导程），或用螺纹样板检测螺纹的螺距（或导程），同时也可检验螺纹的牙型角是否正确
螺纹中径测量	用螺纹千分尺测量	螺纹千分尺一般用来测量螺距（或导程）为 0.4～6mm 的三角形螺纹

续表

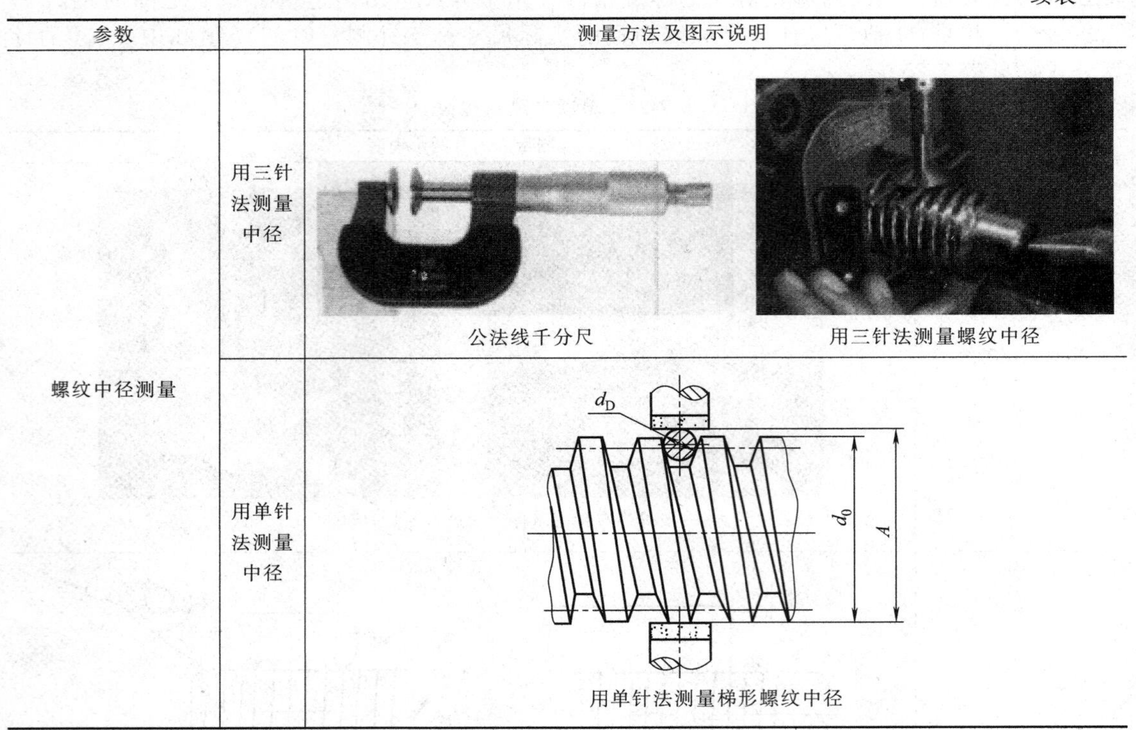

参数	测量方法及图示说明	
螺纹中径测量	用三针法测量中径	公法线千分尺　　用三针法测量螺纹中径
	用单针法测量中径	用单针法测量梯形螺纹中径

表 7-25　用三针法测量螺纹中径 d_2 的计算公式

螺纹	牙型角 α	M 值计算公式	量针直径 d_D		
			最大值	最佳值	最小值
普通螺纹	60°	$M=d_2+3d_D-0.866P$	$1.01P$	$0.577P$	$0.505P$
英制螺纹	55°	$M=d_2+3.166d_D-0.961P$	$0.894P-0.029$	$0.564P$	$0.481P-0.016$

测量时所用的三根直径相等的圆柱形量针，是由量具制造厂专门制造的。量针直径 d_D 不能太大或太小。最佳量针直径是指量针横截面与螺纹中径处牙侧相切时的量针直径（图 7-22）。量针直径的最大值、最佳值和最小值可用表 7-25 中的公式计算出。选用量针时，应尽量接近最佳值，以便获得较高的测量精度。

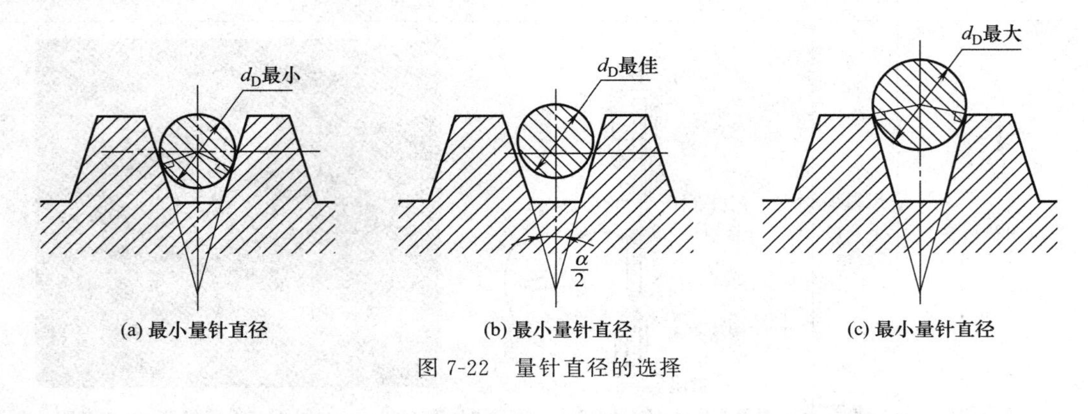

(a) 最小量针直径　　(b) 最小量针直径　　(c) 最小量针直径

图 7-22　量针直径的选择

（2）用单针法测量螺纹中径　直径较大的螺纹，如果螺纹外径比较精确，并能以外径作为基准时，可用单针测量螺纹中径。比三针测量法简单，其原理与三针测量法相同；但单针测量时，尤其是车削过程中的测量没有三针测量精确。

2. 综合测量法

综合测量法是采用螺纹量规对螺纹的基本要素（螺纹大径、中径和螺距等）同时进行综合测量的一种测量方法。综合测量法测量效率高，使用方便，能较好地保证互换性，广泛用于对标准螺纹或大批量生产螺纹的检测。

螺纹量规分为检测内螺纹的螺纹塞规和检测外螺纹的螺纹套规，每一种又分为通规和止规，测量时要求通规能旋入全部螺纹行程而止规不能旋入，则说明螺纹精度合格。在测量时，不能把螺纹量规强行旋入，以免引起量规的严重磨损，降低量规的精度。如图 7-23 所示。

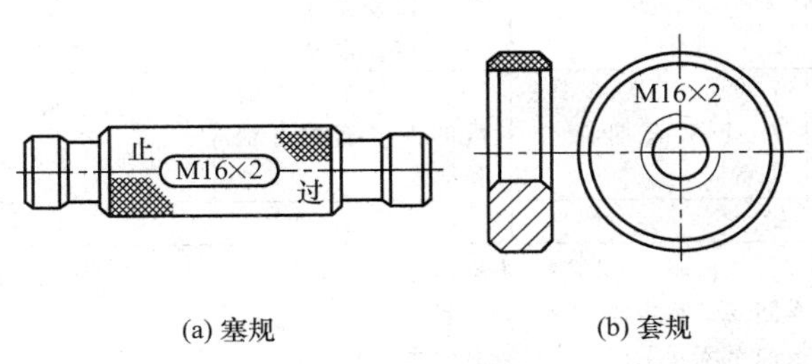

(a) 塞规　　(b) 套规

图 7-23　螺纹量规

3. 车削螺纹时产生废品的原因及预防措施（见表 7-26）

表 7-26　车削螺纹时产生废品的原因及预防措施

废品种类	产生的原因	预防措施
中径（或分度圆直径）不正确	(1)车刀切入深度不正确 (2)刻度盘使用不当	(1)经常测量中径（或分度圆直径）尺寸 (2)正确使用刻度盘
螺距（或轴向齿距）不正确	(1)交换齿轮计算或组装错误；主轴箱、进给箱有关手柄位置扳错 (2)局部螺距（或轴向齿距）不正确 ①车床丝杠和主轴的窜动过大 ②溜板箱手轮转动不平衡 ③开合螺母间隙过大 (3)车削过程中，开合螺母抬起	(1)在工件上先车出一条很浅的螺旋线，测量螺距（或轴向齿距）是否正确 (2)调整螺距 ①调整好主轴和丝杠的轴向窜动量 ②将溜板箱手轮拉出，使之与传动轴脱开或加装平衡块使之平衡 ③调整好开合螺母的间隙 (3)用重物挂在开合螺母手柄上，防止中途抬起牙型（或齿形）不正确
牙型（或齿形）不正确	(1)车刀刃磨不正确 (2)车刀装夹不正确 (3)车刀磨损	(1)正确刃磨和测量车刀角度 (2)装刀时使用对刀样板 (3)合理选用切削用量并及时修磨车刀
表面粗糙度大	(1)产生积屑瘤 (2)刀柄刚度不够，切削时产生振动 (3)车刀背向前角太大，中滑板丝杠螺母间隙过大产生扎刀 (4)高速切削螺纹时，最后一刀的背吃刀量太小或切屑向倾斜方向排出，拉毛螺纹牙侧 (5)工件刚度低，而切削用量选用过大	(1)高速钢车刀切削时，应降低切削速度，并加切削液 (2)增加刀柄截面积，并减小悬伸长度 (3)减小车刀背向前角，调整中滑板丝杠螺母间隙 (4)高速切削螺纹时，最后一刀的背吃刀量一般要大于 0.1mm，并使切屑垂直于轴线方向排出 (5)选择合理的切削用量

表 7-27 计划和决策表

情境	学习情境七　螺纹的加工					
学习任务	任务二　车三角形螺纹				完成时间	
任务完成人	学习小组		组长		成员	
需要学习的知识和技能	知识:1. 螺纹车刀切削部分的几何参数特点及材料 2. 零件的加工工艺准备及工艺的编制 3. 车削三角形螺纹的基本操作方法 技能:熟练掌握车削三角形螺纹的基本操作技能					
小组任务分配	小组任务	任务实施准备工作	任务实施过程管理	学习纪律及出勤	卫生管理	
	个人职责	设备、工具、量具、刀具等前期工作准备	记录每个小组成员的任务实施过程和结果	记录考勤并管理小组成员学习纪律	组织值日并管理卫生	
	小组成员					
安全要求及注意事项	1. 正确穿戴工作服,佩戴防护设施 2. 进入车间要求听指挥,不得擅自行动 3. 严格按照车床安全文明生产操作规程进行操作					
完成工作任务的方案	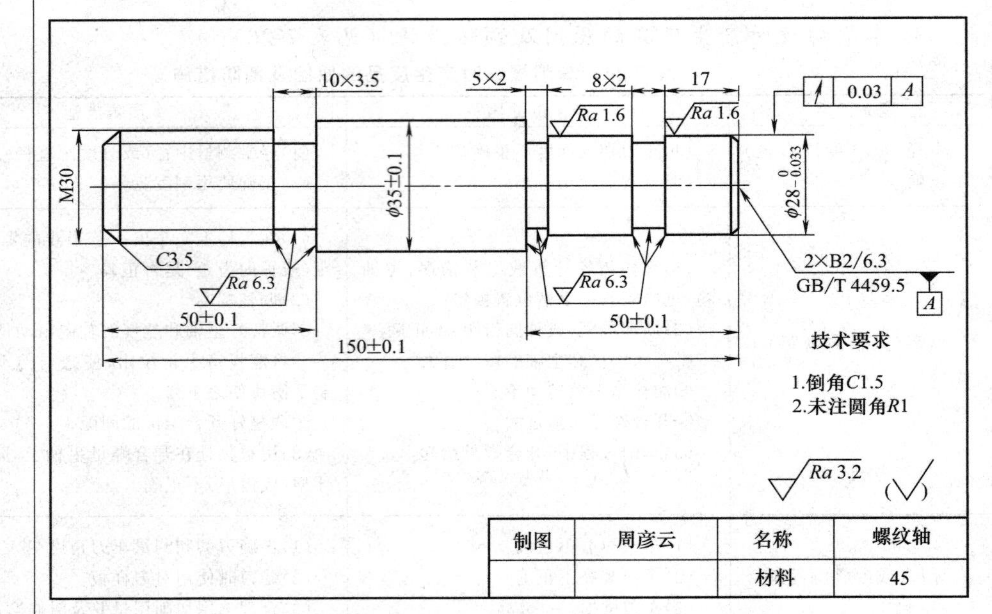					

表 7-28 任务实施表

情境	学习情境七　螺纹的加工					
学习任务	任务二　车三角形螺纹				完成时间	
任务完成人	学习小组		组长		成员	
任务实施步骤及具体内容						

续表

步骤	操作内容
加工零件的右端	(1)装夹工件,用三爪自定心卡盘装卡工件,伸出________mm,找正并夹紧
	(2)装夹车刀,按要求装卡____________车刀,使刀尖对准工件中心
	(3)调整车床,根据需要的转速及切削用量调整车床各个手柄的位置
	(4)将毛坯外径车至________mm,根据图样要求先将零件右端外圆、端面及沟槽按照前几个学习情境的操作步骤及加工工艺步骤进行车削
	(5)取下工件,掉头装卡,找正并夹紧。车左端端面,保证零件总长________mm
车螺纹前准备工作	(1)车螺纹大径至__________mm,并进行端面倒角
	(2)切槽________mm,并控制________mm的长度
	(3)选择切削用量,车螺纹时的切削速度可取转速________r/min
	(4)换螺纹车刀至加工位置,进行对刀。螺纹车刀的刀尖角平分线应与工件轴线________,装刀时可用________调整,如果把车刀装歪,会使车出的螺纹两牙型半角不相等,产生________牙型(俗称"________")
	(5)变换正常或扩大螺距手柄位置到________位置
	(6)根据任务车削M30螺纹,变换进给箱手柄,变换手轮至________号位置、变换前手柄________位置,变换后手柄________位置,然后按下开合螺母,为防止事故的发生,在调整手柄时,可按口诀"一降转速、二变手柄、三合开合螺母"的顺序来变换各手柄
车螺纹	(1)试车检查螺距,可用________、________或________测量 (2)选用________法进刀,粗、精车M30螺纹符合图样要求,出现积屑瘤时应该及时清除
螺纹的质量检测	选用________来检测工件,要求通规要________,止规旋入不超过________圈

表 7-29　分析评价表

序号	检测内容	检测项目及分值		出现的实际质量问题及改进方法			
		检测项目	分值	自己检测结果	准备改进措施	教师检测结果	改进建议
1	主要尺寸	M30	20				
2		$\phi35\pm0.1$	10				
3		$\phi28_{-0.023}^{0}$	10				
4		150±0.1、17	2×5				
5		50±0.1	2×5				
6		10×3.5、5×2、8×2	10				
7	表面粗糙度及倒角	C1.5(4处) *Ra*1.6、*Ra*6.3	5				
8	设备及工量具的使用维护	常用工量具的合理使用及维护保养	5				
		正确操纵车床并及时发现一般故障	5				
		车床的日常润滑保养	5				
9	安全文明生产	正确执行安全文明操作规程	5				
		正确穿戴工作服	5				
总分							
教师总评意见							

课后习题

一、填空题

1. 粗牙普通螺纹代号用________和________表示，如________。

2. 如果螺纹车刀的背前角 $\gamma_p=0°$，其两刃夹角 $\varepsilon'_r=60°$，则车出的螺纹牙型角 $\alpha=$________，螺纹牙型为________。

3. 一般情况下，螺纹车刀切削部分的材料有________和________两种。低速车削螺纹时，用________车刀。

4. 车削螺纹时，中、小滑板与镶条之间的间隙应________；间隙过小，中、小滑板太松，低速中容易产生________现象；间隙过小，中、小滑板操作________。

5. 低速车普通外螺纹的进刀方法有________法、________法、________法。

6. 车内螺纹时，应将中、小滑板适当调________些，以防车削中、小滑板产生________造成螺纹乱牙。

7. 内螺纹车刀刀柄受螺纹________的限制，刀柄应在保证顺利车削的前提下截面积尽量选________些。

二、选择题

1. 普通螺纹的公称直径是螺纹的________。

A. 大径　　B. 小径　　C. 中径　　D. 外螺纹底径

2. 在同一螺旋线上，大径上的螺纹升角________中径上的螺纹升角。

A. 大于　　B. 小于　　C. 等于

3. 为保证普通外螺纹牙顶有 $0.125P$ 的宽度，车削前的外圆直径比螺纹公称直径小________。

A. $0.5P$　　B. $0.13P$　　C. $0.25P$　　D. $0.125P$

4. 高速切削普通螺纹时，硬质合金普通外螺纹车刀的刀尖角应选择________。

A. $59°30'$　　B. $60°$　　C. $60°30'$　　D. $55°$

5. 同规格的外螺纹中径 d_2 ________内螺纹中径 D_2 的基本尺寸。

A. 大于　　B. 小于　　C. 小于

6. 用________测量螺纹中径时，在测量前应先量出螺纹大径的实际尺寸 d_0。

A. 螺纹千分尺　　B. 三针测量法　　C. 单针测量法　　D. 螺纹量规

三、判断题

1. 高速车削螺纹时，用高速钢车刀。（　　）

2. 细牙普通螺纹比粗牙普通螺纹的螺距小。（　　）

3. 高速车螺纹，实际螺纹牙型角会扩大。（　　）

4. 车削塑性金属的普通内螺纹前的孔径 D，应比同规格的脆性金属的孔径 D 要小些。（　　）

5. 车削塑性内螺纹时，不能用手去摸螺纹表面，但可以把砂纸卷在手指上对内螺纹进行去毛刺。（　　）

6. 板牙是一种用于各种公称直径的多刃螺纹加工工具。（　　）

7. 攻螺纹时的切削速度越快越好。（　　）

8. 在铸铁材料上攻内螺纹，可使用煤油也可使用乳化液。（　　）

四、计算题

1. 车削螺纹升角 $\psi=3°48'$ 的右旋螺纹，螺纹车刀两侧切削刃的后角各应刃磨成多少度？

2. 需要车削 M24 的螺母两件，工件的材料一件为铸造铜合金 ZCuSn10Zn2；另一件为

45 钢，分别求出车削内螺纹前的孔径尺寸。

3. 用 M12 的板牙套螺纹，求加工前的工件外圆直径。

五、完成以下工件的加工

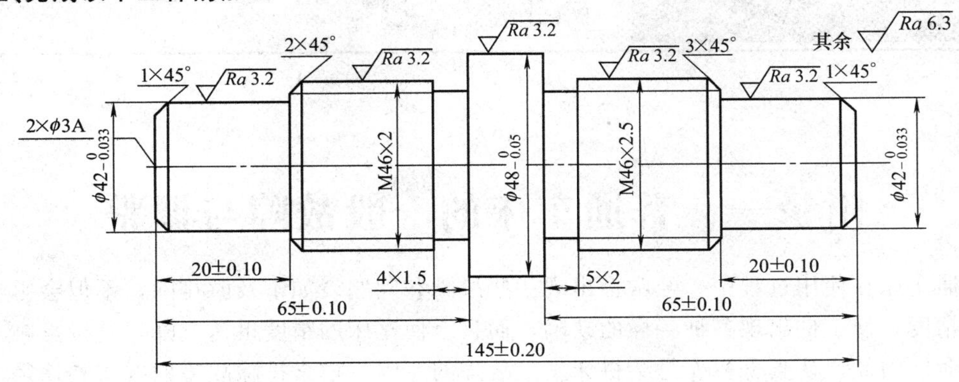

附　录

附录一　普通车床的一般故障与调整

普通车床在使用过程中，经常会出现一些故障和问题，如不及时排除，不但会影响工件的加工精度，使工件出现各种各样的缺陷，而且会使车床的精度迅速下降，直接影响车床的使用寿命。因此，认真分析、总结机床发生故障的原因，摸索排除故障的方法和途径，是非常必要的。

一、造成故障的原因

普通车床常见的故障，就其性质可分为车床本身运转不正常和加工工件产生缺陷两大类。故障表现的形式是多种多样的，产生的原因也常常由很多因素综合形成。一般地说，造成故障的原因有以下几种。

1. 车床零部件质量问题

车床本身的机械部件、电器元件等因质量原因工作失灵，或者有些零件磨损严重，精度超差甚至损坏。

2. 车床安装和装配精度差

车床的安装精度主要包括以下3个方面的内容：一是床身的安装，二是溜板刮配与床身装配，三是溜板箱、进给箱及主轴箱的安装。

3. 日常维护和保养不当

(1) 车床的维护是保持车床处于良好状态，延长使用寿命，减少维修费用，降低产品成本，保证产品质量，提高生产效率所必须进行的日常工作。日常维护是车床维护的基础，必须达到“整齐、清洁、润滑、安全”。

(2) 车床保养的好坏，直接影响工件的加工质量和生产效率，保养的内容主要是清洁、润滑和进行必要的调整。

4. 使用不合理

不同的车床有着不同的技术参数，从而反映其本身具有的加工范围和加工能力。因此，在使用过程中，要严格按车床的加工范围和本工种操作规程来操作，从而保证车床的合理使用。

二、常见的故障类型及排除方法

在日常工作中，车床的故障现象有的表现较为明显，如车床损坏不能正常运转。但大多数的故障是通过被加工工件达不到精度、存在某种缺陷而表现出来的。普通车床常见的故障通常分三大类，应针对每一类故障分别找出故障的原因和排除方法见附表1。

附表1　车床常见故障分析及排除

		产生原因	排除方法
1	圆柱工件加工后素母线直线度超差(或一头大,一头小)	(1)主轴箱主轴中心线对溜板移动的平行度超差	(1)重新校正主轴箱中心线的安装精度或修刮主轴箱底部,使其符合精度要求
		(2)床身导轨倾斜或安装精度丧失,而产生变形	(2)用调整垫铁重新校正床身的安装精度,如果工件直径靠床头箱的一头大,则将尾座端靠操作者的一边的地脚垫板调低,相反则调高
		(3)床身导轨严重变形	(3)修刮、研磨导轨,恢复导轨精度
		(4)主轴箱温升过高,引起热变形	(4)降低润滑油黏度,检查润滑泵进油管是否堵塞,检查调整摩擦离合器,主轴轴承间的间隙,并定期换油降低油温
		(5)地脚螺钉松动或垫铁松动	(5)垫平机床,紧固地脚螺钉
		(6)两顶尖支持工件时产生锥度	(6)调整尾座两侧的横向调整螺钉
2	加工件圆度超差,呈椭圆形或多边形	(1)主轴轴承间隙过大,或轴承磨损	(1)调整主轴轴承间隙,滚动轴承的间隙一般是0.015～0.01mm,滑动轴承在0.02～0.04mm间为宜。如轴承磨损则更换新轴承
		(2)主轴轴颈圆度误差过大	(2)修复主轴轴颈,以达到对圆度的精度要求
		(3)主轴箱体轴孔有椭圆,或轴孔径向尺寸超差,使配合间隙过大	(3)用镗孔压套,或采用无槽镀镍等方法修复箱体轴孔的圆度超差
		(4)卡盘法兰内孔与主轴轴颈配合不好,或主轴螺纹配合松动	(4)重新配制法兰盘
		(5)机床顶针尖磨偏,或工件顶针孔不圆	(5)修磨顶针或工件顶针孔
		(6)主轴末级齿轮精度超差,转动时有振动	(6)将齿轮换边使用,或更换末级齿轮
3	精车后的工件端面跳动超差	(1)主轴轴向游隙或轴向窜动超差	(1)调整主轴轴向间隙及窜动,保证允差在0.02mm之内
		(2)主轴末端推力轴承支承面或轴承损坏	(2)更换轴承,修复支承面对孔的垂直度
4	精车后的工件端面中凸或中凹过多,以及有波浪形痕迹	(1)溜板上下导轨垂直度超差,偏向床尾或主轴轴线与床身导轨的平行度超差	(1)刮研溜板导轨,使垂直度允差在允许的精度范围之内
		(2)刀架中拖板丝杠磨损,镶条配合不好,中间松、两头紧	(2)修刮镶条和丝杆副,使拖板移动自如、均匀
		(3)横向燕尾形导轨的直线性差,或自动进给走刀不均匀	(3)检查走刀杠径向跳动,走刀传动链齿轮的损坏情况,并进行修正和更换
5	精车外圆时,圆周表面有混乱的波纹	(1)主轴的轴向游隙太大,或主轴的主轴承滚道磨损,引起主轴旋转不稳定	(1)调整主轴后推力球轴承的间隙,或更换轴承
		(2)卡盘法兰内孔、内螺纹与主轴前端定心轴颈配合间隙过大,引起工件受力后不稳定	(2)更换卡盘法兰盘
		(3)卡盘卡爪呈喇叭孔形状,使工件夹持不稳定	(3)磨削修复卡爪或在加工工件时加垫铜皮
		(4)用尾座支持工件切削时,顶尖套不稳定	(4)修复轴孔,根据修复后的实际尺寸,单配尾座顶尖套
		(5)主轴轴承外圈与主轴箱孔有间隙	(5)修复主轴轴承安装孔径(压套或镀镍),保证配合精度
		(6)电动机、皮带轮及外来的振动等使机床产生振动,影响切削	(6)更换电动机滚动轴承,修整三角皮带轮槽,机器移位、避离外来的振动源
		(7)上下刀架(包括溜板)滑动表面之间间隙过大	(7)调整压板、镶条的间隙,使其配合均匀,移动平稳,轻便自如

6	精车外圆表面时，重复出现波纹	(1)溜板箱纵走刀齿轮与齿条啮合不正确	(1)校正齿条，修复或更换齿轮。调整齿轮间隙0.06～0.08mm
		(2)进给箱、溜板箱、托架的三孔不同轴，使走刀产生规律性摆动和不匀速	(2)测量同轴度偏差，调整托架定位销孔，使其达到定位要求
		(3)光杠或走刀杠弯曲	(3)校正光杠和走刀杠
		(4)溜板箱内某轴弯曲或某一齿轮节圆跳动啮合不正确，使走刀运转时产生轧滞现象	(4)检查溜板箱内轴和齿轮有无变形和损坏，并进行修复和更换
		(5)床身导轨在某一长度位置上有碰伤或凸点，当走刀至该处时由于增加阻力而产生停滞现象	(5)检查床身导轨表面等的碰伤、凸点，用刮刀或油石修正
7	精车外圆时，工件圆周表面与主轴轴线平行或成某一角度，有重复而规律的波纹	(1)主轴上的传动齿轮啮合不良或齿形磨损变形	(1)调整主轴上齿轮的啮合间隙，当啮合间隙小于0.05mm时，采用研磨或珩磨的方法来进行修正，当齿轮啮合间隙过大或齿形磨损严重时，应更换齿轮
		(2)主轴轴承间的间隙过大或过小	(2)调整主轴轴承的间隙，使其达到要求
		(3)由于皮带轮外径或皮带槽振摆过大，而引起机床有规律的振动	(3)消除皮带轮的偏心振摆，并消除其他振源
8	工件表面粗糙度差	(1)主轴、轴承配合松动	(1)调整轴承间隙，修复配合精度
		(2)主轴上齿轮转动不平稳引起振动	(2)修复或更换齿轮，使其符合要求
		(3)床身导轨磨损，溜板移动时产生爬行、晃动	(3)修复导轨，恢复其精度
		(4)刀架拖板镶条松动	(4)调整或修复镶条
		(5)机床振动	(5)拧紧地脚螺栓或找出并消除其他振源
9	精车时，工件外圆出现有规律的波纹	(1)刀具工件之间引起的振动	(1)检查刀杆伸出量，太长容易颤振，应缩短，一般 $L \leqslant 1.5b$ 调整刀尖安装位置，使刀尖略高于工件中心线，但高出量不超过0.5mm 采用正前角切削，过渡刃不宜太大，始终保持其切削性能
		(2)光杠弯曲变形引起溜板的浮动	(2)拆下光杠进行校直
		(3)电动机旋转不平稳及皮带轮摆振等原因引起机床振动	(3)检修电机，最好将电机转子进行动平衡。消除皮带轮振摆，对其进行光整车削修正
10	重切削时主轴转速明显下降(或闷车)，以及虽停车但仍有带动现象	(1)离合器片调整过松或磨损，或摩擦片翘曲变形	(1)调整好离合器片接触松紧度，更换或修理磨损、翘曲的摩擦片
		(2)主轴箱体主轴孔与滚动轴承外环配合松动	(2)用压套或镀镍的方法修复
		(3)带式制动器(刹车)没有调整好	(3)调整带式制动器的刹车阻力
		(4)电动机传动皮带过松打滑	(4)调整皮带的松紧程度
		(5)电动机功率达不到额定值	(5)检查电动机的连接和电流、电压值，要求功率达到额定标准
		(6)主轴箱内滑动齿轮定位失灵，使齿轮脱开	(6)加大定位件的弹簧力
		(7)操纵离合器的拨叉或杠杆(元宝销)磨损	(7)修复磨损部位，严重的予以更新
11	精车螺纹时表面有波纹	(1)床身导轨磨损使溜板倾斜下沉，造成开合螺母与丝杠呈单片啮合	(1)用补偿法修复导轨，恢复尺寸链精度

11	精车螺纹时表面有波纹	(2)托架支承孔磨损,造成丝杠回转中心线不稳定	(2)托架支承孔采取镗孔镶套
		(3)方刀架与小刀架底板接触不良	(3)修刮刀架底座前,恢复接触精度
		(4)丝杠轴向窜动过大	(4)调整丝杠的轴向间隙,一般间隙应≤0.01mm
12	加工件圆周表面在固定长度上有一节波纹凸起	(1)床身齿条表面在某处凸起或齿条接缝处齿距误差过大	(1)检查校正导轨齿条接缝,修整齿条凸出的表面,或更换新齿条,使其达到要求
		(2)床身导轨在固定的长度位置上有碰伤凸痕等	(2)修刮或用油石磨去凸痕或毛刺等
13	主轴每转动一次,在工件圆周表面上有一处振痕	(1)主轴滚动轴承的某一粒或几粒滚柱磨损严重	(1)更换轴承
		(2)主轴上的传动齿轮节径振摆过大	(2)消除主轴齿轮的节径振摆,或更换齿轮副
14	工件端面出现螺纹状波纹	主轴后端推力球轴承中,某一粒滚珠尺寸特大	更换新轴承
15	车螺纹时螺距不等或乱扣	(1)开合螺母、走刀丝杠磨损,或接触不良稳定性不好	(1)更换磨损件,调整开合螺母副的塞铁螺钉,使其间隙适当,开合轻便而工作稳定
		(2)丝杠的轴向间隙过大,丝杠弯曲,丝杠的联轴器销钉配合不好	(2)校直丝杠,调整丝杠的轴向间隙,重新铰配联轴器的销钉
		(3)主轴的轴向游隙过大,或由主轴经挂轮的传动链间隙过大	(3)调整主轴轴向游隙,检查经挂轮传动链中的齿轮啮合间隙。更换磨损严重的零件
		(4)小溜板镶条调整不当,间隙过大	(4)调整小拖板塞铁间的间隙
16	光杠和丝杠同时转动	进给箱内控制丝杠、丝杠啮合的离合器同时相接合	调整控制离合器的手柄位置
17	主轴箱冒烟或有异味	(1)摩擦片离合器调得过紧	(1)重新调整摩擦片离合器,烧坏的应更换
		(2)轴承磨损,温升过高	(2)更换轴承,检查油路,改善润滑条件
18	溜板箱自动走刀手柄易脱落,或使用挡铁定位手柄不易脱开	(1)溜板箱脱落蜗杆压力弹簧过松(或过载安全离合器),手柄易脱落,压力弹簧过紧,手柄不易脱落,失去保险和定位作用	(1)调节脱落蜗杆(或过载安全离合器)压力弹簧的压力,使其在正常情况下能传递纵、横向进给力和起过载保护作用
		(2)脱落蜗杆的控制板与拉杆的倾角磨损,蜗杆的锁紧螺母紧死	(2)焊补控制板,并将挂钩处修锐,调整锁紧蜗杆的螺母
		(3)自动走刀手柄定位弹簧松动	(3)修正溜板箱上弹簧定位孔,调整定位弹簧压力
19	切槽、重切外径时,振痕严重	(1)主轴轴承间的径向间隙过大	(1)调整主轴轴承的间隙
		(2)刀架结合面松动	(2)检查接触情况,调整间隙,各接合面用0.03～0.04mm塞尺不入
		(3)主轴两轴承颈的同轴度超差	(3)修整主轴两端轴颈的同轴度,或更换主轴。修整主轴箱体前后主轴孔,使其达到精度要求
20	用小刀架精车锥孔,成双曲线或锥孔表面粗糙度差	(1)小刀架移动轨迹对主轴轴线平行度超差	(1)研刮小刀架导轨,使其与主轴轴线的平行度达到精度要求
		(2)主轴径向回转精度不高	(2)调整主轴轴承间隙,提高主轴回转精度
21	刀架转位后不能复位	(1)刀架定位凸台磨损与刀架孔配合间隙过大	(1)压套修复凸台,使其精度达到要求
		(2)压紧定位销或定位块的弹簧折断或弹力太小	(2)更换弹簧
		(3)定位销或定位块磨损,而与定位套之间间隙过大	(3)更换磨损件,保证配合间隙

续表

22	溜板箱内零件损坏	(1)保险装置失灵,超载时不起保险作用	(1)调整或更换保险装置的预压弹簧
		(2)溜板箱走刀时碰到了卡盘或尾架	(2)注意及时停车,脱开传动装置
		(3)溜板箱内互锁机构损坏,同时接通了光杠、丝杠	(3)修复互锁机构,检查互锁机构的操纵手柄,对有错位的手柄进行修理或更换
23	方刀架紧固手柄压紧后,小刀架转动困难	(1)方刀架底面的平面度超差,以及与小刀架的接触平面接触不良	(1)研刮修复结合面的接触精度,使其达到要求
		(2)刀架压紧后,方刀架产生变形	(2)检查变形量,修整变形部位
24	尾座锥孔内,钻头、顶尖等顶不出来	尾座丝杠头部磨损	焊接加长丝杠顶端
25	床身导轨研坏、拉钩	(1)导轨与溜板之间进入铁屑或砂粒	(1)清洗溜板、导轨,更换油毡垫,对拉沟的部位进行修补
		(2)长期不给导轨加油或加油方法不对	(2)定期加油,合理选用润滑油
		(3)导轨材质松软、硬度低	(3)用表面淬火提高硬度
26	主轴箱内运转时发出尖叫声	(1)严重缺油,轴承干磨,传动件干磨	(1)检查缺油原因,清洗加油
		(2)损坏	(2)更换轴承
27	主轴箱油窗不注油	(1)油泵、活塞磨损间隙过大,吸不上油或压力过小	(1)修复或更换活塞
		(2)压力油油路泄漏	(2)查明原因,拧紧管接头
		(3)滤油器输油管道堵塞	(3)清洗滤油器及管道
		(4)主轴箱内油液太少	(4)加油至游标线
28	主轴变速位置不准	变速链条松动	松开锁紧螺钉,调整偏心轴,把链条拉紧,使指针向转速数字中央,拧紧锁紧螺钉,将偏心轴通过钢球固定在主轴箱体上

附录二　普通车床的保养

一、一级保养

(1) 每班工作前应给机床导轨及传动部位加注润滑油。
(2) 每班工作完毕应清除切屑,擦净机床各部分。
(3) 清洗机床外表及各盖罩,保持内外清洁、无锈蚀、无黄袍。
(4) 清洗长丝杠、光杠、操作杆。
(5) 检查补齐螺丝、手球、手柄。

二、二级保养

(1) 清洗丝杠、光杠、操作杆。
(2) 检查清洗导轨,调整皮带松紧,调整摩擦制动器。
(3) 拆洗溜板大小刀架丝杠螺母及压板,调整斜铁及丝杠螺母间隙。
(4) 拆洗挂轮箱齿轮、轴套,并注入新油脂。
(5) 检查尾架,拆洗并修复尾架套筒锥度。
(6) 调整主轴径向、轴向跳动精度。
(7) 检查调整精度(必要时进行刮研)达到加工产品工艺要求。
(8) 检查电动机、电器箱,保持清洁,根据情况调换零件。

三、三级保养

(1) 检修导轨、主轴、电动机。

（2）检修主轴变速箱、挂轮箱、溜板箱变速箱及刀架。

（3）检修主轴径向、轴向跳动精度及主轴与尾座同心度。

（4）检查电动机运转，检查线路绝缘老化破损。

生产设备保养记录表见附表2。

附表2　生产设备保养记录表

1	主轴变速箱	检查、调整离合器及刹车带	松紧合适
2	挂轮机构	(1)分解挂轮，清洗齿轮、轴、轴套 (2)调整丝杠、丝母及楔铁间隙	清洁，无毛刺，间隙适宜
3	中拖板及小刀架	(1)分解、清洗中拖板及小刀架 (2)操纵手柄放置空位，各移动部件放置在合理位置 (3)切断电源	清洁，严格遵守
4	尾座	分解、清洗套筒、丝杠及丝母	清洁，无毛刺
5	润滑与冷却装置	(1)检查、清洗滤油器、分油器及加油点 (2)检查油量 (3)按润滑图表规定加注润滑油 (4)检查、调整油压 (5)清洗冷却系、冷却箱，必要时更换冷却液	清洁无污，油路畅通，无泄漏，不缺油，润滑良好，符合要求
6	整机及外观	(1)清洗防尘毛毡，清除导轨毛刺 (2)清理机床周围环境，全面擦洗机床表面及死角	清洁，表面光滑，漆见本色，铁见光

附录三　车工国家职业标准

1．职业概况

1.1　职业名称

车工。

1.2　职业定义

操作车床，进行工件旋转表面切削加工的人员。

1.3　职业等级

本职业共设五个等级，分别为：初级（国家职业资格五级）、中级（国家职业资格四级）、高级（国家职业资格三级）、技师（国家职业资格二级）、高级技师（国家职业资格一级）。

1.4　职业环境

室内，常温。

1.5　职业能力特征

具有较强的计算能力和空间感、形体知觉及色觉，手指、手臂灵活，动作协调。

1.6　基本文化程度

初中毕业。

1.7　培训要求

1.7.1　培训期限

全日制职业学校教育，根据其培养目标和教学计划确定。晋级培训期限：初级不少于500标准学时；中级不少于400标准学时；高级不少于300标准学时；技师不少于300标准学时；高级技师不少于200标准学时。

1.7.2　培训教师

培训初、中、高级车工的教师应具有本职业技师以上职业资格证书或相关专业中级以上专业技术职务任职资格；培训技师的教师应具有本职业高级技师职业资格证书或相关专业高级专业技术职务任职资格；培训高级技师的教师应具有本职业高级技师职业资格证书2年以上或相关专业高级专业技术职务任职资格。

1.7.3 培训场地设备

满足教学需要的标准教室，并具有车床及必要的刀具、夹具、量具和车床辅助设备等。

1.8 鉴定要求

1.8.1 适用对象

从事或准备从事本职业的人员。

1.8.2 申报条件

——初级（具备以下条件之一者）：

（1）经本职业初级正规培训达规定标准学时数，并取得毕（结）业证书。

（2）在本职业连续见习工作2年以上。

（3）本职业学徒期满。

——中级（具备以下条件之一者）：

（1）取得本职业初级职业资格证书后，连续从事本职业工作3年以上，经本职业中级正规培训达规定标准学时数，并取得毕（结）业证书。

（2）取得本职业初级职业资格证书后，连续从事本职业工作5年以上。

（3）连续从事本职业工作7年以上。

（4）取得经劳动保障行政部门审核认定的、以中级技能为培养目标的中等以上职业学校本职业（专业）毕业证书。

——高级（具备以下条件之一者）：

（1）取得本职业中级职业资格证书后，连续从事本职业工作4年以上，经本职业高级正规培训达规定标准学时数，并取得毕（结）业证书。

（2）取得本职业中级职业资格证书后，连续从事本职业工作7年以上。

（3）取得高级技工学校或经劳动保障行政部门审核认定的、以高级技能为培养目标的高等职业学校本职业（专业）毕业证书。

（4）取得本职业中级职业资格证书的大专以上本专业或相关专业毕业生，连续从事本职业工作2年以上。

——技师（具备以下条件之一者）：

（1）取得本职业高级职业资格证书后，连续从事本职业工作5年以上，经本职业技师正规培训达规定标准学时数，并取得毕（结）业证书。

（2）取得本职业高级职业资格证书后，连续从事本职业工作8年以上。

（3）取得本职业高级职业资格证书的高级技工学校本职业（专业）毕业生和大专以上本专业或相关专业毕业生，连续从事本职业工作满2年。

——高级技师（具备以下条件之一者）：

（1）取得本职业技师职业资格证书后，连续从事本职业工作3年以上，经本职业高级技师正规培训达规定标准学时数，并取得毕（结）业证书。

（2）取得本职业技师职业资格证书后，连续从事本职业工作5年以上。

1.8.3 鉴定方式

分为理论知识考试和技能操作考核。理论知识考试采用闭卷笔试方式，技能操作考核采用现场实际操作方式。理论知识考试和技能操作考核均实行百分制，成绩皆达60分以上者为合格。技师、高级技师鉴定还须进行综合评审。

1.8.4 考评人员与考生配比

理论知识考试考评人员与考生配比为1∶15，每个标准教室不少于2名考评人员；技能操作考核考评员与考生配比为1∶5，且不少于3名考评员。

1.8.5 鉴定时间

理论知识考试时间不少于120min；技能操作考核时间为：初级不少于240min，中级不少于300min，高级不少于360min，技师不少于420min，高级技师不少于240min；论文答辩时间不少于45min。

1.8.6 鉴定场所设备

理论知识考试在标准教室里进行；技能操作考核在配备必要的车床、工具、夹具、刀具、量具、量仪以及机床附件的场所进行。

2. 基本要求

2.1 职业道德

2.1.1 职业道德基本知识

2.1.2 职业守则

(1) 遵守法律、法规和有关规定。

(2) 爱岗敬业、具有高度的责任心。

(3) 严格执行工作程序、工作规范、工艺文件和安全操作规程。

(4) 工作认真负责，团结合作。

(5) 爱护设备及工具、夹具、刀具、量具。

(6) 着装整洁，符合规定；保持工作环境清洁有序，文明生产。

2.2 基础知识

2.2.1 基础理论知识

(1) 识图知识。

(2) 公差与配合。

(3) 常用金属材料及热处理知识。

(4) 常用非金属材料知识。

2.2.2 机械加工基础知识

(1) 机械传动知识。

(2) 机械加工常用设备知识（分类、用途）。

(3) 金属切削常用刀具知识。

(4) 典型零件（主轴、箱体、齿轮等）的加工工艺。

(5) 设备润滑及切削液的使用知识。

(6) 工具、夹具、量具使用与维护知识。

2.2.3 钳工基础知识

(1) 划线知识。

(2) 钳工操作知识（錾、锉、锯、钻、铰孔、攻螺纹、套螺纹）。

2.2.4 电工知识

(1) 通用设备常用电器的种类及用途。

(2) 电力拖动及控制原理基础知识。

(3) 安全用电知识。

2.2.5 安全文明生产与环境保护知识

(1) 现场文明生产要求。

(2) 安全操作与劳动保护知识。

(3) 环境保护知识。

2.2.6 质量管理知识

（1）企业的质量方针。

（2）岗位的质量要求。

（3）岗位的质量保证措施与责任。

2.2.7　相关法律、法规知识

（1）劳动法相关知识。

（2）合同法相关知识。

3. 工作要求

本标准对初级、中级、高级、技师、高级技师的技能要求依次递进，高级别包括低级别的要求。在"工作内容"栏内未标注"普通车床"或"数控车床"的，均为两者通用（数控车工从中级工开始，至技师止）。

3.1　初级

职业功能	工作内容	技能要求	相关知识
一、工艺准备	（一）读图与绘图	能读懂轴、套和圆锥、螺纹及圆弧等简单零件图	简单零件的表达方法，各种符号的含义
	（二）制定加工工艺	1. 能读懂轴、套和圆锥、螺纹及圆弧等简单零件的机械加工工艺过程 2. 能制定简单零件的车削加工顺序（工步） 3. 能合理选择切削用量 4. 能合理选择切削液	1. 简单零件的车削加工顺序 2. 车削用量的选择方法 3. 切削液的选择方法
	（三）工件定位与夹紧	能使用车床通用夹具和组合夹具将工件正确定位与夹紧	1. 工件正确定位与夹紧的方法 2. 车床通用夹具的种类、结构与使用方法
	（四）刀具准备	1. 能合理选用车床常用刀具 2. 能刃磨普通车刀及标准麻花钻头	1. 车削常用刀具的种类与用途 2. 车刀几何参数的定义、常用几何角度的表示方法及其与切削性能的关系 3. 车刀与标准麻花钻头的刃磨方法
	（五）设备维护保养	能简单维护保养普通车床	普通车床的润滑及常规保养方法
二、工件加工	（一）轴类零件的加工	1. 能车削3个以上台阶的普通台阶轴，并达到以下要求： （1）同轴度公差：0.05mm （2）表面粗糙度：$Ra3.2\mu m$ （3）公差等级：IT8 2. 能进行滚花加工及抛光加工	1. 台阶轴的车削方法 2. 滚花加工及抛光加工的方法
	（二）套类零件的加工	能车削套类零件，并达到以下要求： （1）公差等级：外径IT7，内孔IT8 （2）表面粗糙度：$Ra3.2\mu m$	套类零件钻、扩、镗、绞的方法
	（三）螺纹的加工	能车削普通螺纹、英制螺纹及管螺纹	1. 普通螺纹的种类、用途及计算方法 2. 螺纹车削方法 3. 攻、套螺纹前螺纹底径及杆径的计算方法
	（四）锥面及成形面的加工	能车削具有内、外圆锥面工件的锥面及球类工件、曲线手柄等简单成形面，并进行相应的计算和调整	1. 圆锥的种类、定义及计算方法 2. 圆锥的车削方法 3. 成形面的车削方法

续表

职业功能	工作内容	技能要求	相关知识
三、精度检验及误差分析	（一）内外径、长度、深度、高度的检验	1. 能使用游标卡尺、千分尺、内径百分表测量直径及长度 2. 能用塞规及卡规测量孔径及外径	1. 使用游标卡尺、千分尺、内径百分表测量工件的方法 2. 塞规和卡规的结构及使用方法
	（二）锥度及成形面的检验	1. 能用角度样板、万能角度尺测量锥度 2. 能用涂色法检验锥度 3. 能用曲线样板或普通量具检验成形面	1. 使用角度样板、万能角度尺测量锥度的方法 2. 锥度量规的种类、用途及涂色法检验锥度的方法 3. 成形面的检验方法
	（三）螺纹检验	1. 能用螺纹千分尺测量三角螺纹的中径 2. 能用三针测量螺纹中径 3. 能用螺纹环规及塞规对螺纹进行综合检验	1. 螺纹千分尺的结构、原理及使用、保养方法 2. 三针测量螺纹中径的方法及千分尺读数的计算方法 3. 螺纹环规及塞规的结构及使用方法

3.2 中级

职业功能	工作内容		技能要求	相关知识
一、工艺准备	（一）读图与绘图		1. 能读懂主轴、蜗杆、丝杠、偏心轴、两拐曲轴、齿轮等中等复杂程度的零件工作图 2. 能绘制轴、套、螺钉、圆锥体等简单零件的工作图 3. 能读懂车床主轴、刀架、尾座等简单机构的装配图	1. 复杂零件的表达方法 2. 简单零件工作图的画法 3. 简单机构装配图的画法
	（二）制定加工工艺	普通车床	1. 能读懂蜗杆、双线螺纹、偏心件、两拐曲轴、薄壁工件、细长轴、深孔件及大型回转体工件等较复杂零件的加工工艺规程 2. 能制定使用四爪单动卡盘装夹的较复杂零件、双线螺纹、偏心件、两拐曲轴、细长轴、薄壁件、深孔件及大型回转体零件等的加工顺序	使用四爪单动卡盘加工较复杂零件、双线螺纹、偏心件、两拐曲轴、细长轴、薄壁件、深孔件及大型回转体零件等的加工顺序
		数控车床	能编制台阶轴类和法兰盘类零件的车削工艺卡。主要内容有： (1)能正确选择加工零件的工艺基准 (2)能决定工步顺序、工步内容及切削参数	1. 数控车床的结构特点及其与普通车床的区别 2. 台阶轴类、法兰盘类零件的车削加工工艺知识 3. 数控车床工艺编制方法
	（三）工件定位与夹紧		1. 能正确装夹薄壁、细长、偏心类工件 2. 能合理使用四爪单动卡盘、花盘及弯板装夹外形较复杂的简单箱体工件	1. 定位夹紧的原理及方法 2. 车削时防止工件变形的方法 3. 复杂外形工件的装夹方法
	（四）刀具准备	普通车床	1. 能根据工件材料、加工精度和工作效率的要求，正确选择刀具的型式、材料及几何参数 2. 能刃磨梯形螺纹车刀、圆弧车刀等较复杂的车削刀具	1. 车削刀具的种类、材料及几何参数的选择原则 2. 普通螺纹车刀、成形车刀的种类及刃磨知识

续表

职业功能	工作内容		技能要求	相关知识
一、工艺准备	（四）刀具准备	数控车床	能正确选择和安装刀具，并确定切削参数	1. 数控车床刀具的种类、结构及特点 2. 数控车床对刀具的要求
	（五）编制程序	数控车床	1. 能编制带有台阶、内外圆柱面、锥面、螺纹、沟槽等轴类、法兰盘类零件的加工程序 2. 能手工编制含直线插补、圆弧插补二维轮廓的加工程序	1. 几何图形中直线与直线、直线与圆弧、圆弧与圆弧交点的计算方法 2. 机床坐标系及工件坐标系的概念 3. 直线插补与圆弧插补的意义及坐标尺寸的计算 4. 手工编程的各种功能代码及基本代码的使用方法 5. 主程序与子程序的意义及使用方法 6. 刀具补偿的作用及计算方法
	（六）设备维护保养	普通车床	1. 能根据加工需要对机床进行调整 2. 能在加工前对普通车床进行常规检查 3. 能及时发现普通车床的一般故障	1. 普通车床的结构、传动原理及加工前的调整 2. 普通车床常见的故障现象
		数控车床	1. 能在加工前对车床的机、电、气、液开关进行常规检查 2. 能进行数控车床的日常保养	1. 数控车床的日常保养方法 2. 数控车床操作规程
二、工件加工	普通车床	（一）轴类零件的加工	能车削细长轴并达到以下要求： （1）长径比：$L/D \geqslant 25 \sim 60$ （2）表面粗糙度：$Ra3.2\mu m$ （3）公差等级：IT9 （4）直线度公差等级：IT9～IT12	细长轴的加工方法
		（二）偏心件、曲轴的加工	能车削两个偏心的偏心件、两拐曲轴、非整圆孔工件，并达到以下要求： （1）偏心距公差等级：IT9 （2）轴颈公差等级：IT6 （3）孔径公差等级：IT7 （4）孔距公差等级：IT8 （5）轴心线平行度：0.02/100mm （6）轴颈圆柱度：0.013mm （7）表面粗糙度：$Ra1.6\mu m$	1. 偏心件的车削方法 2. 两拐曲轴的车削方法 3. 非整圆孔工件的车削方法
		（三）螺纹、蜗杆的加工	1. 能车削梯形螺纹、矩形螺纹、锯齿形螺纹等 2. 能车削双头蜗杆	1. 梯形螺纹、矩形螺纹及锯齿形螺纹的用途及加工方法 2. 蜗杆的种类、用途及加工方法
		（四）大型回转表面的加工	能使用立车或大型卧式车床车削大型回转表面的内外圆锥面、球面及其他曲面工件	在立车或大型卧式车床上加工内外圆锥面、球面及其他曲面的方法

续表

职业功能	工作内容		技能要求	相关知识
二、工件加工	数控车床	(一)输入程序	1. 能手工输入程序 2. 能使用自动程序输入装置 3. 能进行程序的编辑与修改	1. 手工输入程序的方法及自动程序输入装置的使用方法 2. 程序的编辑与修改方法
		(二)对刀	1. 能进行试切对刀 2. 能使用机内自动对刀仪器 3. 能正确修正刀补参数	试切对刀方法及机内对刀仪器的使用方法
		(三)试运行	能使用程序试运行、分段运行及自动运行等切削运行方式	程序的各种运行方式
		(四)简单零件的加工	能在数控车床上加工外圆、孔、台阶、沟槽等	数控车床操作面板各功能键及开关的用途和使用方法
三、精度检验及误差分析	(一)高精度轴向尺寸、理论交点尺寸及偏心件的测量		1. 能用量块和百分表测量公差等级 IT9 的轴向尺寸 2. 能间接测量一般理论交点尺寸 3. 能测量偏心距及两平行非整圆孔的孔距	1. 量块的用途及使用方法 2. 理论交点尺寸的测量与计算方法 3. 偏心距的检测方法 4. 两平行非整圆孔孔距的检测方法
	(二)内外圆锥检验		1. 能用正弦规检验锥度	1. 正弦规的使用方法及测量计算方法
			2. 能用量棒、钢球间接测量内、外锥体	2. 利用量棒、钢球间接测量内、外锥体的方法与计算方法
	(三)多线螺纹与蜗杆的检验		1. 能进行多线螺纹的检验 2. 能进行蜗杆的检验	1. 多线螺纹的检验方法 2. 蜗杆的检验方法

3.3 高级

职业功能	工作内容		技能要求	相关知识
一、工艺准备	(一)读图与绘图		1. 能读懂多线蜗杆、减速器壳体、三拐以上曲轴等复杂畸形零件的工作图 2. 能绘制偏心轴、蜗杆、丝杠、两拐曲轴的零件工作图 3. 能绘制简单零件的轴测图 4. 能读懂车床主轴箱、进给箱的装配图	1. 复杂畸形零件图的画法 2. 简单零件轴测图的画法 3. 读车床主轴箱、进给箱装配图的方法
	(二)制定加工工艺		1. 能制定简单零件的加工工艺规程 2. 能制定三拐以上曲轴、有立体交叉孔的箱体等畸形、精密零件的车削加工顺序 3. 能制定在立车或落地车床上加工大型、复杂零件的车削加工顺序	1. 简单零件加工工艺规程的制定方法 2. 畸形、精密零件的车削加工顺序的制定方法 3. 大型、复杂零件的车削加工顺序的制定方法
	(三)工件定位与夹紧	普通车床	1. 能合理选择车床通用夹具、组合夹具和调整专用夹具 2. 能分析计算车床夹具的定位误差 3. 能确定立体交错两孔及多孔工件的装夹与调整方法	1. 组合夹具和调整专用夹具的种类、结构、用途和特点以及调整方法 2. 夹具定位误差的分析与计算方法 3. 立体交错两孔及多孔工件在车床上的装夹与调整方法

续表

职业功能	工作内容		技能要求	相关知识
一、工艺准备	（三）工件定位与夹紧	数控车床	1. 能使用、调整三爪自定心卡盘、尾座顶尖及液压高速动力卡盘并配置软爪 2. 能正确使用和调整液压自动定心中心架 3. 能正确选择、使用、调整刀架	1. 三爪自定心卡盘、尾座顶尖及液压高速动力卡盘的使用、调整方法 2. 液压自动定心中心架的特点、使用及安装调试方法 3. 刀架的种类、用途及使用、调整方法
	（四）刀具准备	普通车床	1. 能正确选用及刃磨群钻、机夹车刀等常用先进车削刀具 2. 能正确选用深孔加工刀具，并能安装和调整 3. 能在保证工件质量及生产效率的前提下延长车刀寿命	1. 常用先进车削刀具的用途、特点及刃磨方法 2. 深孔加工刀具的种类及选择、安装、调整方法 3. 延长车刀寿命的方法
		数控车床	能正确选择刀架上的常用刀具	刀架上常用刀具的知识
	（五）编制程序	数控车床	能手工编制较复杂的、带有二维圆弧曲面零件的车削程序	较复杂圆弧与圆弧的交点的计算方法
	（六）设备维护保养	普通车床	能判断车床的一般机械故障	车床常见机械故障及排除办法
		数控车床	1. 能阅读编程错误、超程、欠压、缺油等报警信息，并排除一般故障 2. 能完成机床定期维护保养	1. 数控车床报警信息的内容及解除方法 2. 数控车床定期维护保养的方法 3. 数控车床液压原理及常用液压元件
二、工件加工	普通车床	（一）套、深孔、偏心件、曲轴的加工	1. 能加工深孔并达到以下要求： (1)长径比：$L\geqslant D\geqslant 10$ (2)公差等级：IT8 (3)表面粗糙度：$Ra3.2\mu m$ (4)圆柱度公差等级：≥IT9 2. 能车削轴线在同一轴向平面内的三偏心外圆和三偏心孔，并达到以下要求： (1)偏心距公差等级：IT9 (2)轴径公差等级：IT6 (3)孔径公差等级：IT8 (4)对称度：0.15mm (5)表面粗糙度：$Ra1.6\mu m$	1. 深孔加工的特点及深孔工件的车削方法、测量方法 2. 偏心件加工的特点及三偏心工件的车削方法、测量方法
		（二）螺纹、蜗杆的加工	能车削三线以上蜗杆，并达到以下要求： (1)精度：9级 (2)节圆跳动：0.015mm (3)齿面粗糙度：$Ra1.6\mu m$	多线蜗杆的加工方法
	普通车床	（三）箱体孔的加工	1. 能车削立体交错的两孔或三孔 2. 能车削与轴线垂直且偏心的孔 3. 能车削同内球面垂直且相交的孔 4. 能车削两半箱体的同心孔以上4项均达到以下要求： (1)孔距公差等级：IT9 (2)偏心距公差等级：IT9 (3)孔径公差等级：IT9 (4)孔中心线相互垂直：0.05mm/100mm (5)位置度：0.1mm (6)表面粗糙度：$Ra1.6\mu m$	1. 车削及测量立体交错孔的方法 2. 车削与回转轴垂直且偏心的孔的方法 3. 车削与内球面垂直且相交的孔的方法 4. 车削两半箱体的同心孔的方法

续表

职业功能	工作内容		技能要求	相关知识
二、工件加工	数控车床	较复杂零件的加工	能加工带有二维圆弧曲面的较复杂零件	在数控车床上利用多重复合循环加工带有二维圆弧曲面的较复杂零件的方法
三、精度检验及误差分析	复杂、畸形机械零件的精度检验及误差分析		1. 能对复杂、畸形机械零件进行精度检验 2. 能根据测量结果分析产生车削误差的原因	1. 复杂、畸形机械零件精度的检验方法 2. 车削误差的种类及产生原因

3.4 技师

职业功能	工作内容		技能要求	相关知识
一、工艺准备	(一)读图与绘图		1. 能根据实物或装配图绘制或拆画零件图 2. 能绘制车床常用工装的装配图及零件图	1. 零件的测绘方法 2. 根据装配图拆画零件图的方法 3. 车床工装装配图的画法
	(二)制定加工工艺		1. 能编制典型零件的加工工艺规程 2. 能对零件的车削工艺进行合理性分析，并提出改进建议	1. 典型零件加工工艺规程的编制方法 2. 车削工艺方案合理性的分析方法及改进措施
	(三)工件定位与夹紧		1. 能设计、制作装夹薄壁、偏心工件的专用夹具 2. 能对现有的车床夹具进行误差分析并提出改进建议	1. 薄壁、偏心工件专用夹具的设计与制造方法 2. 车床夹具的误差分析及消减方法
	(四)刀具准备	普通车床	能推广使用镀层刀具、机夹刀具、特殊形状及特殊材料刀具等新型刀具	新型刀具的种类、特点及应用
		数控车床	能根据有关参数选择合理刀具	刀具参数的设定方法
	(五)编制程序	数控车床	1. 能用计算机软件编制车削程序 2. 能用计算机软件编制车削中心程序	1. CAD/CAM软件的使用方法 2. 车削中心的原理及编程方法
	(六)设备维护保养	普通车床	1. 能进行车床几何精度及工作精度的检验 2. 能分析并排除普通车床常见的气路、液路、机械故障	1. 车床几何精度及工作精度检验的内容和方法 2. 排除普通车床液(气)路机械故障的方法
		数控车床	1. 能根据数控车床的结构、原理，诊断并排除液压及机械故障 2. 能进行数控车床定位精度和重复定位精度及工作精度的检验 3. 能借助词典看懂进口数控设备相关外文标牌及使用规范的内容	1. 数控车床常见故障的诊断与排除方法 2. 数控车床定位精度和重复定位精度及工作精度的检验方法 3. 进口数控设备常用标牌及使用规范英汉对照表
二、工件加工	普通车床	(四)复杂套件的加工	能对5件以上的复杂套件进行零件加工和组装，并保证装配图上的技术要求	复杂套件的加工方法
	数控车床	复杂工件的加工	能对适合在车削中心加工的带有车削、铣削、磨削等工序的复杂工件进行加工	1. 铣削加工和磨削加工的基本知识 2. 车削加工中心加工复杂工件的方法

续表

职业功能	工作内容	技能要求	相关知识
三、精度检验及误差分析	误差分析	能根据测量结果分析产生误差的原因，并提出改进措施	车削加工中消除或减少加工误差的知识
四、培训指导	(一)指导操作	能指导本职业初、中、高级工进行实际操作	培训教学的基本方法
	(二)理论培训	能讲授本专业技术理论知识	
五、管理	(一)质量管理	1. 能在本职工作中认真贯彻各项质量标准 2. 能应用全面质量管理知识，实现操作过程的质量分析与控制	1. 相关质量标准 2. 质量分析与控制方法
	(二)生产管理	1. 能组织有关人员协同作业 2. 能协助部门领导进行生产计划、调度及人员的管理	生产管理基本知识

3.5 高级技师

职业功能	工作内容	技能要求	相关知识
一、工艺准备	(一)读图与绘图	1. 能绘制车床复杂工装的装配图 2. 能读懂常用车床的原理图及装配图	1. 车床复杂工装装配图的画法 2. 常用车床的原理图及装配图的画法
	(二)制定加工工艺	1. 能编制复杂、精密零件机械加工的工艺 2. 能手工编制简单零件的数控加工程序 3. 能对复杂、精密零件的机加工工艺方案进行合理性分析，提出改进意见并参与实施	1. 复杂、精密零件机械加工工艺的系统知识 2. 数控车床原理及手工编程的方法
	(三)工件定位与夹紧	1. 能独立设计车床用的复杂夹具 2. 能对车床常用夹具进行误差分析，提出改进方案，并组织实施	复杂车床夹具的设计及使用知识
	(四)刀具准备	能根据工件要求设计成形车刀及其他专用车刀，并提出制造方法	成形车刀及其他专用车刀的设计与制造知识
	(五)设备维护保养	能借助词典看懂进口设备的图样和技术标准等相关的主要外文资料	常用进口设备主要外文资料英汉对照表
二、工件加工	(一)高难度、高精度工件的加工	能解决高难度、高精度工件车削加工的技术问题，并制定工艺措施	高难度、高精度的典型零件的加工方法
	(二)技术攻关与工艺改进	解决技术攻关与工艺改进中的技术难题	解决技术难题的思路和方法
	(三)畸形工件的加工	1. 能解决十字座类、连杆类、叉架类等畸形工件的加工难题 2. 能在车床上实现镗削、铣削、磨削等特殊加工	1. 畸形工件的加工方法 2. 在车床上进行镗削、铣削及磨削的方法
三、精度检验及误差分析	质量诊断	1. 能全面准确地分析质量问题产生的原因 2. 能提出全方位解决质量问题的具体方案	在机械加工全过程中影响质量的因素及提高质量的措施
四、培训指导	(一)指导操作	能指导本职业初、中、高级工和技师进行实际操作	培训讲义的编制方法
	(二)理论培训	能对本职业初、中、高级工进行技术理论培训	

4. 比重表

4.1　理论知识

项目		初级/%	中级/%		高级/%		技师/%		高级技师/%	
			普通车床	数控车床	普通车床	数控车床	普通车床	数控车床	普通车床	数控车床
基本要求	职业道德	5	5	5	5	5	5	5	5	5
	基础知识	25	25	25	20	20	15	15	15	15
相关知识	工艺准备	25	25	45	25	50	35	50	50	50
	工件加工	35	35	15	30	15	20	10	10	10
	精度检验及误差分析	10	10	10	20	10	15	10	10	10
	培训指导						5	5	5	5
	管理						5	5	5	5
合计		100	100	100	100	100	100	100	100	100

注：高级技师“管理”模块内容按技师标准考核。

4.2　技能操作

项目		初级/%	中级/%		高级/%		技师/%		高级技师/%	
			普通车床	数控车床	普通车床	数控车床	普通车床	数控车床	普通车床	数控车床
工作要求	工艺准备	20	20	35	15	35	10	25	20	30
	工件加工	70	70	60	75	60	70	60	60	50
	精度检验及误差分析	10	10	5	10	5	10	5	10	10
	培训指导						5	5	5	5
	管理						5	5	5	5
合计		100	100	100	100	100	100	100	100	100

附录四　车工中级理论知识样卷及答案

一、单项选择（第1题～第160题。选择一个正确的答案，将相应的字母填入题内的括号中。每题0.5分，满分80分。）

1. 立式车床适于加工（　　）零件。

A. 大型轴类　　B. 形状复杂　　C. 大型盘类　　D. 小型规则

2. 精车花盘的平面，属于减小误差的（　　）法。

A. 误差分组法　　B. 误差平均法　　C. 就地加工法　　D. 直接减小误差法

3. 物体三视图的投影规律是：主俯视图（　　）。

A. 长对正　　B. 高平齐　　C. 宽相等　　D. 上下对齐

4. 用三针法测量模数 $m=5$，外径为80公制蜗杆时，测得 M 值应为（　　）。

A. 70　　B. 92.125　　C. 82.125　　D. 80

5. 退火，正火一般安排在（　　）之后。

A. 毛坯制造　　B. 粗加工　　C. 半精加工　　D. 精加工

6. 减少（　　）时间是缩短辅助时间的主要措施之一。

A. 清点工件　　B. 找正工件　　C. 润滑机床　　D. 休息

7. 起吊重物时，允许的操作是（　　）。

A. 超负荷起吊　　B. 斜拉斜吊　　C. 起吊前安全检查　　D. 吊臂下站人

8. 切削层的尺寸规定在刀具（　　）中测量。

A. 切削平面　　B. 基面　　C. 主截面　　D. 副截面

9. 文明生产应该（　　）。

A. 磨刀时应站在砂轮侧面　　B. 短切屑可用手清除

C. 量具放在顺手的位置　　D. 千分尺可当卡规使用

10. 在平面磨削中，一般来说，端面磨削比圆周磨削（　　）。

A. 效率高　　B. 加工质量好　　C. 磨削热大　　D. 磨削力大

11. 劳动生产率是指用于生产（　　）所需的劳动时间。

A. 合格品　　B. 所有产品　　C. 单位合格品　　D. 合格品-废品

12. 只能减小表面粗糙度，不能提高加工精度的是（　　）。

A. 超精加工　　B. 珩磨　　C. 研磨　　D. 抛光

13. 标注形位公差时箭头（　　）。

A. 要指向被测要素　　B. 指向基准要素

C. 必须与尺寸线错开　　D. 都要与尺寸线对齐

14. 偏心距较大的工件，可用（　　）来装夹。

A. 两顶尖　　B. 偏心套　　C. 两顶尖和偏心套　　D. 偏心卡盘

15.（　　）是企业生产管理的依据。

A. 生产组织　　B. 班组管理　　C. 生产计划　　D. 生产作业计划

16. 当圆锥角（　　）时，可以用近似公式计算圆锥半角。

A. $\alpha<6°$　　B. $\alpha<3°$　　C. $\alpha<12°$　　D. $\alpha<8°$

17. 花键孔适宜于在（　　）加工。

A. 插床　　B. 牛头刨床　　C. 铣床　　D. 车床

18. 单个圆柱齿轮的画法是在垂直于齿轮轴线方向的视图上不必剖开，而将（　　）用细点画线绘制。

A. 齿根圆　　B. 分度圆　　C. 齿顶圆　　D. 基圆

19. 已知线段是（　　）。

A. 有定形尺寸与定位尺寸齐全　　B. 有定形尺寸，定位尺寸不全

C. 只有定形尺寸而无定位尺寸　　D. 需用圆弧连接方法作出的线段

20. 铣削加工时铣刀旋转是（　　）。

A. 进给运动　　B. 工作运动　　C. 切削运动　　D. 主运动

21. 有时工件的数量并不多，但还是需要使用专用夹具，这是因为夹具能（　　）。

A. 保证加工质量　　B. 扩大机床的工艺范围

C. 提高劳动生产率　　D. 解决加工中的特殊困难

22. “①选择比例和图幅②布置图面，完成底稿③检查底稿，标注尺寸和技术要求后描深图形④填写标题栏”是绘制（　　）的步骤。

A. 零件草图　　B. 零件工作图　　C. 装配图　　D. 标准件图

23. 工件以两孔一面定位，限制了（　　）个自由度。

A. 六　　B. 五　　C. 四　　D. 三

24. 工序集中到极限时，把零件加工到图样规定的要求为（　　）工序。

A. 一个　　B. 二个　　C. 三个　　D. 多个

25. 车床纵向溜板移动方向与被加工丝杠轴线在（　　）方向的平行度误差对工件螺距影响最大。

A. 水平　　B. 垂直　　C. 任何方向　　D. 切深方向

26. 同一条螺旋线相邻两牙在中径线上对应点之间的轴向距离称为（　　）。

A. 螺距　　B. 周节　　C. 节距　　D. 导程

27. 表面粗糙度代号中的数字书写方向与尺寸数字书写方向（　　）。

A. 没规定　　B. 成一定角度　　C. 必须一致　　D. 相反

28. 严格执行操作规程，禁止超压，超负荷使用设备，这一内容属于“三好”中的（　　）。

A. 管好　　B. 用好　　C. 修好　　D. 管好，用好

29. 直接决定产品质量水平的高低是（　　）。

A. 工作质量　　B. 工序质量　　C. 技术标准　　D. 检验手段

30. 判断车削多线螺纹时是否发生乱扣，应以（　　）代入计算。

A. 螺距　　B. 导程　　C. 线数　　D. 螺纹升角

31. 生产技术三要素是指（　　）。

A. 劳动力、劳动工具、劳动对象　　B. 设计技术、工艺技术、管理技术

C. 人、财、物　　D. 产品品种、质量、数量

32. 封闭环的公差等于：（　　）。

A. 增环公差　　B. 减环公差

C. 各组成环公差之和　　D. 增环公差减去减环公差

33. 下面（　　）方法对减少薄壁变形不起作用。

A. 使用扇形软卡爪　　B. 使用切削液

C. 保持车刀锋利　　D. 使用径向夹紧装置

34. 当精车阿基米德螺蜗杆时，车刀左右两刃组成的平面应（　　）装刀。

A. 与轴线平行　　B. 与齿面垂直　　C. 与轴线倾斜　　D. 与轴线等高

35. 夹具上不起定位作用的是（　　）支承。

A. 固定　　B. 可调　　C. 辅助　　D. 定位

36. 决定某种定位方法属几点定位，主要根据（　　）。

A. 有几个支承点与工件接触　　B. 工件被消除了几个自由度

C. 工件需要消除几个自由度　　D. 夹具采用了几个定位元件

37. 花盘、角铁的定位基准面的形位公差，要（　　）工件形位公差的1/2。

A. 大于　　B. 等于　　C. 小于　　D. 不等于

38. 刀具角度中对切削温度影响最大的是：（　　）。

A. 前角　　B. 后角　　C. 主偏角　　D. 刃倾角

39. 提高劳动生产率的措施，必须以保证产品（　　）为前提，以提高经济效益为中心。

A. 数量　　B. 质量　　C. 经济效益　　D. 美观

40. 细长轴的主要特点是（　　）。

A. 强度差　　B. 刚性差　　C. 弹性好　　D. 稳定性差

41. 保证工件在加工过程中的位置不发生变化，是（　　）。

A. 牢　　B. 正　　C. 快　　D. 简

42. （　　）定位在加工过程中是不允许出现的。

A. 部分　　B. 重复　　C. 完全　　D. 欠

43. 如不用切削液，切削热的（　　）传入刀具。

A. 50%～86%　　B. 40%～10%　　C. 9%～3%　　D. 1%

44. 零件的加工精度包括（　　）。

A. 尺寸精度、几何形状精度和相互位置精度

B. 尺寸精度

C. 尺寸精度、形位精度和表面粗糙度

D. 几何形状精度和相互位置精度

45. 高速切削塑性金属材料时，若没有采取适当的断屑措施，则形成（　　）切屑。

A. 挤裂　　B. 崩碎　　C. 带状　　D. 螺旋

46. 数控车床加工不同零件时，只需更换（　　）即可。

A. 毛坯　　B. 凸轮　　C. 车刀　　D. 计算机程序

47. 普通车床型号中的主要参数是用（　　）来表示的。

A. 中心高的 1/10　　B. 加工最大棒料直径

C. 最大车削直径的 1/10　　D. 床身上最大工件回转直径

48. 生产准备是指生产的（　　）准备工作。

A. 物质　　B. 技术　　C. 人员　　D. 物质、技术

49. 互锁机构的作用是防止（　　）而损坏机床。

A. 纵、横进给同时接通　　B. 丝杠传动和机动进给同时接通

C. 光杠、丝杠同时转动　　D. 主轴正转、反转同时接通

50. 被加工表面回转轴线与基准面互相平行，外形复杂的工件可装夹在（　　）上加工。

A. 夹具　　B. 角铁　　C. 花盘　　D. 三爪

51. CA6140 型车床滑板箱中没有的离合器是（　　）离合器。

A. 摩擦片式　　B. 超越　　C. 安全　　D. 牙嵌式

52. 零件加工后的实际几何参数与理想几何参数的符合程度称为（　　）。

A. 加工误差　　B. 加工精度　　C. 尺寸误差　　D. 几何精度

53. 零件加工后的实际几何参数与理想几何参数的（　　）称为加工精度。

A. 误差大小　　B. 偏离程度　　C. 符合程度　　D. 差别

54. 加工中用作定位的基准，称为（　　）基准。

A. 设计　　B. 工艺　　C. 定位　　D. 装配

55. 对切削抗力影响最大是：（　　）。

A. 工件材料　　B. 切削深度　　C. 刀具角度　　D. 刀具材料

56. 用单针测量法测量多线蜗杆分度圆直径时，应考虑（　　）误差对测量的影响。

A. 齿宽　　B. 齿厚　　C. 中径　　D. 外径

57. 计算 Tr40×12(P6) 螺纹牙形各部分尺寸时，应以（　　）代入计算。

A. 螺距　　B. 导程　　C. 线数　　D. 中径

58. 使用硬质合金可转位刀具，必须注意（　　）。

A. 刀片夹紧不须用力很大　　B. 刀片要用力夹紧

C. 选择合理的刀具角度　　D. 选择较大的切削用量

59. 螺纹的顶径是指（　　）。

A. 外螺纹大径　　B. 外螺纹小径　　C. 内螺纹大径　　D. 内螺纹中径

60. CA6140 型车床，当进给抗力过大、刀架运动受到阻碍时，能自动停止进给运动的机构是（　　）。

A. 安全离合器　　B. 超越离合器　　C. 互锁机构　　D. 开合螺母

61.（　　）的功用是在车床停车过程中，使主轴迅速停止转动。

A. 离合器　　B. 电动机　　C. 制动装置　　D. 开合螺母

62. 车螺纹时，在每次往复行程后，除中滑板横向进给外，小滑板只向一个方向作微量

进给，这种车削方法是（　　）法。

A. 直进　B. 左右切削　C. 斜进　D. 车直槽

63. CA6140 型车床使用扩大螺距传动路线车螺纹时，车出螺纹导程是正常传动路线车出导程的（　　）。

A. 32 倍和 8 倍　B. 16 倍和 4 倍　C. 32 倍和 4 倍　D. 16 倍和 2 倍

64. 在 CA6140 型车床上用直联丝杠法加工精密梯形螺纹 Tr36×—8，则计算交换齿轮的齿数为（　　）。

A. 40/60　B. 120/80　C. 63/75　D. 40/30

65. 车削外径为 100mm，模数为 10mm 的模数螺纹，其轴向齿根槽宽（　　）mm。

A. 6.97　B. 5　C. 15.7　D. 8.43

66. 专用夹具适用于（　　）。

A. 新品试制　B. 单件小批生产

C. 大批，大量生产　D. 一般生产

67. 车削细长轴时，为了减少径向切削力而引起细长轴的弯曲，车刀的主偏角应选为（　　）。

A. 100°　B. 80°～93°　C. 60°～75°　D. 45°～60°

68. 变速机构用来改变主动轴与从动轴之间的（　　）。

A. 传动比　B. 转速　C. 比值　D. 速度

69. 四爪卡盘是（　　）夹具。

A. 通用　B. 专用　C. 车床　D. 机床

70. CA6140 型车床能加工的最大工件直径是（　　）mm。

A. 140　B. 200　C. 400　D. 500

71. CA6140 型卧式车床的主轴正转有（　　）级转速。

A. 21　B. 24　C. 12　D. 30

72. 车床的开合螺母机构主要是用来（　　）。

A. 防止过载　B. 自动断开走刀运动

C. 接通或断开车螺纹运动　D. 自锁

73.（　　）时应选用较小后角。

A. 工件材料软　B. 粗加工　C. 高速钢车刀　D. 半精加工

74. 专用夹具适用于（　　）。

A. 新品试制　B. 单件小批生产　C. 大批，大量生产　D. 一般生产

75. 花盘可直接装夹在车床的（　　）上。

A. 卡盘　B. 主轴　C. 尾座　D. 专用夹具

76. 主切削刃在基面上的投影与进给方向之间的夹角是（　　）。

A. 前角　B. 后角　C. 主偏角　D. 副偏角

77. 当加工工件由中间切入时，副偏角应选用（　　）。

A. 6°～8°　B. 45°～60°　C. 90°　D. 100°

78. 精车多线螺纹时，要多次循环分线，其主要目的是（　　）。

A. 消除赶刀产生的误　B. 提高尺寸精度

C. 减小表面粗糙度　D. 提高分线精度

79. 当（　　）时，可提高刀具寿命。

A. 主偏角大　B. 材料强度高　C. 高速切削　D. 使用冷却液

80.（　　）机构用来改变机床运动部件的运动方向。

A. 变速　　B. 变向　　C. 进给　　D. 操纵

81. 使用拨动顶尖装夹工件，用来加工（　　）。

A. 内孔　　B. 外圆　　C. 端面　　D. 形状复杂工件

82. 车削细长轴时，要使用中心架和跟刀架来增加工件的（　　）。

A. 刚性　　B. 韧性　　C. 强度　　D. 硬度

83. 普通麻花钻特点是（　　）。

A. 棱边磨损小　　B. 易冷却　　C. 横刃长　　D. 前角无变化

84. 修磨麻花钻横刃的目的是（　　）。

A. 增大横刃处前角　　B. 减小横刃处前角

C. 增大或减小横刃处前角　　D. 增加横刃强度

85. 垫圈放在磁力工作台上磨平面，属于（　　）定位。

A. 部分　　B. 完全　　C. 欠　　D. 重复

86. 加工硬化层的深度可达（　　）mm。

A. 1　　B. 2　　C. 0　　D. 0.07～0.5

87. CA6140 型车床主轴孔能通过的最大棒料直径是（　　）mm。

A. 20　　B. 37　　C. 62　　D. 48

88. 普通螺纹的牙顶应为（　　）形。

A. 圆弧　　B. 尖　　C. 削平　　D. 凹面

89. 被加工表面回转轴线与基准面互相（　　），外形复杂的工件可装夹在花盘上加工。

A. 垂直　　B. 平行　　C. 重合　　D. 一致

90. 在花盘上加工工件，车床主轴转速应选（　　）。

A. 较低　　B. 中速　　C. 较高　　D. 高速

91. （　　）越好，允许的切削速度越高。

A. 韧性　　B. 强度　　C. 耐磨性　　D. 红硬性

92. （　　）时应选用较小前角。

A. 车铸铁件　　B. 精加工　　C. 车 45 钢　　D. 车铝合金

93. （　　）砂轮适于刃磨高速钢车刀。

A. 碳化硼　　B. 金刚石　　C. 碳化硅　　D. 氧化铝

94. 螺纹底径是指（　　）。

A. 外螺纹大径　　B. 外螺纹小径　　C. 外螺纹中径　　D. 内螺纹小径

95. 螺纹升角一般是指螺纹（　　）处的升角。

A. 大径　　B. 中径　　C. 小径　　D. 顶径

96. 四爪卡盘是（　　）夹具。

A. 通用　　B. 专用　　C. 车床　　D. 机床

97. 车刀切削部分材料的硬度不能低于（　　）。

A. 90HRC　　B. 70HRC　　C. 60HRC　　D. 230HB

98. 梯形螺纹的（　　）是公称直径。

A. 外螺纹大径　　B. 外螺纹小径　　C. 内螺纹大径　　D. 内螺纹小径

99. 工件以小锥度心轴定位时，（　　）。

A. 没有定位误差

B. 有基准位移误差，没有基准不重合误差

C. 没有基准位移误差，有基准不重合误差

D. 有定位误差

100. 精车梯形螺纹时，为了便于左右车削，精车刀的刀头宽度应（　　）牙槽底宽。

A. 小于　　B. 等于　　C. 大于　　D. 超过

101. 被加工表面回转轴线与（　　）互相垂直，外形复杂的工件可装夹在花盘上加工。

A. 基准轴线　　B. 基准面　　C. 底面　　D. 平面

102. 刀具材料的硬度、耐磨性越高，韧性（　　）。

A. 越差　　B. 越好　　C. 不变　　D. 消失

103. 一般用硬质合金粗车铸铁时，磨损量 VB＝（　　）mm。

A. 0.6～0.8　　B. 0.8～1.2　　C. 0.1～0.3　　D. 0.3～0.5

104. 一般情况下（　　）最大。

A. 主切削力 F_z　　B. 切深抗力 F_y　　C. 进给抗力 F_x　　D. 反作用力 F

105. 加工两种或两种以上工件的同一夹具，称为（　　）。

A. 组合夹具　　B. 专用夹具　　C. 通用夹具　　D. 车床夹具

106. 一台 C620-1 车床，PE＝7kW，η＝0.8，如果要在该车床上以 80m/min 的速度车削短轴，这时根据计算得切削力 F_z＝4800N，则这台车床（　　）。

A. 不一定能切削　　B. 不能切削　　C. 可以切削　　D. 一定可以切削

107. 被加工表面回转轴线与基准面互相（　　），外形复杂的工件可装夹在花盘上加工。

A. 垂直　　B. 平行　　C. 重合　　D. 一致

108. 被加工表面回转轴线与基准面互相垂直，外形复杂的工件可装夹在（　　）上加工。

A. 夹具　　B. 角铁　　C. 花盘　　D. 三爪

109. CA6140 型车床在刀架上的最大工件回转直径是（　　）mm。

A. 190　　B. 210　　C. 280　　D. 200

110. 刀具材料的硬度越高，耐磨性（　　）。

A. 越差　　B. 越好　　C. 不变　　D. 消失

111. 加工两种或两种以上工件的同一夹具，称为（　　）。

A. 组合夹具　　B. 专用夹具　　C. 通用夹具　　D. 车床夹具

112. 在高温下能够保持刀具材料切削性能的是：（　　）。

A. 硬度　　B. 耐热性　　C. 耐磨性　　D. 强度

113. 用硬质合金车刀精车时，应选（　　）。

A. 较低的转速　　B. 很小的切削深度　　C. 较高的转速　　D. 较大的进给量

114. 车刀安装高低对（　　）角有影响。

A. 主偏　　B. 副偏　　C. 前　　D. 刀尖

115. 梯形螺纹精车刀的纵向前角应取（　　）。

A. 正值　　B. 零值　　C. 负值　　D. 15°

116. 车削直径为 25mm，长度为 1200mm 的细长轴，材料为 45 钢，车削时因受切削热影响，使工件温度由 21℃上升到 61℃，45 钢的线膨胀系数 α＝11.59×10^{-6}1/℃，则这根轴的伸长量为（　　）mm。

A. 0.289　　B. 0.848　　C. 0.556　　D. 0.014

117. 在机床上用以装夹工件的装置，称为（　　）。

A. 车床夹具　　B. 专用夹具　　C. 机床夹具　　D. 通用夹具

118. CA6140 型车床与 C620 型车床相比，CA6140 型车床具有下列特点（　　）。

A. 进给箱变速杆强度差　　B. 主轴孔小

C. 滑板箱操纵手柄多　　D. 滑板箱有快速移动机构

119. 外圆与外圆偏心的零件，叫（　　）。

A. 偏心套　　B. 偏心轴　　C. 偏心　　D. 不同轴件

120. 加工曲轴采用低速精车，以免（　　）的作用，使工件产生位移。

A. 径向力　　B. 重力　　C. 切削力　　D. 离心力

121. 被加工表面回转轴线与（　　）互相垂直，外形复杂的工件可装夹在花盘上加工。

A. 基准轴线　　B. 基准面　　C. 底面　　D. 平面

122. 在机床上用以装夹工件的装置，称为（　　）。

A. 车床夹具　　B. 专用夹具　　C. 机床夹具　　D. 通用夹具

123. 高速钢车刀的（　　）较差，因此不能用于高速切削。

A. 强度　　B. 硬度　　C. 耐热性　　D. 工艺性

124. 已知米制梯形螺纹的公称直径为40mm，螺距$P=8$mm，牙顶间隙$AC=0.5$mm，则外螺纹牙高为（　　）mm。

A. 4.33　　B. 3.5　　C. 4.5　　D. 4

125. 用450r/min的转速车削Tr50×-12内螺纹孔径时，切削速度为（　　）m/min。

A. 70.7　　B. 54　　C. 450　　D. 50

126. 采用夹具后，工件上有关表面的（　　）由夹具保证。

A. 表面粗糙度　　B. 几何要素　　C. 大轮廓尺寸　　D. 位置精度

127. 在工厂机床种类不齐全的情况下，使用夹具，这是因为夹具能（　　）。

A. 保证加工质量　　B. 扩大机床的工艺范围

C. 提高劳动生产率　　D. 解决加工中的特殊困难

128. 高速钢常用的牌号是：（　　）。

A. CrWMn　　B. W18Cr4V　　C. 9SiCr　　D. Cr12MoV

129. 当刀尖位于切削刃最高点时，刃倾角为（　　）值。

A. 正　　B. 负　　C. 零　　D. 90°

130. 花盘可直接装夹在车床的（　　）上。

A. 卡盘　　B. 主轴　　C. 尾座　　D. 专用夹具

131. 在花盘上加工工件，车床主轴转速应选（　　）。

A. 较低　　B. 中速　　C. 较高　　D. 高速

132. 已知米制梯形螺纹的公称直径为36mm，螺距$P=6$mm，则中径为（　　）mm。

A. 30　　B. 32.103　　C. 33　　D. 36

133. 被加工表面回转轴线与基准面互相垂直，外形复杂的工件可装夹在（　　）上加工。

A. 夹具　　B. 角铁　　C. 花盘　　D. 三爪

134. 被加工表面回转轴线与基准面互相（　　），外形复杂的工件可装夹在角铁上加工。

A. 垂直　　B. 平行　　C. 重合　　D. 一致

135. 在花盘角铁上加工工件时，转速如果太高，就会因（　　）的影响，使工件飞出，而发生事故。

A. 切削力　　B. 离心力　　C. 夹紧力　　D. 转矩

136. 有时工件的数量并不多，但还是需要使用专用夹具，这是因为夹具能（　　）。

A. 保证加工质量　　B. 扩大机床的工艺范围

C. 提高劳动生产率　　D. 解决加工中的特殊困难

137. 普通车床型号中的主要参数是用（　　）来表示的。

A. 中心高的 1/10　　B. 加工最大棒料直径

C. 最大车削直径的 1/10　　D. 床身上最大工件回转直径

138. CA6140 型车床能加工的最大工件直径是（　　）mm。

A. 140　　B. 200　　C. 400　　D. 500

139. 已知米制梯形螺纹的公称直径为 36mm，螺距 $P=6$mm，牙顶间隙 $AC=0.5$mm，则牙槽底宽为（　　）mm。

A. 2.196　　B. 1.928　　C. 0.268　　D. 3

140. 法向直廓蜗杆在垂直于轴线的截面内齿形是（　　）。

A. 延长渐开线　　B. 渐开线　　C. 螺旋线　　D. 阿基米德螺旋线

141. 用厚度较厚的螺纹样板测具有纵向前角的车刀的刀尖角时，样板应（　　）放置。

A. 平行工件轴线　　B. 平行于车刀底平面

C. 水平　　D. 平行于车刀切削刃

142. 用硬质合金螺纹车刀高速车梯形螺纹时，刀尖角应为（　　）。

A. 30°　　B. 29°　　C. 29°30′　　D. 30°30′

143. 用厚度较厚的螺纹样板测具有纵向前角的车刀的刀尖角时，样板应（　　）放置。

A. 水平　　B. 平行于车刀切削刃

C. 平行工件轴线　　D. 平行于车刀底平面

144. CA6140 型车床主轴孔能通过的最大棒料直径是（　　）mm。

A. 20　　B. 37　　C. 62　　D. 48

145. （　　）时，可避免积屑瘤的产生。

A. 使用切削液　　B. 加大进给量　　C. 中等切削速度　　D. 小前角

146. 车多线螺纹采用轴向分线法时，应按（　　）分线。

A. 导程　　B. 线数　　C. 螺距　　D. 头数

147. CA6140 型车床在刀架上的最大工件回转直径是（　　）mm。

A. 190　　B. 210　　C. 280　　D. 200

148. 多片式摩擦离合器的内外摩擦片在松开状态时的间隙太大，易产生（　　）现象。

A. 停不住车　　B. 开车手柄提不到位

C. 掉车　　D. 闷车

149. 左右切削法车削螺纹，（　　）。

A. 适于螺距较大的螺纹　　B. 易扎刀

C. 螺纹牙形准确　　D. 牙底平整

150. 车阶梯槽法车削梯形螺纹，（　　）。

A. 适于螺距较大的螺纹　　B. 适于精车

C. 螺纹牙形准确　　D. 牙底平整

151. 高速车螺纹时，一般选用（　　）法车削。

A. 直进　　B. 左右切削　　C. 斜进　　D. 车直槽

152. 当工件材料软，塑性大，应用（　　）砂轮。

A. 粗粒度　　B. 细粒度　　C. 硬粒度　　D. 软粒度

153. CA6140 型卧式车床主轴箱Ⅲ到Ⅴ轴之间的传动比实际上有（　　）种。

A. 四　　B. 六　　C. 三　　D. 五

154. 硬质合金的耐热温度为（　　）℃。

A. 300～400　　B. 500～600　　C. 800～1000　　D. 1100～1300

155. CA6140 型卧式车床的主轴反转有（　　）级转速。

A. 21　　B. 24　　C. 12　　D. 30

156. CA6140 型卧式车床的主轴正转有（　　）级转速。

A. 21　　B. 24　　C. 12　　D. 30

157. （　　）硬质合金适于加工短切屑的黑色金属、有色金属及非金属材料。

A. P 类　　B. K 类　　C. M 类　　D. 以上均可

158. CA6140 型卧式车床反转时的转速（　　）正转时的转速。

A. 高于　　B. 等于　　C. 低于　　D. 大于

159. CA6140 型卧式车床的主轴反转有（　　）级转速。

A. 21　　B. 24　　C. 12　　D. 30

160. 加工塑性金属材料应选用（　　）硬质合金。

A. P 类　　B. K 类　　C. M 类　　D. 以上均可

二、判断题（第 161 题～第 200 题。将判断结果填入括号中。正确的填“√”，错误的填“×”。每题 0.5 分，满分 20 分。）

161. （　　）生产场地应有足够的照明，每台机床应有适宜的局部照明。

162. （　　）硬质合金是一种耐磨性好，耐热性高，抗弯强度和冲击韧性都较高的一种刀具材料。

163. （　　）用七个支承点定位一定是重复定位。

164. （　　）机床夹具按其通用化程度一般可分为通用夹具、专用夹具、成组可调夹具和组合夹具等。

165. （　　）组合夹具使用时按照工件的加工要求，采用固定的方式组装成所需的夹具。

166. （　　）生产产品越多，劳动生产率就越高。

167. （　　）定位是使工件被加工表面处于正确的加工位置。

168. （　　）在外圆磨床上，工件一般用两顶尖安装，很少用卡盘安装。

169. （　　）夹紧力的作用点应尽量靠近加工表面，防止工件产生振动。

170. （　　）刀具磨损限度规定在后刀面上测量。

171. （　　）磨削时，因砂轮转速快，温度高，必须使用切削液。

172. （　　）手提式泡沫灭火机在使用时，一手提环，一手抓筒底边，把灭火机颠倒过来，轻轻抖动几下，泡沫便会喷出。

173. （　　）可转位车刀，没有焊接式车刀寿命长。

174. （　　）工序余量是指某一表面在一个工步中所切除的金属层深度。

175. （　　）机械伤害事故的种类主要有四种，即：刺割伤、打砸伤、碾绞伤和烫伤。

176. （　　）工时定额和产量定额成正比，可以互相换算。

177. （　　）本身尺寸增大能使封闭环尺寸增大的组成环为增环。

178. （　　）安置在机座外的齿轮传动装置，不论其安置地点和位置如何适当，都必须安装防护罩。

179. （　　）偏心距较大的工件，因为受到百分表测量范围的限制，或无中心孔的偏心工件，可用间接测量偏心距的方法。

180. （　　）中滑板丝杆螺母之间的间隙，调整后，要求中滑板丝杆手柄转动灵活，正反转时的空行程在 1/2 转以内。

181. （　　）磨刀时对刀刃的基本要求是：刀刃平直，光洁。

182. （　　）磨削只能加工一般刀具难以加工甚至无法加工的金属材料。

183. (　　) 车削时，基本时间取决于所选切削速度、进给量和切削深度，并决定于加工余量和车刀行程长度。

184. (　　) 由于枪孔钻的刀尖偏一边，刀头刚进入工件时，刀杆会产生扭动，因此必须使用导向套。

185. (　　) 与已知圆外切的圆，其圆心在已知圆的同心圆上，半径为两圆半径之和。

186. (　　) 假想用剖切平面将机件的某处切断，仅画出断面的图形称为剖视图。

187. (　　) 钻孔、铰孔、拉孔及攻螺纹等加工方法，是采用定尺寸刀具来控制加工尺寸的精度。

188. (　　) 被加工表面回转轴线与基准面互相垂直，外形规则的工件可装夹在花盘上加工。

189. (　　) 车削细长轴工件时，为了使车削稳定，不易产生振动，应采用三爪跟刀架。

190. (　　) 深孔加工主要的关键技术是深孔钻的几何形状和冷却排屑问题。

191. (　　) 车床的开车手柄是操纵机构。

192. (　　) 生产过程包括基本生产过程、辅助生产过程和生产服务过程三部分。

193. (　　) 零件加工精度，包括尺寸精度、几何形状精度及相互位置精度。

194. (　　) 被加工表面回转轴线与基准面互相垂直，外形复杂的工件可装夹在花盘上加工。

195. (　　) CA6140 主轴前轴承按要求调整后仍不能达到回转精度时，方需调整后轴承。

196. (　　) 车削时，小滑板塞铁松，会影响工件表面粗糙度。

197. (　　) 车床夹具是由三爪卡盘和卡盘扳手组成。

198. (　　) 刀具磨损越慢，切削加工时就越长，也就是刀具寿命越长。

199. (　　) 测量内、外螺纹中径最精确的方法是三针测量。

200. (　　) 在三爪卡盘上车削偏心工件，垫片厚度的近似计算公式是 $X=1.5e$。

答案：

题号	答案	题号	答案	题号	答案	题号	答案	题号	答案	题号	答案	题号	答案	题号	答案
1	A	2	B	3	B	4	B	5	B	6	C	7	C	8	C
9	B	10	C	11	A	12	B	13	D	14	B	15	B	16	B
17	B	18	B	19	D	20	B	21	A	22	B	23	A	24	B
25	B	26	B	27	C	28	C	29	C	30	A	31	B	32	A
33	D	34	D	35	C	36	A	37	A	38	C	39	B	40	B
41	B	42	C	43	B	44	D	45	C	46	B	47	D	48	D
49	D	50	B	51	B	52	D	53	B	54	B	55	B	56	B
57	D	58	A	59	A	60	B	61	A	62	C	63	C	64	A
65	A	66	A	67	B	68	B	69	A	70	A	71	B	72	C
73	C	74	B	75	D	76	B	77	A	78	A	79	C	80	D
81	B	82	C	83	C	84	C	85	C	86	C	87	C	88	B
89	C	90	A	91	A	92	C	93	D	94	A	95	C	96	C
97	C	98	B	99	B	100	C	101	B	102	C	103	A	104	B
105	B	106	B	107	D	108	B	109	C	110	D	111	B	112	B
113	C	114	A	115	D	116	C	117	D	118	C	119	A	120	C
121	C	122	A	123	A	124	B	125	B	126	B	127	A	128	A
129	C	130	A	131	A	132	B	133	C	134	B	135	D	136	C
137	A	138	B	139	A	140	A	141	D	142	A	143	C	144	C
145	C	146	A	147	A	148	A	149	C	150	D	151	B	152	B

续表

题号	答案	题号	答案	题号	答案	题号	答案	题号	答案	题号	答案	题号	答案	题号	答案
153	B	154	B	155	C	156	B	157	B	158	A	159	C	160	C
161	√	162	√	163	√	164	√	165	√	166	√	167	×	168	√
169	√	170	√	171	×	172	√	173	√	174	√	175	√	176	√
177	√	178	√	179	√	180	√	181	×	182	√	183	√	184	√
185	√	186	×	187	√	188	√	189	√	190	√	191	√	192	√
193	√	194	×	195	×	196	√	197	×	198	√	199	×	200	×

参考文献

[1] 韩玉勇．普通机床零件加工．北京：国防工业出版社，2011.
[2] 王增强．普通机械加工技能实训．北京：机械工业出版社，2011.
[3] 杨建伟，刘昭秦．机械零件切削加工．北京：北京理工大学出版社，2011.
[4] 人力资源和社会保障部教材办公室组织编写．车工工艺与技能　学生用书Ⅱ　基础知识．北京：中国劳动社会保障出版社，2011.
[5] 人力资源和社会保障部教材办公室组织编写．车工工艺与技能　学生用书Ⅰ　学习任务．北京：中国劳动社会保障出版社，2011.
[6] 胡国强．车削加工工艺经验实例．北京：国防工业出版社，2010.
[7] 黄伟．普通车削加工项目教程．北京：机械工业出版社，2014.
[8] 刘阳，腾跃．车工工艺与技能训练．北京：科学出版社，2014.